入会林野の法律問題

新装版

中尾英俊

勁草書房

改訂にあたって

この書物が最初に出版された昭和四四年はいわゆる入会林野近代化法の施行後間もないころでした。この法律にもとづく事業の実施や、一方山林原野の開発がすすむに伴い、入会林野にたいする関心が高まりましたが、その中で入会権者の方々が入会権の重要さを改めて認識する上に、また府県・市町村の入会林野担当職員の方々の実務に、この書物がそれなりに役立つことができたことを嬉しく思っております。

それから一五年、この間に入会林野をとりまく事情もかわってきました。入会林野にかんする判決もいくつか出されましたので、この機会に、新しい重要な判決を加えるとともに内容の一部を訂正し、改訂版を出すことにしました。改訂にあたり、再びお世話を頂いた勁草書房の石橋雄二氏にあつく御礼を申上げます。

美しい緑と水、これが私たち日本人に与えられた数少い資源であり、その基本となっているのが入会林野です。ですから、入会林野を守ることはとりもなおさず美しい自然とよい環境を守ることであることを、改訂版を出すにあたって、心に銘じておきたいと思います。

一九八四年五月一日

中尾英俊

はしがき

この書物は、入会林野の法律問題を、主に入会権をもっている方々や入会林野を取扱っている実務家の方々にわかって頂けるよう説明したものです。

入会林野の法律問題は同じ法律問題の中でもなかなかわかりにくいものですが、それだけにこの書物ではできるだけわかりやすく説明することに心がけ、具体的に問題を解決するかぎとしてなるべく多くの判決を引用しました。専門的な法律用語や判決はわかりやすくいいかえることにしましたが、そのためいいあらわし方が不正確になったり、あるいは余りわかりやすくなっていないところがあるかもしれません。それは私の至らないためであり、将来これを改める、ということで御了解を頂きたいと思います。

いままで入会林野の歴史をみると、入会林野にたいする権利が無視されたりゆがめられたりすることが多かったように思われます。入会林野は、山村に住む人々はもとより入会権をもつ人々にとっては生活を守るための貴重な財産であり権利ですから、それを守るために、入会林野の法律問題すなわち権利関係について正しい理解をもつことが必要です。

この書物が、そういう期待にどれだけこたえられるかは、皆さん方の御批判をまつよりほかはありませんが、入会林野の法律問題の解決にいくらかでも役立つことができれば、私にとってこれにすぎる喜びはありません。

この書物を出版するにあたり、多くの方々から御指導や御援助を頂きましたが、その方々にたいしてここであつく御礼を申上げたいと思います。とりわけ、入会権の理論的な問題に多くのお教えを下さった東京大学の川島武宜先生と農山漁村研究会の先生方、現地での勉強に便宜をはかって下さった九州各県入会林野担当係の方々、ならびに出版に格別のお骨折を頂いた勁草書房の石橋雄二氏に心から御礼を申上げます。

なお、入会林野について各地で裁判やいろいろな問題があり、私が知らないものもずいぶんあると思います。この書物にたいする御批判とあわせて、判決や問題について私までお知らせ下さるようお願い致します。

一九六九年三月一日

中尾英俊

目　次

第三話　入会集団について

——入会権をもつのは誰か——

第四話　入会林野と土地所有権

目　次

第五話　入会権の発生消滅

——入会林野であるかどうかを何によって判断するか——

第六話　入会林野権利関係の近代化について

第一話　入会林野とは何か

一　入会林野とは何か

1　入会林野とは部落の人々が共同で利用する林野である

入会林野とは、部落とか組とかよばれる、一定の地域に住む人々が、集団的に、共同で利用し、管理している山林原野（林野といいます）のことです。ふつう部落有林、区有林、部落共有地、入会山などとよばれていますが、地方によって呼び名もさまざまで、このほかつぎのような呼び名がありま す。

村山、部落山、地下山《じげやま》、郷山、門持山、方限《ほうぎり》、立合山、差図山、野山、請山、稼山、萱場、山稼場《さんかば》、共有林、地上権山、大字有林

このほかにまだ呼び名があると思われますが、これらの呼び名が示すように、古くは村または村の中の組の人々が、現在では大字、部落あるいは区や組に住む人々が、一つの集団をなして共同で管理している林野を入会林野といいます（ここでいう村とか大字、部落、組などを地域集団と呼ぶことがありますが、以下、便宜的に「部落」又は「村」と呼ぶことにします）。そしてその林野を利用する目的や管理する方法もまたさまざまですが、大体において、草刈り、薪取り、牛馬の放牧、天然木の

育成伐採、人工造林あるいはカヤ、シダ、キノコ取りなどの目的に利用されております。

入会林野は、部落などの地域集団の人々が右のような目的のため共同で管理し、利用している山林原野をいうのであって、その土地が誰のものであるか、ということはさしあたり問題ではありません。部落の人々の共有であろうと、市町村の所有であろうと、また特定の個人の山林であろうと、そのことは入会林野であるか否かに直接関係がありません。

2　入会林野は古い歴史をもっている

入会林野は古い歴史をもっていますが、ここでは歴史的な問題を取扱うのが目的ではありませんので、ごくかんたんに申します。古い昔は別として、おそくも徳川時代に、村（いまの町村とはちがい、大体現在の大字や部落にあたる）の住民は山林原野を共同で管理、利用（支配進退）していました。当時村の住民はみな農民で、農民は田畑を耕作するのに必要な肥料や牛馬の飼料、あるいは生活用の燃料や家の建築材料などを、すべてその村の山林原野からまかなっていました。田畑の耕作は大体農民一人（一戸）を単位として行なわれましたが、山林原野は村を単位として利用されてきました。徳川時代は、米が経済の基礎で、農民が生産の担い手として社会をささえていましたから、農民は田畑を耕作することを領主から義務づけられていて、自由に田畑の耕作をやめることはできませんでしたが、そのかわり、領主は農民にたいして田畑の耕作を保護するとともに、農民が農業生産をいとなみ生活を支えてゆくのに欠くことのできない山林原野の利用を保護してきました。

このようにして入会林野が生れてきたのですが、入会林野はそれぞれの村におけるおきてやしきたりにしたがって管理され、利用されてきました。

明治以降も農業のやりかたが基本的にかわったわけではありませんから、村の農民にとって入会林野はやはり欠くことのできないものでした。村の農民たちは、田畑の肥料や牛馬の飼料としての秣草や、タキギや薪炭原木、カヤや建築用材をとり、あるいは牛馬を放牧するために入会林野をひきつづき共同で管理し、利用してきました。

しかし、明治に入ってから土地制度に大きな変化があり、まず、明治初年に地租改正が行なわれて新しい土地所有権という意識が生れてきました。そして明治二二年に新しい町村制度が生れて、いままでの村持山が部落有林と呼ばれるようになり、その後、この部落有林のかなりの部分が市町村有の林野となりました。明治三一年に民法という法律がつくられて、これにより新しく生れた所有権が制度上確立するとともに、入会林野を管理し、利用する権利が入会権《いりあいけん》として認められることになりました。この土地制度の変革はその後入会林野にも少なからず影響を与えました。

一方、明治以降、急速な経済の発展や社会状態の変化により、入会林野の利用目的や利用方法も次第にかわってきました。農業生産の発展につれて、農業が自給的農業から商業的農業へと変化し、同時に農民の生活様式もかわり、草やタキギの必要性は次第に減ってきました。とくに戦後は、入会林野での草刈りや薪取りは急速に減り、これにかわって造林、とくに人工造林が行なわれるようになりました。

このように、入会林野は歴史的にかなりの変化をとげましたが、現在、育林や放牧あるいは草刈り、薪取りに利用され、とくに山村に住む人々の生活を支えるのに非常に重要な役割を果しています。

3　入会林野にはいくつかの種類がある

多くの林野は、大体において明治の中ごろまでいくつかの村の人々によって共同で利用されてきました。つまり、たとえば甲村と乙村あるいはさらに丙村との農民が共同に入会って利用していましたが、このようにいくつかの村の人々が入会って利用することから、入会林野という呼び名が生れたのです。ですから、かつては甲、乙二つの村や、あるいは三つ以上の村の人々が共同で利用している山林原野だけを入会山とよび、一ヵ村の人々が共同で利用する山林原野を入会山とはいわず共有林とよんだようです。

しかし、その後このような数ヵ村の共同入会地は次第に分割されて一ヵ村ごとの利用地になってきました。現在でも二ヵ村入会地とか数部落共同入会地がたくさんありますが、入会林野とはこのような数ヵ村の共同利用地だけをいうのであって、一村又は一部落だけの人々が共同で利用している林野は入会林野ではないのだ、と考える人がままありますが、そうではありません。一つの部落であろうと、数部落であろうと、部落の人々が共同で利用している林野は、すべて入会林野です。数部落にわたる共同利用地を**数村入会**あるいは**村村入会**といい、一部落だけの共同利用地を**一村入会**あるいは**村中入会**といいますが、一部落だけの共同利用の場合は**一村共有**あるいは**村中共有**とよばれ、入会よりもむしろ共有の名でよばれることが少くないようです。また、たとえば、甲、乙二つの部落の人々が共同で利用している場合、甲部落は草刈のほか生木をとることができるのに、乙部落の人々は草刈りだけしかできない、ということもありますが、これも数村（二カ村）入会であることにかわりはありません。ただこのように入会利用している部落の間にその権利（いわゆる入会稼ぎ）に差がある場合を**差等入会**、逆に入会稼ぎに差がなく平等な場合を**平等入会**といいます。このような差等入会は、右の例ですと、その林野が甲部落のものである、という場合が多いようです。この場合の甲部落の人々のように自分たちのもつ林野に入会って利用するのを**自村入会**、乙部落の人々のように他の部落がもつ林野に入会って利用するのを**他村入会**といいます。

このように入会林野にも一村入会や数村入会、自村入会や他村入会あるいは平等入会や差等入会などの区別がありますが、いずれも入会林野であることに変りはありません。

二　入会林野と入会権

1　入会林野を管理利用する権利を入会権という

部落の人々が入会林野を共同で管理し、利用する権利を「入会権《いりあいけん》」といいます。これはその入会が、一村入会であれ数村入会であれ、また自村入会であれ他村入会であれ、区別はなく、ひとしく入会林野を管理利用する権利は入会権です。

入会林野には、部落の人々がその土地を共同で所有している場合と、部落外の第三者や市町村などがその土地を所有している場合とがあります。後者の場合には、部落の人々はその林野の土地所有権をもたず、林野を利用する権利だけしかもっていませんから、この場合の入会権は入会林野を利用する権利である、といって差支えありませんが、前者の場合、部落の人々は林野を共同で利用する権利だけではなくその土地を共同で所有しているのですから、この場合の入会権は入会林野を共同で所有し利用する権利です。したがって、入会権を、入会林野を利用するだけの権利というのは正しくないわけで、入会権とは入会林野を管理利用する権利であるというべきでしょう。

ただここで注意しなければならないのは、利用とは必ずしも現実に山入りし作業をしていることを意味するとはかぎらない、ということです。たとえば、部落の人々が草刈りの必要がなくなったため天然木の成育するのを待って一〇年以上も山入りしないことがありますが、これは天然木撫育の管理をしていることになり、当然管理利用の中に含まれます。

入会権は入会林野を管理し利用する権利ですから入会林野をはなれては存在しません。部落の人々が入会権をもつ林野が入会林野であり、したがってある林野が入会林野であるかどうかということと、その林野に部落の人々の入会権があるのか（入会権をもつか）どうか、ということは同じことです。

入会林野にさまざまな呼び名があるように、入会林野を利用する権利もいろいろな名称で呼ばれているようです。比較的多いのが、地上権、使用権、共有権、入山権などですが、そのほか利用権、毛上権、借地権、住民権とかあるいはその利用の目的によって仕立権、分収権、採草権、放牧権などとよばれることもあります。これらの名称は、一、二のものを除いて余り正確な呼び方ではありませんが、しかしこれらの名称で呼ばれているから入会権でないとはいえません。入会権であるかどうかは形式や名称で決まるものではなく実質で決まるものであり、部落の住民が林野を共同で管理利用する権利が入会権です。

入会権はかなり特殊な権利で、たとえば所有権とか借地権などとはちがった特色をもつ権利です。入会権がどんな権利で、法律上どのように規定され、どのような内容をもち、どのような取扱をうけているか、については第二話でくわしく説明します。

註　なお、入会権は山林原野を共同で利用する権利だけでなく、ひろく部落の人々が土地や漁場、用水など入会って共同で利用する権利まで含めていうこともあります。たとえば、部落の人々が共同で使用している漁場を入会漁場といいますが、そこで漁業を行なう権利や、農業用水を利用する権利、さらに温泉や墓地を共同に使用する権利などがこれにあたります。入会漁場を利用する入会漁業権は林野の入会権と非常によく似ておりますが、この権利は漁業法によって共同漁業権、入漁権（他村入会の場合）という権利にされていますので、法律上入会権ではありません。また農業用水、温泉、墓地等の共同使用権についても農業水利権、温泉権（または温泉専用権、湯口権など）、墓地使用権という名称でよばれており、それぞれ慣習上の権利（物権）として取扱われています。ですから、ここではこれらの権利は一応別の権利として取扱い、入会権を山林原野（農地、溜池等を含む）についての権利と限定することにします。

三　入会林野は何の目的で利用するか

1　入会林野の利用目的に制限はない

入会林野は、部落などの人々が集団的に、草刈り、薪取り、牛馬の放牧、天然林の伐採、人工造林あるいはシダ、キノコ類を採るために共同で利用している林野のことですが、入会林野の利用はこれらの採取などに限られるのでしょうか。いいかえれば入会林野の利用には制限があるのでしょうか。

入会林野の利用の目的に制限があるかどうかについては、一般にその利用の方法、目的をせまく考える傾向があるようです。

入会権についての教科書の説明をみると「入会権とは一定の地域の住民が共同で山林原野において草、薪、雑木などを採取する権利である」とか、「農業生産や農家の生活に不可欠の現物を採取する権利である」などと書かれたものが多いようです。つまり、ほとんどの教科書が、入会権とは、林野において共同で、①天然の産物を、②生活に必要な現物を、採取する権利である、と説明しています。

入会権とは入会林野を共同で利用する権利ですから、右の説明でゆくと、入会林野で天然生の草や天然生木を採取するのはよいが、人工造林などすることはできないことになり、また、生活に直接必要な草や薪をとる林野は入会林野であるけれども、立木を売ってその代金を分配するような林野は入会林野ではないことになります。

入会林野は、右の説明にあるように、長い間、草を刈ったり、落枝や枯枝をとったり、天然生木をとったりあるいは牛馬を放牧するなど、農家の自給生活に必要な天然産物の採取に利用されてきました。

しかし前にも述べたように経済の発展に伴なって農業生産も自給経済から貨幣経済へと変化をとげ、これとともに農家の生活様式もかわってきます。具体的には化学肥料が入ったために肥料用の草はいらなくなり耕耘機の採用により役畜の必要性が少なくなり、配合飼料が用いられるとともに飼料としての草の必要も減りました。また、プロパンガスや電熱器の普及につれ、タキギや木炭の需要もへり、戦後はとくにこの傾向がつよくなってきましたが、その結果、草刈りや薪取りのための入会林野はほとんど必要がなくなってきました。

だがこのことは、草刈りや薪取りの必要がなくなったというだけのことで、入会林野がいらなくなったことを意味するものではありません。自給経済に必要な現物を入会林野から採取していた農家の人々の生活が、自給経済から貨幣経済へと転換すれば、入会林野もこれに応じた変化をとげるのは当然のことです。つまり農家の人々は、入会林野を生活に必要な現物を採るためにではなく、生活に必要な現金を得るために利用することになります。

そのもっとも代表的な例が人工造林、あるいは開こんによる果樹栽培などでしょう。人工造林をする場合、育成した立木を、部落の人々が現物で分けることもないではありませんが、その立木を売って現金にし、その現金を共益費にあてたり分配するのがふつうでしょう。その現金が農家の生活に役立つわけですから、かつて生活に必要な現物を供給していた入会林野は、生活に必要な現金を供給するためのものにかわります。ですから、入会林野が、農家や入会林野のある部落の人の生活にとって欠くことのできない重要な役割を果すものであることは一貫してかわっていません。

入会林野を人工的に利用したり、入会林野から現金収入を得てはならない、という理由は何一つありません。社会や経済の発展に伴ない、入会林野の利用目的や利用方法がかわるのは当然です。この当然のことを忘れて、入会林野とは草刈りや、薪取りあるいは放牧などに利用するものであって、人工造林などを行なうのは入会林野でない、と考える人がしばしばありますが、これは非常に古典的な考え方であって、現在の入会林野にはあてはまりません。前の入会権についての教科書の説明も古典的な入会権についての説明であり、少なくとも現在の入会権の説明としては正しくありません。このように、入会林野の利用目的をせまく考えるのは正しくないのですが、それでは入会林野は何の目的でも利用してもよく、利用目的に制限はないのでしょうか。

〔判決〕ここで、入会林野の利用目的ないし利用の範囲について判決をみることにします。

明治期から昭和初期にかけての判決ではおおむね、入会権とは林野において草刈りや薪取りをする権利である、といっています。

〔8〕大審院明治三九年二月五日判決

「およそ町村の住民が各自山林原野の樹木柴草等を収益する権利すなわち民法上の入会権は、その山林原野が他の町村の所有であろうと自分の住んでいる町村の所有であろうともつことができる」

（この判決は大字有地に入会権が存在することを認めた重要な判決で後にも出てきます――二五〇ページ）

〔19〕 大審院昭和三年一二月二四日判決

「共有の性質を有する入会権は、土地の共有者がその権利の行使として専ら土地から肥草秣薪等の生産物を共同で採取する場合をいう」

〔25〕 大審院昭和一四年一月二四日判決

「入会権の本質的内容は一定地域の住民が入会山野を共同で使用収益しそれによって生活上欠くことのできない物を得ることにある」

これらの判決のあった時期に、入会林野は主として草刈りや薪取りに利用されていました。そのような事情のもとで、草刈り薪取りする権利が入会権であるかどうか、入会林野において草刈りや薪取りする権利をもつかどうか、が争われた事件が多く、それに対して裁判所は、草や薪をとる権利は入会権である、といっているのです。そして、入会権とは草や薪を採る権利である、とはいっていますが、それだけのことで、入会林野において立木を育成してはならない、とか入会権にもとづいて造林をしてはならない、などとはいっておりません。そのころは、まだ入会林野において造林することが少なかったため、造林について入会権が問題となることもほとんどなかったので、入会林野の利用目的に造林が含まれると判示した判決が少ないのは当然のことでしょう。

しかし、そのころの判決がみな入会林野は草や薪をとるものだといっているわけでは決してありません。戦前においても入会林野をそれ以外の目的に利用できることを認めた判決はあります。

〔14〕大審院大正六年一一月二八日判決

「入会権の目的については民法において別に制限していないが、町村の住民が他人の所有する山林原野で薪柴草などを採取することがもっとも多いであろう。けれどもこの石山のように石材が豊富で近くの部落の住民が永く之を採取することができ、かつその土地の所有者でないにもかかわらず石材採取を生活の資料とするために各自自由に採石できる慣習があるときは、石材採取を目的とする入会権があるというべきである」

この判決は、部落の人々が他人の所有する原野で石材を採る権利が、入会権であるかどうか争われた事件にたいする判決ですが、入会権にもとづいて石材を採ることができるのだといっております。しかしこの判決でもっとも重要な点は、入会権の利用目的には格別の制限はない、といっている点です。また、次の判決は入会林野に部落の人々が共同で撫育した立木を個人に売る慣習があることを認めています。

〔29〕大審院昭和一八年二月二七日判決

「この入会地の立木を入会権者中の一人又は数人に売却する場合に、入会権者たる部落住民の代表者会議の決議により可決した上之を売却することになっており、その手続を経て入会地の立木を買受けた者は之を入会権者以外の第三者に自由に売却することができるというこの部落の慣習を認めることができる」

このように、入会林野において造林や立木採取等が行なわれることを、すでに戦前の判決が認めております。このことは、入会林野が草刈りや薪取りばかりでなく、すでに戦前から造林などのために利用されていたことを物語っています。

ところが戦後においても、入会権の利用目的は古典的な天然産物の採取に限るようにいっている判決があります。

〔35〕盛岡地裁昭和三一年五月一四日判決

「もともと山林原野の入会は、農民の居住する部落の経済的立地条件による生存権的な要求にもとづく林野の地上産物の自給経済的な現物経済的な利用を目的とするものである。農民の生活上の要求に根ざし、保守的な農民生活に関することであり、一般社会の経済生活における変遷と速度を同じくするものではないが、経済生活に関するものである以上明治十三年以降なんらの変化がないものということができない。

本件についてみると、権利者が平等に権利を行使しているとはいえ、はじめ部落の全住民の権利だったものが、その後特定の住民だけの権利となり、しかも全住民の生存権的な性格をすて、すなわち日常必要な薪炭用雑木など自給経済的現物経済利用形態であったのを貨幣経済的利用形態に一大転換をなし、共有権の利用形態と異らないようになってしまった以上、入会の本態である利用形態においてその特質を失なったものといわなければならない」

この判決は、前半分では農民の経済生活が変わるにつれて入会林野の利用も変化することをみとめています。ところが後半分で、

① 林野に権利をもつ者が特定の住民だけである。

② 林野の利用が自給経済的な利用から貨幣経済的な利用に転換した。

だから、入会権本来の利用形態を失なっており、もはやその林野は入会林野ではなく、その権利も入会権ではない、といっています。しかし、①のように、林野に権利をもつ者が部落の全住民ではなく特定の者だけとなっても、そのことだけで入会林野でないとはいえません（一〇四ページ参照）②の理由によってその林野が入会林野でないというのであれば、前半とは全く逆のことをいっていること

になります。第一、農民が入会林野を貨幣経済のために利用してはならない、とは絶対にいえません し、いまどき農民が自給経済的生活をしていると考えること自体まちがっています。そして、入会林野に人工造林をして、その立木の売却代金を分配したから、その林野は入会林野でなくその権利は入会権でないとはいえないでしょう。したがって、林野を貨幣経済的に利用する権利が入会権でない、というこの判決が正しくないことはいうまでもありません。

また次のようにいった判決もあります。

〔40〕東京高裁昭和三三年一〇月二四日判決

「入会権の範囲は一般に秣、薪の伐刈に止まり、炭焼並に建築用材の伐取に及ばないのを常態とする」

この判決は、長野県長門町長窪古町財産区のもつ林野に隣の和田村青原部落の人々が立木を伐採する入会権をもつかどうか争われた事件に関するもので、青原部落の人々が草刈や薪取りの入会権はもつけれども立木伐採の入会権をもたない、と判示したのですが、他村入会の場合にこのような制限のあることが多いとしても、その前提として入会権について右のような規定をすることは正しいとはいえません。

ここにあげた二つの判決は、入会権の古典的な理論にとらわれて、入会林野にたいする正しい認識をもたなかった、といわなければなりません。

しかし、戦後は入会林野での人工造林が非常に進んできており、判決も、人工造林や林野からの収益を個人に分配することも入会林野の利用として当然認められる、ことを肯定しています、右のように、入会林野の利用目的が天然産物の採取に限られる、という判決は全く例外的なものでしかありません。次に代表的な例をあげましょう。

〔47〕長野地裁昭和三九年二月二一日判決

「旧来の住民による自由な入会を規則して治山、治水をはかるため関係三ヵ村に所属する部落の間で入会山を分割する旨の協定が成立し、……井上村四部落はそのころ各部落総代の協議により、共同で治山、治水のための植林事業を営むことを契約した上、その全業務の処理を各部落から選出された入会山委員全員に委任した」

〔65〕広島高裁松江支部昭和五二年一月二六日判決

「東郷部落の共同財産は、旧幕時代から地下山（「地下」とは部落の意味である）と呼ばれており、当初東郷地区において一戸を構える世帯主は、地下山に自由に出入していたが明治末年頃から、共同して地下山において松、杉等の植林、その下刈り、間伐等の造林作業に従事するようになり、天然林とともにこれらを保全育成し、またこれら人工及び天然の立木を売却すること等によって収益をあげるようになった」

この判決は部落からの転出者の権利の有無に関する判決で、後に出てきます（一四二ページ）。

（**要約**）このように、判決も、入会林野を何の目的で利用するかについて格別制限がないことを認めています。入会林野を何の目的で利用するかは、入会権をもつ部落の人々が全員で決めることです。何も天然産物の採取に限られるわけではなく、育林、農作物の作付、果樹の栽培、牧草地の造成など、進んで労力や資金を投下して利用することができるわけであって、むしろ土地の高度利用という観点からいえばそれの方が望ましいといえましょう。

ですから、入会林野の利用の方法ないし範囲はきわめて広い、といわなければなりません。入会林野というと、古い、厄介物だと考える人がないではありませんが、それは入会林野を昔ながらの草刈や薪取りだけに利用する林野だという、誤った考えにもとづいています（これには前述のような教科書の説明にも責任があります）。

2　入会林野を何に利用するかは部落の人々が決める

入会林野を何の目的で利用するかは、部落の人々が決めることです。利用目的の範囲につき法律上何の制限もありませんから、もっとも実情に適した、かつ割のよい方法で利用することができます。入会林野の土地所有権を部落の人々がもっている場合には、その土地は自分たちの共有地ですから、自分たちで何に利用するかを自由に決めることができるのは当然ですが、しかし、部落の人々が入会林野の土地所有権をもっていない場合、すなわち部落の人々以外の第三者が入会林野の土地所有者である場合にも部落の人々だけで何に利用するかを自由に決めることができるか、というと多少問題がありましょう。たとえば、いままで草刈りに利用してきた入会林野を以後造林のために利用することが、土地所有者とは無関係に決められるでしょうか。

もちろん、たとえばいままで土地所有者が造林している土地で部落の人々が下草を採っていた場合、その土地に部落の人々が新たに造林することは、土地所有者の権利を妨害することになるのでそれはできませんが、そうでないかぎり、何に利用するかは部落の人々だけで決めることができます。草刈りであれ造林であれ、入会林野としての利用ですから、土地所有者は部落の人々の利用について条件などをつけることはできますが、これを禁止することはできません。したがって、土地所有者自らがその林野を利用していないときは、入会権者である部落の人々だけで入会林野をどう利用するかを決めることができます。

それでは、入会林野を何の目的で利用しようと全く自由であるか、というとこれはかなり問題があります。前述のような利用ならば問題はありませんが、それ以外の利用、たとえば林野としての利用をやめて、住宅地にしたり公園として利用してもよいか、となると問題でしょう。もっとも、部落の人々が入会林野の土地所有権をもっている場合には、その土地をどうしようと自由ですから、その土地を公園に利用しようと宅地にしようと、個人ごとに土地を分けて純然たる個人有地にしようと自由です。純然たる個人有地にしてしまえば入会林野ではなくなります。また住宅を建てたり公園にして施設をつくると少くとも入会林野ではなくなりますが、なおその土地は入会地です。なぜなら、入会権は単に山林原野のみを共同で管理利用する権利でなく、山林原野を含む土地を管理利用する権利と考えるべきですから、その土地が林野ではなく、田畑や公園、宅地になったから部落の人々の権利は入会権でなくなったとはいえないからです。ことに入会地を宅地や公園などの目的で第三者に使用させている場合には、**四**で述べる入会権の契約利用とみることができます（仮に、入会林野が宅地や公園になったからその権利は入会権でないとするならば、どのような権利と考えたらよいのでしょうか。もっとも田畑や宅地などに永く使用させていると、その権利は次第に入会権から他の権利に変化していく可能性が強いといえます）。

次に掲げた判決は、部落住民共有地が住宅地その他に使用されてもなお入会地――すなわち住民の権利は入会権――であることを認めたものです。住宅地や公園は入会地であっても入会林野ではありませんので、この問題はこれ以上立入りませんが、ここで重要なことは、何の目的であれ入会林野を林野以外の土地として使用するためには入会権者たる部落住民全員の同意が必要だ、ということです。この点については、第五話二（三二四ページ以下）でふれることにします。

〔事実〕福岡県穂波町はかつて筑豊炭鉱地帯の一部として発展したところで、同町忠隈部落では部落共有地の一部を石炭採掘場および炭滓（ボタ）捨場としてある炭鉱会社に貸付使用させてきました。その土地は大正年間に当時の共有権者住民五四名の記名共有名義で登記されましたが、戦後炭鉱が閉山となるにおよんで忠隈部落に返還されました。同部落ではその土地を住宅地として貸付使用させることになり、昭和四二年に所有権登記名義を、現存する当主に相続による移転登記手続をしましたが名義人一人につき一人（一戸）に限ったためいわゆる分家である権利者で登記上所有権を有しない者が数名出る結果となりました。その後登記上共有権者となった者（四四名）は、この土地は右の登記手続により従来の部落有財産でなく共有権者四四名で組織される乙財産組合の財産となった、という理由で、登記上共有者とならなかった甲ら数名を排除した（若干の見舞金を手渡している）ため、甲らが乙財産組合を相手に右土地が忠隈部落住民の共有の性質を有する入会地で、自らも入会権者（入会集団構成員）であると主張した事件です。

第一審判決は右の土地が昭和四二年まで忠隈部落の入会地であったけれども、その年の総会で入会集団は解散され登記上の共有権者で組織された乙財産組合の土地となったと判示しましたが、第二審は次のように判示し、右のような利用も入会権の行使であり、入会集団の解散は無効で入会権はなお存続している、と判示しました。

〔71〕福岡高裁昭和五八年三月二三日判決

「入会権者らが鉱業用地として炭鉱に貸していた土地は、当初無償であって入会権者らは石炭拾いや炭鉱住宅等からの糞尿（肥料）くみとり等していたに過ぎなかったが、その後は地代を徴収するようになり、それは区費にあてられ、その残りは入会権者に分配されて来た。

ところが、昭和三〇年代の炭鉱不振に伴い筑豊地区での閉山が続き、忠隈炭鉱株式会社も昭和四〇年三月閉山した。

同年九月一九日臨時総会で、閉山した忠隈炭鉱から支払われる謝礼金の処理方針のほか、すでに先代、または先々代名義となっている土地の相続登記手続を行うことを決め、登記簿上共有名義人となっている者の相続人にその旨通知した。その登記は必ずしも法定の相続順位によらず、共有部分の再分割を認めず、かつ忠隈居住の相続人を優先させ、他地域居住者は忠隈居住の親族に名義を譲渡して貰いたいというものであったが、忠隈居住者以外を認めないものではなかった。

その後、相続登記が大体終了した昭和四二年八月八日の臨時総会において、これまで登記簿上共有名義人である者と登記名義を有しなかった者が一緒になって組織した組合を解散し、共有名義人のみで新組合を組織したうえ、入会地の管理、収益、処分を行うことが臨時総会出席者において反対なく決議された。

しかし当時の入会権者四一名全員が右臨時総会に出席していたものではなく、二万六〇〇〇余坪に及ぶ入会地の処置についてはもともと登記簿上の共有名義人の共有物という意識から何等の決議もなされなかった。

ところで、入会地は入会権者集団の総有に属するものであるから、いわゆる忠隈憲法と称された「共有物に関する契約」において入会地の処分につき特段の定めのみられない本件では、入会地の処分については入会権者の集団たる組合員全員の同意が必要であったと解すべきである。しかるに前述のとおり、組合解散を決議した臨時総会には組合員全員が出席しておらず、全員の同意がなかったことが明らかなばかりか、組合長を始めとする主だった組合員が、当時入会地は登記簿上の共有名義人の共有物という意識から入会地の処分について何等の決議もしなかったから、いずれの点からしても右解散決議は無効であり、入会地は依然として解散決議当時の入会権者集団の総有に属する。」

〔事実〕静岡県伊豆東海岸にある湊部落管理下の海浜地は湊漁業会名義で登記され部落住民によって漁網や海藻の乾場として利用されるとともに防風林として松の植栽も行なわれてきました。この部落代表者が右土地の一部をホテルおよび関連施設建設のために乙会社と賃貸する契約を結んだので、この部落住民たる甲ら三名は、乙会社を相手として、この土地の賃貸しは住民の有する入会権の内容を別のものに変更する重大なものであるから、入会権者全員の同意が必要であるのに全員の同意を得ていないから無効であると主張しました。第一審判決は、入会権を消滅させるのでなく利用形態を変更するのはその入会集団の慣習による多数決でも差支ない、と判示しましたが、第二審判決はこれを取消し次のように全員の賛成が必要である、と判示しました。

〔62〕東京高裁昭和五〇年九月一〇日判決

「ホテル等の施設の建設のため土地を他に賃貸することはその入会的利用形態の変更を来たすものであるから、原則として、これにつき入会権者全員の同意が必要とされるのは入会権の性質上当然のことであり、そして、本件土地を含む浜の入会集団をふくむ湊区においては、入会地に関する事項のうち、常務的管理事務のような比較的重要でないものについては区長及び評議員らの役員（これらは、吉例と呼ばれる湊区の定時総会において選出され、実質的には入会団体の機関としての機能をもっている）がこれを決定処理しているけれども、その他の事項については入会権者である住民の全員の了承のもとにこれを決定実施しており、例えば、昭和三二年二月に浜のうち本件土地に隣接する部分を乙会社に賃貸した際も、区長は、区内の各班の班長を通じて入会権者である住民に対する説明、説得を行い、ほぼその同意が得られる見通しがついたところで同年一月十五日開催された吉例において賃貸の件を付議したが、なお一部の反対者があったところから、更に説得を重ねて、これを納得してもらい、結局入会権者全員の同意を得ているのであって、従って、本件入会集団における慣習は前記原則を何ら修正、変更するものでなく、本件賃貸借契約の締結のような行為については入会権者全員の同意を必要とするものである。

しかるに、本件賃貸借契約の締結につき入会権者の全員の同意があったことは認められず、臨時総会のみならず吉例においても一部の反対者があったことが明らかであるから、本件賃貸借契約は無効である。」

四　入会林野の共同利用とはどういうことか

1　入会林野の共同利用には四つの型がある

部落などの地域集団の人々が共同で利用する林野が入会林野ですが、それでは共同で利用するとはどういうことでしょうか。

入会林野で草刈りや薪取りをしているならば、通常、部落の人々が各自山入りするので共同で利用していることは明らかです。ところが、植林や農作物の作付となるとかなりちがってきます。部落で共同造林する場合には一応共同で利用していることは明らかです（ただ草刈の場合のように、成育した立木を各人山入りして伐採することはまずできないでしょう）が、個人ごとに植林や農作物の作付が行なわれると、その土地には他の人が自由に立入ることができなくなるので、果して共同で利用しているといえるのかどうか、が問題になることがあります。

入会林野も、その利用の目的がちがうと、その利用のしかた、利用の形態もちがってきます。ですから、共同利用といってもいくつかのかたちがあるわけです。大体、現在考えられる共同利用にはおよそ次の四つのかたちがあります。

① 古典的共同利用

② 団体共同（直轄）利用

③　個人分割利用

④　契約利用

以下この各利用のかたちについてお話しします。

(1)　古典的共同利用

共同利用の第一の形態は古典的な共同利用です。入会林野はもともと村や部落の人々の共同の草刈り場であり薪取り山でしたから、人々はその林野の中に立入ってどこででも自由に草を刈ったり薪をとったりすることができました。その入会林野の中で、どの場所が誰のところというように草や薪をとる場所が決まっているわけではなく、全体の人が林野の全部に草や薪をとる権利をもっているのです。現在でも、草刈り、落枝、下枝、雑木取り、キノコ、シダ取り、カヤ刈り、放牧などの目的で使われている入会林野はこのような利用の形態がとられています。このような入会林野の利用の形態は歴史的にもっとも古く古典的ですから、古典的共同利用（あるいは個別的共同利用）といいますが、地方によっては共同利用地、自由山、開放山などとよんで、他の形態の利用地と区別しているようです。共同利用といっても、刈取った草や木までが共同利用されるわけではありません。刈取った草やタキギは、取った人のものとされ、それぞれ自由に使うことができます。概して自家用に使うことが多いのですが、ときにはそれを売ることが認められる場合もあります。

このような古典的利用が行なわれる入会山においては、一般に木を植えたり、草を成育させるために積極的に労力をつぎこむわけでなく、草木などの自然成長をまつだけ、ということが多いようですから、採取できる草や木の量にはおのずから制限があります。そのため、少しでも多くの草やタキギをとるために争って山入りしたり、かなりはげしい競争のみられることが少なくありません。しかし、自由に取りたいだけ取ってよいということにすると、めいめい勝手に刈取って入会山はたちどころに裸山になってしまい、荒れはてて利用できなくなってしまいます。そのために、自由に山入りして取る、といってもいろいろ制限があるのがふつうです。

どんな制限があるか、というと大体次のような制限があげられるでしょう。

① 山入の時期についての制限

② 採取できる物についての制限……たとえば、原木はいけない、など。

③ 採取できる量についての制限……たとえば、草は一人で背負える程度まで、など。

④ 山入りする人数にたいする制限……たとえば、一戸から一人にかぎる、など。

⑤ 採取の道具についての制限……たとえば、草を刈るにはかま、原木を切るにもなた以外のものを使ってはいけない、など。

⑥ 採取した物の使用にたいする制限……たとえば、伐採した原木は自家用に供するだけで、売ってはならない、など。

右のような制限が全くない、という入会山はないといってよいでしょう。そしてこのような制限は、部落のおきてによってきめられているはずです。このおきてが文章に書かれていることもありますが、大部分は口伝えにされ、しきたりとして守られています。もしこのおきてを破ると、入会山の利用が差しとめられたり、あるいは村八分（村はずし）にされるようなこともあります。

(2) 団体直轄利用

共同利用の第二の形態は団体直轄利用です。この利用形態の林野を「留山《とめやま》」といいますが、部落の共同造林地はこの団体直轄利用形態にあたります。

この団体直轄利用は、入会林野に成育する天然木を伐ってはいけない、ということを部落で申合せ、これを共同で撫育する、ことからはじまったものと思われます。そこで、部落の人々が個々に山入りすることが全面的にできなくなる場合もあれば、草刈りや下枝取りだけはよいが立木を伐ってはいけないという場合もあり、いずれにしても自由な山入りは差留められます。部落の共同造林は草刈り場であったところや天然林の伐採跡地などにおいて行なわれますが、植付や間伐等のために山入りすることはあってもそれ以外各自自由な山入りはできなくなります。「留山」という呼び名は、自由な山入りを差留めることから生れたものです。共同造林でも天然林の撫育でも、個々の入会権者が自由に山入りすることができないだけでなく、また、成育した立木を部落の人々にそのまま分けることもごく稀で（薪炭原木として利用する場合に個人個人に分けることがあります）、通常はその立木を競争入札などの方法によって部落の中の希望者や木材業者に売り、その代金を部落が受取ります。そしてその代金すなわち収益をどのように使うか、あるいは分配するかは部落住民全体でこれを決めます。

このように、団体直轄利用においては、古典的共同利用のように、部落の人々が個々に山入りして林野を利用し、団体としての部落はいわば背後からその利用を統制していたのとはちがって、部落が正面に顔を出して直接管理して収益をあげ、個々の部落の人々は逆にうしろに引込み、ただ部落という団体の直接の指揮のもとにだけ山入りし、部落が林野からあげる収益をうけることになります。つまり、林野の利用や管理については部落という団体が直接権限をもつのでこのような利用形態を団体直轄利用というのですが、部落の人々がめいめいに山入りする古典的共同利用を個別的共同利用とよぶならば、この団体直轄利用は部落という団体の直接的な管理統制のもとにだけ共同して利用し、個別的な利用が禁止されるのですから、これを団体的共同利用とよんでもよいと思います。

この団体直轄利用においては、前述のように部落の人々が林野から現物をとることは少なく、部落があげる収益の分配をうけることが主となります。収益といっても大部分は立木などの売却代金であって、ただその代金が、次に述べるように直接部落の人々に分配されるか、どうかのちがいはありますけれども、結局部落が入会林野から金銭的な収益をあげそれを部落の人々に直接間接還元することになるわけですから、この団体直轄利用は貨幣経済的な入会林野の利用形態である、といえます。

立木売却代金などの収益金が部落の人々に分配されるならば、入会林野から部落の人々の利益のうけ方は、金銭というかたちをとっていても直接的であるといえますが、部落共益費に使用する場合は利益のうけ方は一応間接的となります。一応というのは必ずしも間接的だというのが適当でない場合があるからです。なぜなら、この共益費で再造林費とか、お祭りなど部落の人々のリクリエーション費用に充てられるならばともかく、学校建設費とか土木費に充てられると間接的といえるかどうか問題であるからです。学校建設や道路修理などは結局それによって部落の人々が利益をうけるのだから間接的な利益だ、といえばそのとおりですが、しかし学校建設や道路河川などの土木工事はほんらい市町村がすべきことで、最近は市町村の直営で行なわれることが多くなりましたが、ほんらい入会林野（村持財産）は村びとの共益財産でした。入会林野は草刈りや薪取りなど村びと各自の個人的利益に役立つとともに、共益的性格をもっており、そこから収益金があれば、直ちにそれを各自に分けることをせず、植林や用水などの費用に充てるほか、災害やききんにそなえてこれをたくわえておき、本当に必要なときに皆で分けあう、という性質のものでした。収益金の支途はこのような共益性とあわせて配分を考える必要がありましょう。

また、共同造林をはじめると、かならずしも部落の人全員が参加しているとはかぎらなくなります。そのため、特定の人々の共有林だと考えられることがないでもありませんが、部落の人々が部落という団体のもとで共同造林しているかぎり団体直轄＝共同利用の入会林野です。団体直轄利用の入会林野と共有林とのちがいは後で説明します。

(3)　個人分割利用

入会林野利用の第三の形態は個人分割利用です。一般に「割山」「分け地」とよばれるもので、入会林野の土地を各人ごとに割り当てて使用させたり、格別割り当てをしなくとも個人ごとに植林をみとめている場合が、この個人分割利用にあたります。

この割山は、歴史的には草刈場――乾草の採草地――を個人ごとに分けたことにはじまるようです。同じ山でもところによって部落からの距離もちがい、草の生育もちがうので、部落で山を分けて各農家に割りあて、何年ごとかに一回、わりかえをしておりました。

各人に割りあてられた分け地は、古典的共同利用地のように部落の人ならどこにでも自由に入ってよいというのではなく、それぞれ割り当てられた土地にしか入ってはならないのです（もっとも入るだけなら別ですが少なくとも草や木を採ることは許されません）。そのかわり分け地の中では採る草の量や時期、道具などには制限がありません。ですからなるべく多くの草をとるために各自肥培管理するようになり、あるいは天然木を撫育したりします。こうして自分の分け地を手入してゆくと次第にその人と土地との関係が固定し、わりかえは行なわれなくなります。

一方、草の必要性が少なくなったところでは、はじめから部落で相談してクジなどで入会山を区分けしてそれを部落の人に割当て、その分け地を自由に利用させることがあります。草を培養しようと天然木を撫育しようとあるいは植林しようと自由で、その土地に生育した草や木は分け地をもつ個人のものであるから自家用に使うのも売るのも自由ということになります。また部落でこのような取りきめをしないで、部落のうちの誰かが、草山や雑木林地に自分で植林をする、そのうちに他の者もこれにならって植林するようになり、いつのまにか、入会山に個人が植林するのは自由であり、植林した木は個人のものであるといういしきたりが生れる、という場合もあります。前者の場合は部落の申合せにより計画的に行なわれたものであり、後者の場合は自然発生的に個人植栽が行なわれのちに部落がこれを承認する、というちがいがありますが、このように入会林野の中に個人の植林が認められるのは、入会林野の個人分割利用にほかなりません。

このように個人の植林が行なわれる場合に各個人が部落に使用料を払ったり、立木の伐採収益の何分かを部落に納める（いわゆる分収林）ことがあっても、個人分割利用であることには変りありません。林野の使用が有償であるか無償であるかは入会林野であることと直接関係がないからです。

個人分割利用においては、各自割当てられた土地を自分だけ独占して使うことはできますが、そのかわりそれ以外の土地を使うことはできません。分け地に対するめいめいの権利がはっきりしてきて個人所有地に非常に近くなってきます。とくに、分け地に対して権利をもつものがはっきりと固定してくるために、それらの人々の共有地であって入会林野ではない、という考えも出てきます。

いわゆる共有地と分割利用の入会林野とはちがっており、そのちがいはあとで申しますが、要点だけをいいますと、分割利用地は、その土地に権利を認められるのがその部落の人々にかぎられ、したがって部落から外に出てゆけば分割利用地に対する権利はなくなります。また、分割利用地を自由に使用することができても、これを自由に売ったりゆずったりすることはできません。このように分割利用地にはいくつかの制限があり、その制限は部落のおきてやきまりなどで決められています。このことは、入会林野が部落の統制のもとにおかれていることの当然の結果です。これに対して、いわゆる共有地にはそのような制限はありません。したがって、共有林のように見えても、その権利が部落の統制のもとにおかれていて、一定の制限があるかぎり分割利用の入会林野なのです。

このような分割利用の入会林野を共有地とか部落貸付地（部落が部落の人々に貸付けている土地）とよぶところもあるようですが、どちらも正確なよび方ではありません。共有地といっても正確な意味での共有地でないことは一応右に申しました（くわしくは第五話で説明します）が、部落貸付地といっても部落の人々が部落の入会林野を使用しているかぎり、部落から借りているわけではありません。これもくわしくはあとで申しますが、入会林野は部落の人々の共有の林野ですから、部落の人々もその土地を所有しているわけであり、自分たちの所有している土地を借りることはできないからです。

(4)　**契約利用**

入会林野利用の第四の形態は契約利用です。契約利用には二つのタイプがあります。

(イ)　第一は、部落の人々が入会林野を使用せず、契約によって第三者に使用させる場合です。たとえば、部落の入会林野を県行造林その他の分収造林契約によって県その他の第三者に利用させる場合がその適例です。このタイプは団体直轄利用の一種だといえるかも知れません。というのは、団体直轄利用においては、部落の人々が共同造林などのために直接林野を使用しますが、この契約利用においては、部落の人々はただ土地を管理するだけで土地を現に使用するのは第三者であるというちがいがあるからです。第三者が土地を使用するのは部落との契約によるのですから、これを契約利用というのです。（三で述べたように、部落が入会地を第三者に公園などに利用させるのも、この契約利用に入るといえます）この場合、部落は入会林野を利用する第三者から、借地料あるいは分収金等の土地使用料を受取るのがふつうです。その収益は、前に団体直轄利用の場合と同じように部落の共益費に充てられたり個人に分配されたりします（なお、誤解のないように付け加えておきますが、このように第三者が入会林野に造林を行なう場合でも、その第三者が入会権をもつのではなく、その入会林野を使用させている部落の人々が入会権をもつのです)。

また、たとえば、もと部落共有であって、いわゆる統一によって市町村有となった入会林野に、市町村が造林したり、契約により官行造林や県行造林をさせて、その収益の何分(官行造林や県行造林にあっては町村収益の何分か)が部落に還元される、という場合も、この入会林野の契約利用形態に相当します。つまり、市町村有地上にも部落の人々の入会権があるが、入会権者自らが造林せず第三者(土地所有者である市町村を含む)に利用させているわけですから、本質においてこの契約利用と全く同一です。部落の人々が入会林野の土地所有権をもっていなくても、第三者が利用すればその期間中部落の人々が入会権を行使することはできませんので、その代償ないし対価として収益の何分かが還元されるのです。この分収金や還元金は、部落の人々がその山林の保護義務を負うことの代償として、保護料などという名目で交付されることもありますが、原則的には入会権の対価であると考えるべきです。いうまでもないことですが、このような場合に入会林野の土地所有者は市町村ですから、部落に対する交付金や還元金は地代ではありません。ですから部落の人々がその共有入会林野を第三者に利用させて得る分収金には地代のみならず入会権の対価が含まれている、と考えるべきでしょう。

(ロ) 第二は、入会林野をその部落の人々が現に共同で使用するとともに、その一部を部落の入会権者以外の者に使用させる場合です。たとえば草刈場に余裕があるから部落外の者に利用させるとか、部落外の者にも割地の利用を認める、というのがその例です。これらの部落外の者は、入会権者ではありませんから、あくまでもその部落との契約によってその入会地を使用することができるわけです（もちろんその土地使用が有償でも無償でも差支ありません）。後で述べるように、個人分割利用地に樹木を植栽したある入会権者が部落から転出して入会権者でなくなった後もなおその植栽木を所有しその土地を使用する権利をもつという場合には、この契約利用であるということができます。というのは、その者は入会権者でなくなれば部落にとっては第三者になりますから、その第三者と部落との間に植栽木を所有するために土地を使用する権利を認めるという契約をした、とみなすわけです。この点については第三話で述べることにします。

2　四つの形態は互に入り組んでいる

いまあげた共同利用の四つの形態は必ずしも個々別々にあるわけではありません。一つの部落の中にもいくつかの異なった利用形態の林野があり、同じ入会林野においても同時に二つ以上の利用形態がみられることも少なくありません。たとえば、ある入会林野で部落の共同造林が行なわれているが、その造林に支障のない範囲で下草刈取が認められるという場合など、共同造林は直轄利用、草刈りは古典的共同利用ですから二つの利用形態が同時に存在することになります。また草刈りや植林が個人分け地で行なわれているけれども、林野全体に牛馬の放牧が行なわれているのであれば個人分割利用と古典的共同利用とが同時に存在することになります。

このことは、入会林野の各利用形態がそれぞれ入会林野利用の目的に応ずるものであることを考えれば当然といえるでしょう。利用目的と利用形態との関係は次のようになりますが、概して古典的共同利用は自給経済的利用に対応する形態で、他の利用形態は貨幣経済的利用に対応する形態であるといえます。

古典的共同利用　放牧、草刈り、薪取り、シダ、キノコ取り。稀に薪炭原木や石材の採取など。

団体直轄利用　製炭用材やしいたけ原木等の採取、部落共同造林。

個人分割利用　個人植栽、採草（乾草取り）、農作物の作付など。

契約利用　契約造林、部落外の者に対する貸付利用（採草、放牧）など。

したがって、入会林野において貨幣経済的な利用、人工的な利用が行なわれるに伴ない、古典的共同利用は次第に他の利用形態に変化せざるをえないのです。

ところが、古典的共同利用の林野だけが入会林野であってそのほかの利用形態の林野は入会林野ではない、と考える人があるようです。これは、入会権とは林野の天然物を採取する権利である、というのと同じように古典的、観念的な考え方です。もっとも、入会権が天然物だけを採取する権利ならば、その利用形態は大体において古典的共同利用だといえますけれども、しかし、天然木の共同管理撫育においては団体直轄利用が行なわれ、乾草刈りにおいては個人分割利用が行なわれることも少なくありません。ですから、古典的共同利用だけが入会林野の利用形態だというのは何ら根拠がないばかりでなく、入会林野利用の実態を無視した、事実に反する考え方です。

もっとも、古典的共同利用以外の利用が行なわれている林野は入会林野ではない、という考え方には、別の意味で、全く根拠がないわけではありません。というのは、入会林野というものは、ほんらい部落の人々がみな平等に山入りしてこれを利用する性格のものでした。ですから、古典的共同利用においては、大体部落の人であれば誰でも山入りすることができ、その権利も平等です。しかしながら、団体直轄利用や個人分割利用になると、林野に権利をもつ者が限られてくるし、またその権利も平等とはいえなくなります。

具体的にいうと、部落の共同造林が行なわれている林野は、同じ部落の人々でも造林に参加した者としなかった者とが平等に権利をもつとはいえないでしょう。また個人の分け地が行なわれている林野では、部落の人といえども分け地をもたないかぎりその林野を利用することはできません。このようにして入会林野に権利をもつ者が限られてくると同時にその権利に差がでてきます。また、個人分け地の場合はもちろん、共同造林の場合でもその権利をもつ者の間に「株」あるいは持分を生じ、これが売買される傾向がでてきます。そうなると、特定の人たちの共有林なのか入会林野（部落の山）かどうか区別がつきにくくなります。というよりもむしろ、部落の中の特定の人たちが権利をもつのであるから入会林野ではなく、共有林だと考えられ勝ちです。前にあげた〔35〕の判決が「はじめ部落の全住民の権利だったものが、その後特定の住民のみの権利となり……共有権の利用形態と異るところがなくなってしまった以上入会の本態である利用形態においてその特質を失なった」（一四ページ参照）と、いっているのもまたこのことを示すものにほかなりません。

しかしながら、ある林野が特定の人々のみに利用され、特定の人々の共有地のようにみえても、その林野に対する権利が部落の統制のもとにおかれているかぎり入会林野です。部落の統制とは何か、共有林と入会林野との区別は何によってするか、については後で説明します。

〔判決〕入会林野の利用にはいろいろなかたちがあることは、判決も認めていますので以下具体的な例をお話しします。

まずはじめは団体直轄利用です。

〔事実〕長野県川島村横川部落では明治四三年頃当時の入会権者の総意で部落山の山入りを一時停止し、天然林を補植してその伐採収益を分配することを決めました。戦後、古くから部落に住む人々（旧戸）と、分家や村入りで新しく部落に住んだ人（新戸）との間で、その林野が入会林野であるかどうかが争われました。第一審の長野地方裁判所伊那支部は、この林野を入会林野であると判示したので、旧戸の人々は、明治四三年頃の山入り停止によってすでに入会権は消滅した、という理由で控訴しましたが、東京高等裁判所は次のように判示しました。

(36) 東京高裁昭和三〇年三月二八日判決

「明治四三年頃当時の入会権者の総意により、入山を一時停止し自然林に補植をし、相当な年限育成した上伐採して、入会権者全員で平等に分配することを決めて現在に至ったものであって、入会権者である部落住民の総意によるこのような協定は、本来の慣習による入会権の内容そのものを変更したものでなく、単にその行使方法を協定したものにすぎないから、土地の所有権が部落に属するか、部落住民に属するか、本件入会権が共有の性質を有する入会権であるかどうかの判定をするまでもなく、このような総意による協定は少なくとも当事者の間では有効であって拘束力を有し、この協定により入会権の行使が一時停止されても、慣習による入会権が廃絶したものということはできない。」
旧戸の人々はこれを不服として上告しましたが、最高裁判所はこの上告を認めず、次のように判示して右東京高裁の見解を支持しました。

〔36〕最高裁昭和三二年六月一一日判決

「入会権行使一時停止の合意が直ちに入会権の存在自体に影響を及ぼすものとは考えられない。」

ですから、部落の人々の総意で、入会林野の天然林を撫育するために山入りを差留めてもそれによって入会権が消滅したとはいえないといっているわけで、このような団体直轄利用の林野が入会林野であることを、裁判所ははっきり認めているわけです。

つぎに個人分割利用ですが、分け地が行なわれてその分け地に個人の植栽が認められ、しかもその分け地の権利が多少異動している場合でも、それが入会林野の個人分割利用であることを、裁判所は認めております。ただし、裁判所もはじめはこの点はっきりした判断をもたなかったようです。これについて二つの最高裁判所判決があります。

〔事実〕はじめの例は、新潟県下条村取上部落の事件で、この部落に部落の人一三名（内一名の乙は部落外に住んでいる）共有の林野があり、そこには各人が独占的に使用している「分け地」がありました。その分け地の持分を共有者の一人から部落外の甲が買受けて、その分け地の雑木を伐採したところ、部落の共有者たちは、この林野は部落の入会林野であるから部落外の人は権利をもたない、といって甲の山入りを拒否しました。これに対して甲は訴を起し、この部落の住民の中にも分け地をもたない者があり、逆に部落外に住む乙も権利をもっているから、この分け地は共有地であって入会林野ではないと主張しました。第一審の新潟地方裁判所は甲の主張を認めなかったので、甲は控訴しましたが、東京高等裁判所はやはり甲の主張をみとめず、この林野は入会林野である、と判示しました。

〔38〕東京高裁昭和二九年六月二六日判決

「この共有山林については取上部落およびその近くにおいて行なわれる慣習にしたがい、共有の性質を有する入会権があり、たとえこの山林の共有者であっても、他部落に居住するものはこの地方において名付けられる売山、分け地はもちろん、柴山についても山林に立入り立木を伐採する権利を有しないという慣習があることが認められる。取上部落の住民は本件山林の共有者もそうでない者も、毎年平等に一戸当り約二百束の薪炭燃料用雑木の分配を受けるし、乙はその祖先の部落にたいする功績により約六十束の雑木の贈与を取上部落住民全体から受けているのであってその共有権にもとづく権利として他の部落住民と同様に右雑木の分配を受けているものではない。したがって、この林野はいわゆる共有林ではなく入会林野であるから、甲は山林に立入り立木を伐採する権利を有しない。」

甲はこれを不服として上告したところ、最高裁判所は次のようにいって原判決を破棄し東京高裁に裁判のやりなおしを命じました。

〔38〕最高裁昭和三二年九月一三日判決

「入会地のある部分を部落住民のうちの特定の個人に分配し、その分配を受けた個人がこれを独占的に使用、収益し、しかもその「分け地」の部分は自由に譲り渡すことが許されるというような慣習は、入会権の性質とは著しく相反するものと認めざるをえない。」

ただし、これには少数意見があり、それは「分け地」の持分の譲渡により「分け地」に対する収益に不平等の結果が発生したとしても、それは入会権者である取上部落住民相互の間だけのことであって、その譲受け人は取上部落住民とならないかぎりは何らの権利も取得しない慣習があるから、本件「分け地」が入会権の外にある権利だとはいえない、といっております。

このようにして事件はまた東京高裁にもどったのですが、東京高裁では、甲と部落の人々との間に、次のような裁判上の和解が成立しました。

「甲は部落の人々に対し、本件山林についての使用収益権を放棄する」（東京高裁昭和三二年一一月三〇日）

つまり、甲は買受けた分け地の使用収益権を放棄したわけですから、結局この林野が入会林野であることを認めたことになります。

事実入会林野であったからこそ、甲もそれを認めないわけにはいかなかったのでしょうが、最高裁判所が判決によって裁判のやりなおしを命じたにもかかわらず、調停によってもとの判決と同じような結果になったわけです。このことは、最高裁判所の（多数）意見が古典的な入会権の理論にとらわれ、入会権について正しい認識を欠いて判決をしたことを示すものにほかなりません（ですから最高裁判所判決の少数意見が正当であった、といえます）。

その後、最高裁判所も、分け地が入会林野であることをはっきり認めました。

〔事実〕事件となったのは、広島県三原市釜山谷部落有林です。この山林は四五名の記名共有名義で所有権の登記がされ、個人分割利用が行なわれていますが、登記名義人で部落を出た丙からその持分を買受けて移転登記をしたが分割利用地をもたない部落住民甲と、個人分割利用地に権利をもつけれども登記名義人でない部落住民乙との間で、この林野が入会林野であるかどうかが争われました。事件は、乙が自分の分割利用地の立木を伐採したところ、甲が、それは自分が丙から買受けた共有地で自分の持山だと主張し、その土地の所有権(共有権)を有することの確認と、乙が無断で立木を伐採したために生じた損害の賠償を請求する訴を起しました。そして甲は、この山林は分割されていてその土地を個人が独占的に使用し、かつその所有権が売買されているので入会地ではなくふつうの共有地である、といい、乙は、この林野は入会林野で、その利用の変化に伴って分け地が行なわれているのであり、しかもこの林野に対する権利は部落の統制のもとにおかれているから、個人分割利用の入会林野であって純然たる個人の共有地ではない、と反論しました。

第一審広島地方裁判所竹原支部は、甲の主張どおりこの土地が共有地であり、したがって甲に権利があることを認め、乙から甲に損害賠償するように命じました。乙はこれを不服として控訴しましたが、広島高等裁判所は次のように判示してこの林野が入会林野であることを認めました。

(49) 広島高裁昭和三八年六月一九日判決

「入会権は、本来、一定地域の住民が、住民としての資格において一定の山林原野で雑草、秣草、薪炭用雑木の採取等の収益を共同してすることの慣習上の権利であり、その典型的な利用形態においては、入会地全体の上に地域住民すべてが各自平等に使用収益をするものであって、入会地の一部について地域住民の一人が独占的に使用収益することは認められない。そして右のような共同利用形態は自然経済的な農村経済機構の要請にこたえるものであり、従って入会部落が自給経済的な機構を有していた明治以前の状況においては右の利用形態が一般的な入会権行使の姿であったということができる。

しかし、明治以後の日本における商品経済の急速な発展が農村に浸透するにつれて、入会地の利用価値が柴草、雑木等から立木へと次第にその重点を移した結果、部落住民各自の自由な収益を認める共同利用形態では入会山林の荒廃を招き易いだけでなく、部落住民各自の使用収益権の実質的な平等を確保する上にも困難を伴うため、右共同利用形態は次第に(イ)入会権者個人の自由な入山を禁止して入会団体が自ら直轄して入会山林を支配する団体直轄利用形態、(ロ)各入会権者ごとに一定の区域を割当し右割当区域内において、割当てられたもののだけが独占的に使用収益する個人分割利用形態、(ハ)入会団体が特定個人と契約してその個人に入会山林を利用させる契約利用形態に変化せざるを得なかったことは今日一般に認められた事実である。

入会林野であるかどうかの判定の基準となるものは、結局入会権の本質的な特徴、すなわちその山林の利用等について単なる共有関係上の制限と異なる部落団体の統制があるかどうか、具体的には部落住民としての資格の得喪と使用収益権の得喪が結びついているか、使用収益権の譲り渡しが許されているか、山林の管理機構に部落の意思が反映されているか等の諸事情に求めるべきである。

そうだとすれば、単に入会地の利用形態が典型的な共同利用形態から個人分割利用形態に移ったというだけでは入会権の性格を失ったものということのできないことは明らかであろう。なぜなら右分割利用形態自体は前記各種の点において部落の統制機能を否定するものではないからである。

以上の考察に立つと本件の分け地は釜山谷共有林がその一部につき個人分割利用形態をとっていることを示すものではあっても、入会山林でないことを示すものといえないことは明らかである。しかも柴草の採取については分け地もすべて部落住民全部の使用収益の対象となっているのであり、かつ右使用収益権の得喪が部落住民たる資格の得喪に結びつくものとして取扱われているのであるから、本件共有林が個人共有ないし分割所有権の対象となるものであって入会権の対象となるべきではないという議論は成立たない。また、本件山林について、大正一一年頃から登記上共有持分の売買や譲り渡しが行なわれ、時には釜山谷部落外の者に対して売買された事例も認められるが、この売買は、登記名義のない権利者が、部落外に転出して実質上は権利を失なっている登記簿上の共有名義人からわずかな謝礼でその名義を譲り受けたものとか又は地上の立木に対する権利を貸金の担保とする目的で持分を売買した形式をとったものも少なくないのである。

右の事実によって釜山谷共有林における入会権が既に解体し入会権が消滅してしまった、と断定するのは正しくない。」

このように、この判決は、入会林野の利用形態は貨幣経済の発展に伴ない、団体直轄利用、個人分割利用あるいは契約利用の各形態に変化せざるをえないこと、したがってこれらの各利用形態も入会林野の共同利用形態であること、入会林野であることの基準は、林野の使用収益権や管理が部落の統制下にあるかどうかによって決定すべきである、と論じた上本件林野は入会林野である、と判断しました。しかも、その入会林野につき、部落を去った者は一切の権利を失なうという慣習があるから、丙は部落から出ることによって一切の権利を失ない、従って権利を有しない丙から名義を譲り受けた甲も何の権利を有せず、乙は部落の住民として入会権にもとづき分割利用地の使用収益権を有する、と判示して第一審判決をくつがえしました。（この点につき一四八ページ参照）

そこで甲はこれを不服として上告しましたが、最高裁判所は上告を棄却し次のように判示して高裁判決を全面的に支持しました。

〔49〕 最高裁昭和四〇年五月二〇日判決

「本件釜山谷共有林は釜山谷部落住民共同の平等な使用収益の目的に利用されていたが、一部を共同使用区域に残した上で、残りを各部落住民に分け地として配分した。この部落では、柴草の採取のためには分け地の制限がなく、毎年一定の期間を除き、部落住民一同どこにでも自由に立入ることができたし、部落住民が部落外に転出したときは分け地はもとより右共有林に対する一切の権利を失ない、反対に他から部落に転入し又は新たに分家して部落に一戸を構えたものは、組入りすることにより右共有林について平等の権利を取得するならわしがある。このようなならわしがあるときは、右分け地の分配があるということによって入会権の性格を失ったものということはできない。

釜山谷共有林について大正一一年頃から登記簿上共有持分の売買譲り渡しが行なわれており、時には釜山谷部落外の者に対して売買された事例も認められるが、右売買中には登記名義のない入会権者が、登記名義を有するが入会権者でない者から共有名義を取得するため、又は地上立木に対する権利を貸金の担保とする目的で持分売買の形式をとったものが少なくないことがうかがわれるのであって、右の判断は正当である。」

こうして、この広島高裁判決は最高裁判所で支持され、その結果分け地が入会林野の個人分割利用形態であることは裁判所によってはっきり認められたわけです。したがって分け地があるときは入会林野ではない、という前の〔38〕の判決の趣旨は、この判決によって否定されたということができます。

この広島高裁判決は、入会林野に四つの利用形態があることを明言した点で重要な意味をもっていますが、そのほか分け地の慣習がある場合に入会林野であるか共有地であるかを判断する基準について、ならびに部落から去った入会林野の土地所有名義人の取扱についてもきわめて重要な判示をしています。この判決はまことにすぐれた名判決であるというべきであり、また後に取上げることにします。

（要約）このように、入会林野の利用には古典的な共同利用のほか、団体直轄利用、個人分割利用および契約利用の各形態があるということが、判決ではっきり認められているわけです。したがって、部落の人々が入会林野を共同で利用するという意味は、古典的な共同利用だけでなく団体直轄利用、個人分割利用ならびに契約利用を含むものであることを十分に理解する必要があります。

第二話　入会権とはどんな権利か

一　入会権についての規定

1　入会権についての規定は二ヵ条しかない

入会林野を共同で管理し利用する権利が入会権ですが、この入会権という権利は、所有権とか借地権などという権利とはかなりちがった特色をもつ権利です。ここでは入会権はどんな内容をもった権利であり、法律上どのような取扱をうけているかについてお話しします。

まず、入会権は法律上どのように規定されているかというと、入会権については、民法という法律の中の「物権」に関する規定の中に、

「共有ノ性質ヲ有スル入会権ニ付テハ各地方ノ慣習ニ従フ外本節（註、共有）ノ規定ヲ適用ス」（第二六三条）

「共有ノ性質ヲ有セサル入会権ニ付テハ各地方ノ慣習ニ従フ外本章（註、地役権）ノ規定ヲ準用ス」（第二九四条）

という二ヵ条がおかれているにすぎません（物権が何であるかは後で説明します）。民法にもそのほかの法律にもこれ以外に入会権に関する規定はありません（ただ、あとで申しますように、地方自治

法には、間接的に入会権についてふれた規定が一、二ヵ条あります。）

この規定から、次のことがいえるでしょう。

① 入会権には共有の性質を有するものと、共有の性質を有しないものとがある。

② どちらの入会権も、まず各地方の慣習に従うものである。

③ 入会権は物権である。（入会権が物権の一つとして規定されている。）

なぜ入会権についての規定がこのようにかんたんであるのかというと、民法をつくるとき（明治二六年ごろ）入会林野を管理利用する権利を民法上の権利として認めることになったものの、その管理利用の実態や権利の具体的な内容が法案作成委員にもよく分らなかったので、政府の手をつうじて全国的に調査をしました（そのときの調査の結果は、現在でもその一部が残されています）。その調査の結果、各地方でしきたりがいろいろちがうことが分りましたが、当時民法の制定が非常に急がれていたため、この調査の結果を十分に整理する時間がなく、さりとて入会権の規定おかないわけにもいかないので、ともかく入会権を物権としてみとめ、入会権には共有の性質を有するものとそうでないものとの二つがある、そして各地方によって慣習（しきたり）がちがうので、どちらも各地方の慣習をそのまま尊重することにしよう、ということでこのような規定がおかれることになったのです。

2 入会権は物権である

まず、入会権は物権であるということですが、これは入会権の性格にとってきわめて重要な意味をもっています。

このことを理解するためには「物権」という権利がどういうものであるかを知らなければなりませんが、はじめに物権を含めて権利ということについて説明しておきます。

◎権利について

よく、権利があるとか権利がない、とかいいますが、権利といわれるものにもいろいろの種類があります。権利というものについて説明するのはたいへんなことですが、ここでは物権という権利を理解するために、ごくかんたんに権利の種類とその性格について説明しておきます。

①権利の種類

権利にはいろいろ分け方もありますが、一般につぎのように分類することができます。

- 公権
- 私権
  - 財産権
    - 物権
    - 債権
    - 無体財産権
  - 非財産権
    - 人格権
    - 身分権

右の図のように、権利はまず公権と私権とに分かれ、私権は財産権と非財産権とに分かれます。財産権とは財産上の権利、非財産権とは財産上の権利以外の権利で、人格権とは生命、身体あるいは名誉についての権利（したがって殺人、傷害や名誉毀損は人格権を侵すことになる）であり、身分権は、夫婦や親子であることによって同居する権利とか扶養してもらう権利です。財産権のうち物権とは「物」を直接支配する権利、債権は他人に一定の行為（給付といいます）を請求する権利、無体財産権とは特許権とか著作権などをいいます。

まず私権とは何か、というと、国民相互間の私的な権利であって、国民はその権利を原則として自由に行使することができ、国の干渉を許さない、という性格をもつ権利です。私権のうち、財産権については、憲法第二九条に

「財産権は、これを侵してはならない。

財産権の内容は、公共の福祉に適合するように、法律でこれを定める。

私有財産は、正当な補償の下に、これを公共のために用いることができる」

と規定しています。

これは、財産権の不可侵性（何人もこれを侵してはならないということ）を規定したものです。すなわち、国民のもつ財産権は、国といえどもこれを侵したり奪ったりすることはできない、ただ、公共の福祉のために必要があるときだけ正当な補償を支払ってこれを収用することができる、ということを定めたものです。国といえども侵すことのできない権利は財産権だけではなく、人格権や身分権もまた同様（刑罰の場合を除く）です。したがって、私権は、国といえども侵すことができない、ただ財産上の権利、たとえば所有権や借地権などは、公共のための必要があるときだけこれを収用する——すなわち取上げる——ことができる、というのが憲法の趣旨なのです。

何が公共の福祉であるかは非常に問題ですが、それはきわめて厳格に規定されなければなりません。公共の福祉という名目で国民の財産権が侵されるのですから、その内容ならびに目的が法律上はっきり示される必要があります。法律上具体的な定めがないのに、国がただ行政上の便宜のため公共の福祉という理由で国民の財産権を奪うことは許されないことであり、また目的や内容がはっきりしていても正当な補償なしに財産権を奪うことはできません。国民は当然これを拒否することができるし、またそれによって受けた損害の賠償を請求することができます。

私権がこのように国民相互間の関係の権利であるのに対し、公権とは、国民が国（ならびに都道府県や市町村）の政治的、行政的あるいは司法的な行為に対してもつ権利です。この公権も、議員の選挙権（参政権）、請願する権利あるいは裁判をうける権利など、憲法に定める国民の基本的人権と、国（都道府県、市町村）の主として行政上の行為に対してもつせまい意味での公権とがあります。このせまい意味での公権とは、国民が国や都道府県、市町村の行政に対してあることを請求する権利や、その施設を利用する権利をいい、ふつう公権とはこの意味で使います。

この公権は、主に行政に関する法律により、行政に伴なって認められる権利です。ですから、国や都道府県市町村の行政上の理由によって改めたり廃止したりすることができる権利です。たとえば、市町村が公共施設としてつくった公園を利用する権利は公権です。住民は自由に公園に入って利用することができますが、市町村の計画でその公園を閉鎖することになった場合、住民が、それでは自分たちの公園を利用する権利が失なわれるからそれはけしからん、正当な補償をするか、損害を賠償せよ、といってもそれはできないのです。また近くの道路がわるいので改修するよう市町村や府県に陳情した（請願権の行使）結果、いったん認められて改修されることになったけれども、その後財政上の都合で取り止めになった。というような場合、個人間のことならそれは約束がちがうといって損害賠償を請求することもできますが、この場合はそれはできません。これは道路改修の請求権も、公園の使用権も、ともに公権だからです。このように公権は国や都道府県、市町村の行政上の事情によって廃止したり取上げたりすることができる権利なのです。

なお、国や都道府県、市町村に対する権利がすべて公権ではありません。たとえば、市町村にある品物を納めてその代金を請求する権利は、あくまでも私権である債権ですし、また行政に供されていない物を借りたり利用したりする権利は、やはり私権であって、ただそれが市町村の財産であるという理由でその権利が公権となるわけではありません。

②物権と債権

物権は債権とならんで財産権の一つですが、物権は物を直接支配する権利であり、債権は他人にある行為（給付といいます）を請求する権利です。

物権の種類は法律で定められており、自由につくることはできません。民法ではつぎの一〇種類の物権が定められています。

所有権、地上権、永小作権、地役権、入会権、占有権、留置権、先取特権、質権、抵当権（このほか漁業法で漁業権、鉱業法で鉱業権などが物権とされていますがすべて法律で定められています。ただ、前に述べたように（八ページ参照）水利権や温泉権が慣習上の物権として認められています）。

物権のうちもっとも基本的ないし代表的な権利はいうまでもなく所有権です。所有権は財産権の基礎をなすもので、物に対する全面的な支配権であり、所有権を有する者（所有者）は、その物を自由に使用収益し、あるいは譲り渡しなどをすることができます。占有権は単に物を占有（所持）する権利です。地上権、永小作権、地役権は他人の土地を使用する権利（これを用益物権といいます）、留置権、先取特権、質権、抵当権は債権（次に述べますが多くは借金など）の担保としてその物を差押えることができる権利（担保物権といいます）です。用益物権と担保物権とをあわせて制限物権又は他物権といいます。では入会権はどうなのかといいますと、入会林野の土地を部落の人以外の第三者が所有している場合には、他人の土地を使用するわけですから、一種の用益物権（したがって制限物権）ですが、入会林野の土地を部落の人々が共同所有しているときは、他人の土地を使用しているのではないから制限物権ではなく、共同所有権すなわち所有権の一種だといえます。したがって入会権には所有権の一種であるものと制限物権の一種であるものと二つの種類があるわけです（この点五五ページ以下参照）

一方、債権は他人に対してあることを請求する権利で、大体において契約によって生れる権利です（ただ損害賠償を請求する権利は他人の不法行為、加害行為などによって生れます）。他人の家や土地を借りる権利、売った品物の代金の支払を請求する権利、約束したしごとをしてくれと請求する権利など、いろいろな権利があります。一般に、契約は、不可能なことや反社会的なことでないかぎりどのような契約をしてもよいわけですから、その契約によってどのような債権でも生れるわけで、債権の種類や内容には制限がありません。

物権と債権とのちがいは、いくつかありますが、その主な点は次のとおりです。

(イ)物権は物を直接支配する権利ですから、その権利たとえば所有権を——すなわちその物が自分のものであることを——天下万人に主張することができます。しかし、債権は、その権利を相手方に対してしか主張することができません。つまり、借主は貸主にその物を貸してくれと請求することはできるけれども、その物が貸主から別人の手に移ったら、その者に対して貸してくれと請求することはできません。ただ、物権でもその権利を利害関係人に主張するためには公示方法を備えなければなりません。土地や建物についての物権を公示する方法はいうまでもなく登記であり、土地や建物について所有権や抵当権、地上権（土地に限る）をもつ者はその権利を登記することができます。他人の土地や建物を賃借りする権利は、ふつう賃借権といい、これも登記をすることができるけれども義務づけられていないので、貸主がすすんでしてくれないかぎりできません（登記については七五ページ参照）ので、賃借権の登記は必ずできるものではありません。ですから、賃借権という債権は公示方法が保障されていないので、その権利を貸主以外利害関係人に主張することができないのです。もっとも、農地、宅地および建物の賃借権は、賃借権の登記以外による公示方法が認められていますので、農地の耕作権、宅地の借地権、借家権は、その権利を利害関係人に主張する点においては債権であっても物権と余り大きなちがいはありません。

(ロ)物権はその権利を自由に他人にゆずったり、貸したりすることができますけれども、債権はそれができません。他人の土地を使用する権利でも、地上権ならば土地所有者の承諾なしに自由に他人に譲ることができますが、賃借権ならば貸主である土地所有者の承諾がないかぎりこれを他人に譲ることはできません。ただ、物権である入会権を自由に他人に譲ることができるか、というと、問題があります。後で述べるように、入会権は物権の中でも特殊な権利で、原則として自由に他人にゆずることはできません。部落集団どうしの間で入会権をゆずることはほとんどありませんが、その場合にも土地所有者の承諾がいりませんから、やはり入会権は物権としての性質をもっているといわなければなりません。

なおここで、林野に関係の深い権利で後にもしばしばでてくる、地上権、抵当権についてかんたんに説明しておきます。

地上権——地上権とは竹木又は建物などの工作物を所有するために他人の土地を使用する権利です。主に造林したり建物敷地として他人の土地を使用する権利で、草刈りや放牧のため他人の土地を使用する権利は地上権ではありません。地上権が他人の土地を使用する権利一般として使われることがしばしばありますが、これは正しくありません。地上権は原則として地上権設定契約によって生れる権利であり、これによらない権利はふつうの借地権（地上権が物権であるのに対し借地権は債権）です。また、入会権にもとづいて草刈りしたり育林したりする権利を地上権という人もありますが、これは入会権そのもの、あるいは入会権にもとづく利用権であって地上権ではありません。古くは土地の上にある萱草や立木などを毛上《けのえ》あるいは毛上物とよんでいましたので、土地において草刈りや薪取りする権利を毛上権とよぶことがあります。ですから入会権にもとづいて土地を利用する権利を毛上権とよぶことは差支ないでしょう。

抵当権——抵当権とは債権（多くは借金など）の担保として、他人の土地や建物に対して設定する権利で、抵当権を有する者は、債務の履行（借金の返済など）がない場合、その物を差押えて優先的に支払をうけることができます。この点は質権と同じですが、質権は、担保にした物を質権を有する者が受取ってこれを占有（管理）するのにたいし、抵当権は担保にした物を抵当権を有する者の占有にうつすことなく、そのままその物の所有者が占有し使用することができます。また質権は、動産や不動産、権利（たとえば預金通帳など）に設定することができますが、抵当権は土地、建物、立木あるいは自動車など特に法律によって定められたもの以外に設定することができません。抵当権は、土地や建物などの所有者がその物を自分で使用しながら借金の担保に供し、その借金の返済ができないときに抵当権者がこれを差押えてその物から借金の返済にあてることができる権利ですから、ひろく金融に利用されます。森林金融には森林の土地だけでなく、立木にも抵当権を設定する方法がとられています。なお、誤解のないようにつけ加えておきますが、借金の返済ができず抵当権者がその物を差押えてもその物が抵当権者の所有となるわけではありません。抵当権者が裁判所に差押の申立てをした上、あとは民事執行法の規定にしたがい、裁判所が、その物を競売して落札した代金の中から抵当権者が貸した金を支払うのです（したがって落札した者が、差押えた物の所有者となる）。その担保に供した物の所有者も競売に参加することができますから、差押されたからといってその物の所有権が抵当権者にうつるわけではありません。

入会権は物権である、ということは次のことを意味します。

㈠　入会権は所有権と同じように国民の財産権であり、したがって、入会権は、国といえどもこれを奪うことができない権利です。よく、林野が荒れているのは入会権があるからだ、入会権が林野開発の障害になっている、という誤った観念から、入会権をなくせとか入会権を整理せよ、ということが、一部の行政官や学者からいわれることがありますけれども、入会権をどうするかは、入会権をもつ部落の人々が決めることであり、国や、都道府県、市町村が入会権をもつ人々の意向を無視したりその意向に反して入会権をなくすことは、憲法上許されないことです。

㈡　入会権者はその権利を天下万人に主張することができ、入会権を妨害する者があれば直接その妨害を中止するよう申立てることができます。また、入会林野の土地所有権が入会権者以外の第三者にある場合でも、入会権者である部落の人々は、その土地所有者から土地を借りているわけではありませんから、土地所有者が誰であろうと入会権を行使（入会林野を入会林野として利用）することができます。

入会権は物権ですが、所有権や地上権、抵当権などとちがってかなり特殊な権利です。第一に、所有権やその他の物権についてはその内容などについて法律はかなりくわしい規定をしているのにたいして、入会権の規定はわずか二ヵ条しかなく、しかもその内容はすべて「各地方の慣習に従がう」とあるだけです。ですから、入会権の内容は法律の条文ではなく各地方の慣習によって決められる、のです。第二に、入会権は他の物権のように不動産登記法による登記をすることができません。そのためにいろいろ問題を生じていますが、この二点は、入会権が他の物権とちがった大きな特徴です。この点について以下くわしく述べることにします。

二　二種類の入会権

1　入会権には共有入会権と地役入会権の二種類がある

入会権には「共有ノ性質ヲ有スル入会権」と「共有ノ性質ヲ有セサル入会権」との二つがあります（民法は、どちらの入会権も各地方の慣習に従がうほか、前者の入会権については共有の規定を適用し、後者の入会権については地役権の規定を準用すると規定しているので、後者の入会権を一般に地役権の性質を有する入会権とよんでいます。ここでは便宜上、前者の入会権を「共有入会権」、後者の入会権を「地役《ちえき》入会権」とよぶことにします）。共有入会権とは、入会権者である部落の人々が入会林野の土地を共同で所有している場合をいい、地役入会権とは入会林野の土地を入会権者以外の第三者が所有している場合をいうのであって、この二つの入会権は入会林野の土地を誰が所有しているかによって区別されます。

〔判決〕ここで判決をみることにしますが、裁判所はかつて現在とはちがった解釈をしていました。

〔4〕大審院明治三七年一二月二六日判決

「民法第二六三条にいう共有の性質を有する入会権とは土地毛上ともに入会権者に属する場合を指したものではなく、土地は第三者もしくは入会権の中の一、二の者に属しその毛上だけを入会権者が共有して共同収益する場合を指したものと解釈すべきである。もし、土地も毛上もともに共同収益者の共有に属するのであればそれは純然たる共有である」（註、共有については九八ページ参照）

つまり、林野において草木などを共同で採取している場合、その林野（土地）が採取権者の共有であるならばその権利は共有権であり、その林野が採取権者以外の第三者か、あるいは採取権者中のごく一部の者の所有であるとき、その権利は入会権である、というのです。このような、当時の裁判所の解釈は、少なくとも明治初期までの入会林野に対する考えからいえば当然であったかも知れません。というのは、入会権は土地＝林野を共同で使用収益する権利であって土地の所有権には関係がない権利であったわけですから、毛上物を共有して共同収益をする権利を共有権と解釈したのも当然といえるでしょう。ですから、裁判所のこのような解釈はなおつづきます。

〔7〕大審院明治三九年一月一九日判決

「もし林野の土地が共同収益者の共有に属するならば、これは純然たる土地の共有権であるから其毛上物を共同収益するのは共有権の効力にほかならない。民法が入会権として各地方の慣習に従わせることにしたのはこのような権利ではない」

〔10〕大審院明治四〇年一二月二〇日判決

「林野の土地が数人の共有に属し、各共有者がその毛上物を共同収益するのは純然たる共有権の効力であって入会権によるものではない。土地に共有権を有しない第三者が加わって共有者とともに毛上物を共同収益するときその第三者の権利だけが入会権であって他の共有者の権利はやはり共有権であり入会権にかわることはない。」

このような判決に対して当時の学者はつよく反対しました。その理由は次の二点にあります。

① 入会林野の土地を入会権者が共有している場合、林野の使用収益権が入会権でなく共有権であ

るというなら、その入会林野を分割しないという慣習があっても、民法の規定にしたがっていつでも分割することができることになる。

② 入会権者以外の第三者が所有する林野において入会権者が共同で収益する権利を共有の性質を有する入会権であるというなら、共有の性質を有しない入会権というものは存在しないことになる。

右の批判まことにもっともであり、とくに〔10〕の判決のように一つの林野で共同に入会っている場合、土地所有者の権利は共有権、他の者の権利は入会権というのははなはだ奇妙な議論です。

だが、ここでちょっと注意しなければならないのは、右にあげた三つの判決はみな、部落と部落（すなわち入会集団と入会集団）との争いで、〔5〕は数村入会地の分割についての部落と部落との争いです。ですから右の判決でいう共有権や入会権者は、個人ではなく部落（入会集団）なのです。そういう観点から右の三つの判決をみるとその論理にもっともだと思われるところもあります。

一般に、明治期の入会林野についての裁判は部落（入会集団）相互の間で行なわれたものが圧倒的に多いのですが、これは当時入会林野の大半が数村入会地であったことの反映です。そして明治末期から政府は数村入会地を一村ごとの単独入会地に分割する方針をとるようになりました。このような時期に、部落と部落とで共有入会地をどのように分割するかにつき争いを生じ、裁判になった例が少なくないのですが、裁判所は、これらの数村共有の入会地を共有地であると解釈したわけです。共有地なら分割することができますから、結果として、裁判所は数村入会地を一村単独入会地に分割する政策を援助した、ということができるでしょう。

ところがその後、裁判所もこれまでのような解釈をとることができず、ついにその解釈を変更しました。それは次のような事件です。

〔事実〕事件があったのは、島根県講武村（現在松江市）のある部落の入会林野で、部落の住民一七名の共有名義で登記されていました。その一七名中の一人から、その持分を部落外の甲が買い受けて移転登記をすませたところ、部落の入会権者の代表者がこの山林は部落の入会林野で慣習により他部落の者に売買することは禁止されているから右の売買は無効であるという理由で訴を起しました。原審松江地方裁判所は前の大審院判決を根拠にして、この山林は収益権者が地盤も毛上も共有しているのであるから共有地である、と判断して部落代表者の主張を認めませんでした。そこで部落の代表者は上告して、原審判決のように解釈すれば地役権の性質を有する入会権というものは存在しなくなると主張したところ、大審院は次のように判示して、原判決を破棄して裁判のやりなおしを命じました。

〔16〕大審院大正九年六月二六日判決

「共有の性質を有する入会権と地役権の性質を有する入会権とを区別する基準は、入会権者の権利が共有の土地の上にあるかあるいは他人が所有する土地の上にあるかによって決めるべきである。……若し共有の性質を有する入会権が土地を共有することなくただ毛上のみを共有する入会権であると解するならばわが民法上地役権の性質を有する入会権は存在しないことになる。このような解釈は正当なものではないから、前述の見解に反する大審院の従来の判例は変更するのが正当である。」

つまり、共有入会権は入会権者が入会林野の土地を共有している場合をいい、地役入会権とはその土地を入会権者が所有せず、第三者が所有している場合をいう、といっているのです。この解釈はその後現在まで一貫してかわっていないだけでなく、今日ではもっとも正当な解釈である、とされています。

（**要約**）そこで、共有入会権と地役入会権については次のようにいうことができます。

共有入会権とは、入会権者である部落の人々が共同で入会林野の土地を所有し林野を管理利用する権利である。

地役入会権とは、入会権者である部落の人々が入会林野を共同で管理利用するだけの権利であり、その土地所有権を含まない。

したがって、共有入会権は土地の共同所有権であって共有権の特殊なかたちであり、地役入会権は共同で他人の土地を使用する権利であって地役権あるいは地上権の特殊なかたちである、ということができます。入会権を入会林野を利用するだけの権利だと考えることは正しくないわけで、共有入会権は土地の利用権と所有権とをあわせた権利ですから、共有入会権を有する、ということはその入会林野の土地所有権（共同所有権）を有する、ということなのです。

三　入会権の特殊な性格

1　入会権の内容は各地方の慣習に従がう

民法は、入会権は共有の性質を有するものでも、共有の性質を有しないものでも、すべてまず「各地方の慣習に従がう」と規定しています。これはどういうことを意味するものか、といいますと、「入会権についてもめごとを生じ、それについて裁判を行なう場合に、裁判所はその地方における入会林野についての慣習にもとづいて裁判をしなければならない」ということなのです。

慣習とは、しきたり、おきて、きまりなどのことです。入会林野をどのように利用するか、どの範囲の者に入会林野を利用させるかなど、入会林野の管理利用については、ほとんどすべてそれぞれの地方や部落のしきたりやおきてなどで決められています。右の民法の規定は、入会林野についての各部落の慣習すなわちしきたりやおきてにたいして法律的な効力をみとめ、その慣習にもとづいて入会林野を管理利用している事実を法律上の権利、すなわち入会権として認める、ということを意味しています。したがって、入会権についての細かい規定や具体的な内容は法律の条文によって決まるのではなく、各部落の入会林野についてのおきてやしきたりによって決められるわけです。

この入会林野についてのしきたりやきまりは、文書にされているところもありますが、必ずしも文書にされていなければならないものではありません。要はその地方、その部落において現に行なわれ、守られている事実、あるいはとりきめのことです。ここで注意しておかなければならないことは、慣習というのはかならずしも昔からのしきたり（すなわち旧慣）であることを意味しない、ということです。入会林野の利用のしかたが変ってくれば、それについてのきまりやとりきめも変りますので、慣習もまたかわるわけです。もちろん、入会林野は古い歴史をもっているので、昔からの慣習があるはずですが、長い間にはその慣習もかわり、ときにははっきりしなくなることもあります。そのような場合、昔からの慣習をはっきりさせることは大切ですけれども、それ以上に重要なのは、現在の慣習をはっきりさせることです。

入会権は各地方の慣習にしたがうことになっていますから、入会権の具体的な内容は各地方、各部落の実情、慣習によって決められますが、入会権は一定の部落に住む人々が共同で入会林野を管理し利用する権利である以上、当然そこに一定の共通性があり、その権利の内容が各地方各部落で千差万別ということはありません。入会権という権利はそれなりにある定義づけ——すなわち、入会権はこういう内容の、こういう特色をもつ権利であると規定すること——ができなければなりません。

入会権は、前にもいいましたように所有権などとちがったかなり特殊な性格をもっています。それは、入会林野を管理し利用するという慣習が、おおむね明治以前からの慣習であり、その慣習を権利として認めたわけですから、近代的な権利といわれる所有権などとはちがった——少し誇張していえば前近代的な性格をもった——権利であるのは当然のことといえるでしょう。所有権に代表される近代的な権利、たとえば他の物権は、個人が、だれでも自由にこれ（その権利）をもつことができ、他人にゆずることも売買することも自由であり、自分から放棄しないかぎりその権利を失なうことがない、のがたてまえです（ただ農地法によりいくつかの制限があります）。ところが入会権は、これとちがって次のような特色ないし制約があります。

① 入会権は一定の部落に住む者だけが部落の慣習（おきて）にしたがってこれをもつことができる権利である。
② 入会権は個人がもつ権利ではなく「世帯」（又は世帯主）がもつ権利である。
③ 入会権は個人の権利ではないから相続されない。
④ 入会権は自由に他人に売ったりゆずったりすることはできない。

なおこのほか入会権は登記をすることができない、という点を含めて、それぞれについて説明します。

2 入会権は一定の部落に住む者がもつ権利である

前述のように、入会権は、ある村（部落）に住む人々がそこで農業を営なみ、生活をしてゆく上に必要な物資を得るために、一定のしきたりやきまりにもとづいて林野を共同で管理し利用する権利でいい、いいいいいした。権利でした、というのは、現在では入会林野の利用が必らずしも自給的、農業的なものにかぎられないからです。現代的に入会権を規定すれば、村（部落）に住む人々が、生活に必要な物資や現金を得るために、部落のしきたりやおきてにもとづいて林野を共同で管理利用する権利であるといえます。このように入会権は部落に住む人が、その部落の林野を共同で利用する権利ですから、入会権は、部落という一定の地域に住む者だけがもつことのできる権利です。入会林野も何もない都会に生活する人が入会権をもつことはありません。この点については、判決も早くから次のようにいっています。

〔2〕大審院明治三三年六月二九日判決

「元来わが国における秣山等の入会権は、住民としてその土地に住居することに伴なって有する一種の権利で、その住居を移転すれば権利を失ない、他から移転して住民となればその権利を取得するのがふつうである。」

所有権や地上権などの権利は、どこの誰でも、その人がどこに住んでいてももつことができる権利です（ただし、農地の所有権や賃借権については制限があります）が、入会権は、一定の部落に住むことによってもつことができる権利です。右の判決の「その土地」というのは「その部落」を意味しています。ただ、右の判決のように、その部落の住民となれば入会権をもつことができるのがふつうですが、しかしその部落に住めば当然入会権をもつとはかぎりません。部落に住んでいても入会権をもたない場合も少なくありませんし、部落に住むことと入会権をもつことは同じではありません。部落の中でどういう者が入会権をもつかは、すべてその部落のしきたり、すなわち慣習によって決められます（このことは第三話で説明します）。

入会権は、その入会林野のある部落に住む者だけがもつ権利ですから、入会権をもつ者でもその部落から転出し部落の住民でなくなればその権利を失ないます。右判決が「住居を移転すればその権利を失なう」といっているのはその意味です。前述のように入会権はもともとその部落で農業を営むために必要な物資をうるための権利だったのですからその部落から転出すればその権利がなくなるのは当然だったのです。しかし現在では入会林野の利用方法もかわってきたり、そのほかの事情で、部落から転出すればつねに入会権を失なう、とはいえない場合もあるようです。これも具体的にはその部落の慣習によって決められますが、部落から転出すれば原則として入会権はなくなる、といってよいでしょう。

このように、入会権は、一定の部落の住民であることによってもつことができる権利である、という点が他の権利とは著るしく異なった第一の特色です。

3　入会権は世帯がもつ権利である

入会権は、部落に住んでいる者がもつ権利ではあっても個人個人がめいめい自由にもつ権利ではありません。田畑やふつうの山林は個人でもつことができ、一軒の家でも、これは誰のもの、あれは誰のもの、というように、所有権（地上権等も同じ）は個人がもつ権利で、また誰が所有しても差支ありません。（ただ、田畑の所有権や耕作権＝賃借権は原則として農業を営む者でなければもつことができない、という制限がありますが、一軒の家の中で誰でなければならないということはなく、また一軒に一人と限られるわけではありません。父の土地、子の土地があって差支なく、いずれにしても個人単位で所有権や耕作権をもつことができます。）もっとも、二人以上の人が一つのものや権利を共同でもつこと――これを共有という――はできますが、それは例外的であって、所有権という権利は個人がもつことのできる、個人を中心とした権利であり、また誰でも自由にもつことができる権利です。つまり、所有権や地上権については、二人以上でもたなければならないとか、世帯主しかもつことはできない、という制限は一切ありません。これに対して、入会権は個人個人がめいめい自由にもつことのできる権利ではありません。

それでは入会権はだれがもつ権利であるか、というと、裁判所は次のように判示しております。

〔20〕盛岡地裁昭和五年七月九日判決

「入会権は部落住民全部が之を有するのではなくて、部落の住民で一戸を構える（主宰者である）戸主又は世帯主としての資格を有する者だけが之を有し、その家族や使用人は戸主又は世帯主の権利の補助者又は代行者として使用収益しうるのがふつうである。」

つまり、入会権は部落の中の家の世帯主がもつ権利である、といっています（次の〔35〕も同じことをいっています）。大体このように考えてよいのですが、世帯主個人がもつ権利というよりも、家ないし世帯を代表する世帯主がもつ権利ですから、むしろ、家ないし世帯がもつ権利だ、といった方がよいでしょう。

なぜなら、たとえばある家の奥さんや息子が山入りして草を刈るのに、これは、世帯主である夫や父のもつ権利を代わって行使しているのだ、と考えるよりも、世帯主に代表される世帯（あるいは家）がもっている入会権を、その世帯の一人として行使しているのだ、と考える方がふつうであり、正当だ、といえるからです。たとえば、ある世帯で、世帯主である夫が長期にわたり出稼ぎなどのために村を出たとしても、しかしその家族が残っているかぎり入会権を失なうことはありません。これを、その世帯主である夫が村を出ている間は奥さんが世帯主となるからその世帯主が引きつづいて入会権をもつのだ、と考えることもできますが、むしろ、その世帯がもっている入会権を、その世帯員である奥さんが行使している、と考える方が実情にあっているでしょう。

したがって、入会権は部落の中の家ないし世帯がもつ権利である、ということができます（ここにいう家とは戸籍上の家ではなく、現実の家＝世帯をいいます。こんにち法律的に戸籍上の家というものはありません）。ただ、法律上、家＝世帯が権利をもつことができるかどうか、が問題となるので、形式的には、世帯の代表者である世帯主が入会権をもつ、といってよいと思います（そしてどのような世帯が入会権をもつかは、いうまでもなく、それぞれの部落の慣習によってきめられます）。

4　入会権は相続されない

入会権は家＝世帯がもつ権利であって個人がもつ権利ではありませんから、相続の対象にはなりません。

〔判決〕入会権が相続の対象にならない、ことは判決も次のようにはっきり認めております。

〔35〕盛岡地裁昭和三一年五月一四日判決

「入会関係における権利取得はいつも原始取得であり、承継取得はない。部落の住民としての資格を得れば当然に原始的に権利を取得し、部落外に出てその資格を失えば当然に喪失するのである。相続の場合も同様である。相続人は被相続人の共同収益権を承継取得するのではなく、相続の結果被相続人の地位を承継し部落の世帯主となったことによりその権利を取得するのである。」

〔事実〕つぎの例は、入会権が相続されるかどうかが正面から問題となった事件に関するものです。事件は、入会権をもつ世帯主乙が死亡した後その家業をついだ甲と他の共同相続人との間で乙の遺産分割について相談がまとまらなかったので、家庭裁判所に審判を申立てしたところ、家庭裁判所は町有入会林野の入会権を分割（したがってその利用地を分割配分）する旨の審判をしたので、甲は、入会権は乙の遺産ではないからこれは分割するのは不当である、と仙台高裁に抗告の申立をしました。

〔37〕仙台高裁昭和三二年七月一九日決定

「本件入会権は被相続人乙がその部落住民としてもっていた収益権であることは明らかであるが、もともとこのような意味での入会権の得喪は専らそれを保有する者の属する部落団体の慣習的規範によって定まるものであって、右規範によらない相続や譲渡によって生ずることはありえない」

裁判所はこのようにいって甲の申立をみとめましたが、入会権は相続されない、というのは裁判所一貫した解釈です。また次のような判決もあります。

〔51〕神戸地裁昭和四一年八月一六日判決

「入会権は、住民としての身分の得喪によりその権利を取得したり失なったりするのであって、一面所有権としての性質を有するとはいえ、個々の住民において売買、質入することはできず、又相続の目的ともならない」

なお次の〔33〕判決も同じような判示をしています（七〇ページ参照）。

（要約）相続について、民法は「相続人は、相続開始の時から、被相続人の財産に属した一切の権利義務を承継する」（第八九六条）と規定していますので、世帯主が死亡した場合、その人がもつ個人的な権利や財産（借金なども含まれる）はすべてその相続人である配偶者（夫又は妻）と子たちが共同で相続します。しかし、入会権は世帯主個人の権利ではありませんから、相続人がそれを共同でうけつぐことはありません。

入会権をもっている世帯の世帯主が死亡して、そのあとつぎ息子が入会権をもつ場合でも、それは父のもっていた入会権を相続したのではなく、その世帯の世帯主としての地位をつぐことによって入会権をもつことができるのです。いいかえれば家がもっている入会権を世帯主が代表者として管理しており、その世帯主がかわっただけだ、とみてよいでしょう。また、兄弟二人いて、弟が村の中で分家——戸籍上の分家制度はありません、部落の中に新たに一戸を構えること——して入会権をもっても、それは、分家した者には入会権をもたせるという部落の慣習によって入会権をもったのであって父の入会権を相続した（あるいは兄の相続権を分けてもらった）のではありません。もしその部落に分家した者には入会権を認めない、という慣習があれば、その弟は入会権をもつことができないでしょう。

もし入会権が相続される、というのであれば、仮に息子や娘が数人いてその者たちが部落から転出して東京や大阪などの都会にいっている場合に、現在その子たちは平等に相続権をもっていますから、都会に行った息子や娘までも父の入会権を相続することになりますが、そのようなことが考えられるでしょうか。ことに、入会林野の共有者の一人として登記されているある入会権者（世帯主）が死亡した場合、都会に行った息子や娘が相続登記をして共有者に加わりそれによって入会権者になった、としばしば考えられ勝ちですが、誰を入会権者として認めるかは、部落が決めることであって、このような相続登記とは全く関係がありません。この点については登記のところで説明します。（七四ページ参照）

入会権は、世帯をついだ、いわゆる「あとつぎ」が新しく世帯主になることによってもつことができる権利ですから、その「あとつぎ」が誰であってもよく、何も長男でなく、次男でも末子でも娘でも差支ないわけです。また、法律上の相続をするわけではありませんから、何も世帯主が死亡しなくとも新しい世帯主が入会権をもつことはできるわけです。つまり、いままでの世帯主が老齢のため、いわゆる隠居（世帯ゆずり——現在法律上隠居という制度はありません）をし世帯をその息子にゆずればそれによって新しく世帯主となった息子が入会権者となります。

5　入会権は他人にゆずることができない

およそ権利というものは、その権利をもつ者が他人に損害を与えないかぎり自由にその権利を行使することができ、とくに財産権はこれを他人に貸したりゆずったりすることは原則として自由です（原則として、というのは、たとえば農地についてこれを貸したり売ったりするには知事又は農業委員会の許可が必要であり、貸す相手や売る相手も限られているからです。しかし貸すことや売ることじたいが禁止されているわけではありません。ただ、漁業権や鉱業権などは貸すことや売ることが禁止されたり制限されたりしています)。

ところが、入会権は、部落の中の世帯が部落の統制のもとにもつ権利であり、いわばその世帯についた権利ですから、これを売ったりゆずったりあるいは貸したりすることは原則として禁止されます。前に掲げた〔37〕〔51〕の両判決もこのことを判示していますが、次の判決も同じように明言しています。

〔33〕秋田地裁昭和三〇年八月九日判決

「入会権は一定の部落に居住する者又はその部落の世帯主である者がもつことが要件であって、その部落より他に移住すれば当然入会権を失ない、又たとえ入会権者相互間においても他に譲渡することは勿論、相続によっても移転することはできない。」

入会権は、歴史的には古典的共同利用の林野において、部落の統制のもとに自由に山入りして草を刈ったり薪を取ったりする権利であって、各自の持分というものははっきりしていませんでした。はっきりした持分がない以上他人に売ったりゆずったりすることができないのは当然です。ですから、部落外の人々にたいしてはもちろん、部落内の人々にたいしてもこれをゆずることができなかったのです。しかし、個人分割利用地や部落共同造林等の団体直轄利用地になると、株とかいいかいとかよばれて各入会権者の権利がはっきりしてきます。ですからその持分ないし権利をゆずることが不可能ではありません。たとえば、入会権者が部落外に転出するにあたり、同じ部落の中の入会権をもたない者や他の入会権者にその権利をゆずる、という例は決して少なくありません。

ところが右の判決は、入会権というものはたとえ入会権者相互の間でも、部落住民の間でも売ったりゆずったりすることはできない、といっています。現に限られた範囲でゆずりわたしが行なわれているにもかかわらず、この判決がそのようにいうのは、古典的な入会権だけを念頭においたのではないか、と考えられますが、仮にそうであるとすればこの判旨は正しくないことになります。逆にそうでないとすれば、この判決のように、入会権はほんらい他人にゆずることができないものである、というのが正しいといえます。

第三話でくわしく説明しますが、入会権は部落という集団（入会集団）の統制のもとにおかれ、誰を入会権者として認めるかは部落が決定することであり、部落から入会権者としての地位を認められることによって入会権者となるのですから、入会権は部落から与えられるものといってよいわけです。したがって、たとえば、最近部落に一戸を構えて部落の住民となったけれども入会権者でない甲が、同じ部落の入会権者である乙からその持分あるいは株をゆずりうけても、そのことによって当然に入会権者となるわけではなく、部落が甲を入会権者として認めるから甲は入会権者となることができるのです。部落の慣習として入会権の持分や株のゆずりわたしを部落の中にかぎって認める、というところが多いようですが、これは、もともと、その部落の住民であれば入会権者となることができるという慣習であったけれども、入会権者の数が限られその権利が持分＝株となって固定したため、入会権者となるためには持分＝株をもたなければならない、というように慣習が変化したものです。すなわち、右の場合、乙の転出その他の理由でその持分＝株が空いたからこれを甲に与えて甲を入会権者として認める、というのがもともとのやり方であり、したがって、乙の持分＝株はいったん部落にもどり、部落が改めてこれを甲に与える、という順序をたどるものなのです。しかしそのようなやり方が、次第に乙から直接甲にうつりそれを部落が承認する、という方法にかわっていったのです。部落が甲を入会権者として承認するのは、甲がその部落の住民であって入会権者となる資格を備えているからなのであって、甲が部落の住民ではなく入会権者としての資格を備えていないならば部落は乙から甲へのゆずりわたしを承認しないでしょう。またその部落が新らしく入会権者の加入を絶対認めないという慣習であれば、乙はその持分＝株を他の入会権者にゆずるか、あるいはその持分＝株を部落に返すほかはないでしょう。

右のように、入会権者の持分というものはゆずりわたしができるものではなく、ほんらい入会権者から部落にもどされ、それから他の部落住民に与えられるものです。もちろん持分を返すのも与えられるのももとは無償でした。しかし、団体直轄利用や個人分割利用の入会林野は個人の資金や労力の投下を伴なうので金銭的価値をもつようになりますから、無償で返させたり与えたりすることが難かしくなります。そこで部落では、入会権の持分がいらない者や転出などでもつことができない者が、その権利を入会権者となる資格をもつ者に直接ゆずったり売ったりする場合にかぎって、これを認めるのです。したがって、入会権を部落の内部でゆずったり売買したりすることができる、といってもそれは前述のように、旧権利者→部落→新権利者というように、部落が資格を与えることによってはじめて入会権者となる、という慣習が、旧権利者→新権利者という手順によってすでに入会権者となる資格を有する者を部落が承認する、という慣習にかわったことを意味するものなのです。

このような、旧権利者→新権利者という権利者の移動を、権利のゆずりわたしと呼ぶならそう呼んでも差支ありませんが、しかしそれは決して一般的なゆずりわたしではありません。権利をゆずることができるとしても、同じ入会権者とか同じ部落の住民であるとかおよそその部落が認めた者に対してしかできないのですから、前述のように、部落の承認のもとでの権利者の移動にすぎません。ですから、入会権は部落の統制のもとでだけ権利をゆずることができ、本来自由にこれをゆずることはできない、というべきでしょう。

それでは、部落の承認なく権利を外部の第三者に売った場合、どうなるかというと、ただ分割利用地やその他共同利用地の利用権だけを売ったというならば、部落側はその者の利用を認めず、山入りを禁止すればよく、余り問題ありません。ところが、その権利のゆずりわたしが登記上の共有権の売買と結びついている場合にどうなるか、つまり部落の承認のない部落外の第三者への共有権移転登記をした場合どうなるか、深刻な問題を生ずることがあります、これについては登記の効力とも関係がありますので第四話（一五九ページ以下）でお話しします。

四　入会権と登記

1　入会権は登記することができない

入会権は登記することができません。なぜかというと、登記は不動産登記法という法律によって行われますが、その第一条に登記できる権利として所有権以下九種類の権利が掲げられている中に入会権が挙げられていないからです。所有権や地上権などと同じ物権であるのになぜ入会権が登記することができないか、というといろいろ問題がありますが、右の理由で入会権を登記してくれと頼んでも登記所はそれを受付けてくれません。

こういうと、自分の部落の入会林野は、部落の全員の名前あるいは代表者の名前で登記がしてある、という人があるかも知れませんが、それは、入会林野の土地所有権の登記であって入会権の登記ではありません。入会権は登記されませんから、ある土地に入会権があるかどうか、いいかえればある林野が入会林野であるかどうかは、登記簿を見ただけでは分らないのです。

また、入会林野にはその土地所有権さえ登記していない、いわゆる未登記の土地が少なくありません。そのために入会林野をまだ登記していないが大丈夫だろうかとか、入会権があることを示す方法がないだろうか、という心配をする向が少なくありません。

ここで、はじめに登記についてかんたんに説明しておきます。

◎登記について

登記には不動産登記のほか法人登記、商業登記などがありますが、ここでは不動産登記のうちの土地の登記について説明します（不動産の登記には土地のほか建物、立木の登記があります）。

①登記の種類

登記とは、ふつう登記所とよばれる法務局又はその支局、出張所に備付けてある登記簿に記載することで、登記には表示登記と権利登記の二種類があります。

以前は、どこにどんな土地があるかを明らかにするため、土地台帳が税務署に備付けられていました。これは戦前、土地に対する租税（＝地租）が国税であったため、その課税の基準としての必要上土地台帳は税務署に備えおかれたのですが、市町村にもその副本が備え付けられていました（市町村も地租附加税を課していました）戦後、税制度が改正され、土地に対する課税が地方税である固定資産税となり、昭和二二年に土地台帳法が制定され、土地台帳はすべて登記所で管理することになりました。そして土地台帳は純粋に地籍を明らかにするためのものとなりましたが、市町村に副本が備付けられ、固定資産税賦課の台帳としての役割を果しています。昭和三五年に登記簿と台帳の一元化がはかられることになり、土地台帳記載の土地はすべて土地登記簿の表題部に登載され、登記簿だけでどこにどのような土地があるかが分るようになりました（これに伴い土地台帳法は廃止されました）。

土地登記簿は、バインダー式になり、一筆の土地ごとに表題部が作成されています。表題部には、その土地の所在地、地番、地目、地積および所有者名が記載されています（ただし、所有権の登記がされている土地については所有者名は記載されない）。表題部のつぎに甲区、乙区の用紙があり、甲区欄には所有権、乙区欄には所有権以外の権利（地上権や抵当権など）が登記されます。ただ、甲区欄、乙区欄については記載すべき事項がないとき（いわゆる未登記のときなど）は、これを設けなくてもよいことになっています。

表示登記とは、表題部の登記のことで、この所有者名は、原則として土地台帳上の名義と同一です（表題部の所有者名は土地台帳上の名義を転載しますが、登記官が職権で調査し記載することもできます）。新たに土地を生じたとき、地目、地積に変更を生じたとき、分筆、合筆したときは、その所有者は必ず届出なければならないことになっています。いわゆる脱落地は新たに生じた土地に準じて取扱います（この届出は無料でできます）。

これに対して権利登記は必ずしなければならないものではありません。よく未登記の土地といわれますが（脱落地の場合を除き）、それは権利登記してない土地をいうのです（したがって一元化されていれば表示登記だけはされている）。この権利登記には本登記のほかに仮登記、予告登記などがありますが、通常するのは本登記です。始めてする所有権の登記をふつう保存登記といいます。この保存登記がなければ原則として売買や贈与による移転登記、相続登記等ができませんし、また所有権の登記がなければ地上権など乙区欄の権利登記はできません。

所有権その他の、いわゆる権利登記は義務づけられるものではありませんが、右のように移転登記や乙区欄の権利登記をするためには必ず所有権の保存登記を必要とします。ですから、売買も贈与もせずまた地上権や抵当権を設定することのない土地（入会林野の多くがそうでしょう）は保存登記をする必要性に乏しいわけです。なおまた、権利を登記するのは個人（一人とは限らず二人以上でもよい）あるいは法人に限られ、法人でない団体、すなわちいわゆる任意団体や部落の名で登記するとはできません。入会林野に未登記のものが多いというのは、この二つの理由によるものと思われます。

②登記の効力

ところで、ある土地の真実の所有者と、所有権の登記名義人とは必らずしも一致しませんし、その人に本当に所有権があるかどうかということと所有権が登記されているかどうかということとは直接関係はありません。なぜかというと、登記は対抗要件にすぎず、また登記には公信力がないからです。

たとえば、甲が自分の名前で所有権登記されている自分の土地を乙に売り、その代金を受取り、かつ売渡証書も書いたが、まだ甲から乙への移転登記をしていない、という場合、土地の所有権はすでに乙に移っていますから乙が所有権者です。登記上の所有名義人は甲ですが、所有権は乙にある以上、甲は所有者ではなく単に登記名義人にすぎません。乙は、自分がその土地の所有権をもっているから、その所有権にもとづいて甲に対して移転登記をせよと請求すること（これを登記請求権という）ができるのです。しかし、移転登記すなわち乙の名前で登記をしなくとも、乙は間違いなくその土地の所有権者です。ただ、かりに、第三者丙が、その土地の登記簿をみて甲のものと思い、甲にその土地の買受を申入れ、甲もまだ乙の名義になっていないのを幸にこれを丙に売る、という、いわゆる二重売買をして、丙がさきに自分の名義で移転登記をすませると、その土地は丙のものとなり、乙は丙に対して、この土地は自分のものだから登記を乙に書きなおせ、とはいえません。乙が、この土地が自分の所有である、ということを利害関係をもつ第三者に主張するためには、登記をしなければならないのです。

　別の例でいいますと、甲の土地に乙が造林する目的で地上権を設定した場合、甲は乙の地上権があるから自分の土地であっても勝手に使うことはできません。しかし土地を売ることは自由ですから、その土地を丙に売り、新らしく所有者になった丙が乙に対してこの土地は自分の土地であるから立入ったり木を植えたりしてはいけない、と申入れたらどうなるでしょう。乙が地上権の登記をしてあれば、乙は丙のいうことを聞く必要はありません。乙が地上権の登記をしてなくともまだ丙が所有権の移転登記をしてなければ、乙は丙の申入れを無視することができますが、丙が所有権の移転登記をすませたのであれば、乙はその地上権を登記しないかぎりその権利を丙に主張することはできませんから、丙の申入れに従って土地を明渡さなければなりません。

　このように、売主とか地上権を設定した者とか、売買契約や地上権設定契約の相手方に対しては、登記しなくとも所有権や地上権等を主張する――自分がその権利をもっていると主張する――ことができますが、それ以外のその土地に何らかの権利をもつ第三者（以下単に「第三者」という）に対しては登記をしなければその権利を主張することができません。いいかえれば、その権利はあるのだけれども、その権利を第三者に主張するにはその権利を登記しなければならない、ということです。このように、その権利を第三者に主張できることを、対抗力があるといい、その対抗力をもつための要件を対抗要件といいます。土地に対する物権（所有権、地上権、抵当権など）の対抗要件が登記なのです。登記が対抗要件だというのは、登記はその権利を第三者にたいして主張するための手段であるという意味であって、実際の権利があるかどうかは登記してあるかどうかとは必ずしも一致しません。

いま、実際上の権利と登記とは必ずしも一致しないといいましたが、登記は必ずしも真実の権利関係を反映しているとは限らないのです。このことを登記にに公信力がないといいます。したがって登記を信用して売買をした者が必ずしも保護されないわけです。具体的な例でいうと、たとえば甲が、その土地を丙に売り渡し、その登記手つづきを乙に依頼して印鑑と権利証を預けた、と仮定します。乙はこれを幸いに甲から乙への売渡証書を作成（偽造）し、甲から乙への移転登記をして知らぬ顔をしていたところ、事情を知らない丁が乙名義で登記されているその土地を見て乙に買受けを申入れ、乙と丁との間で売買契約を結び丁に所有権移転の登記をしてしまった。丙があとでこれを発見して、乙、丁の登記は無効だから自分の名に登記を書きなおせと主張したときに、丁が自分は乙の名前で登記されている登記簿を信頼して買ったのだから自分のものだ、ということはできないのです。たしかに丁に責められる点はないかも知れませんが、甲から乙に土地が売渡された事実がないのですから、乙が土地所有権をもったことはなく、乙の登記自体が真実に反するわけで、権利をもたない者から権利を買受けることはできず権利をもつことができませんから、結局丁は所有権を取得することができないのです。

ではなぜ登記が公信力をもたないか、というと、第一に登記に公信力をもたせるためには必ず権利登記をするという前提が必要ですが、それが仲々難しいこと、第二に、権利登記を申請するにあたり、申請書類が不備でなければ登記所（登記官）はそれが真実であるかどうかを確かめる権限がなく、必ず受付けなければならないことになっているからです。つまり、登記官には権利移転などの実質（前の例で甲から乙への売買が本当であるかどうか）について審査権がないので、登記がつねに真実を反映しているとはいえないのです。

このように、登記は対抗要件にすぎず、また必らずしも真実を反映しているとはかぎりませんから、登記してなくとも本当に権利をもっている場合や、逆に登記はされているけれども権利をもっていない場合はいくらでもあります。入会林野の登記（所有権登記）などはもっともよい例で、登記されている名義人が死亡したり転出したりして、一人もいないという例はきわめて多く、入会権者と入会林野の登記上の所有者（登記名義人）とはむしろ一致しない場合が多いのではないでしょうか。しかし登記に公信力がないことを考えれば、入会林野の登記にそれほどこだわる必要はありません。

登記には公信力はないけれども、推定力があります。つまり、登記をされている者（名義人）は一応権利をもつ、と推定されます。たとえば、ある入会林野の共有権者の一人として登記されている入会権者甲が死亡し、その人の相続人である乙、丙は現在都会にでて部落に住んでいないにかかわらず、乙、丙が相続登記をして共有者となっているのは登記に推定力のあることの結果です。すなわち、甲は共有者の一人として登記されている以上、その土地の共有者で全体の何分の一かの権利をもっていると推定されます。甲が死亡すればその人のもっていた何分の一かの共有権を形式上相続人が受けつぐことになり、相続人乙、丙が、甲の共有権を相続する旨の登記申請をすれば（相続登記は相続人だけですることができる）、登記官は、乙、丙が本当にその林野にたいする権利を相続したのかどうかを審査する権限がなく、また、登記官はその林野が入林会野であることを知っていても登記手続上入会地であることによって特別の取扱をする方法はなく、ふつうの共有地と同じように取扱わなければなりませんから、甲の持分を、乙、丙が相続によって受けついだ、という登記を受付けなければならないのです。ところが、部落から転出している相続人二人が入会権を相続することはありえないことであって、乙、丙が入会林野に権利をもつかどうかは、あくまでもその部落の慣習（しきたり）によって決められることです。もし、乙も丙も入会権者ではない、のであれば、乙、丙は入会林野に何の権利もないわけですから乙、丙は単に登記上の名義人にすぎず、この点についての登記は真実の権利関係を反映していないことになります。登記に公信力がないことを示すもっともよい例です。しかし、乙、丙が登記されている以上、一応乙、丙はその林野に権利をもつと推定されますから、それが事実に反するものだということを公示するには、乙、丙の登記を抹消（移転登記）する必要があります。これには乙、丙の同意が必要で、部落の人々だけですることはできません。それには乙、丙が土地の共有権を有するという推定が正しくないこと、すなわち乙、丙がその林野に共有権を有しないことを確認する書類（確認書又は判決）を添付することが必要です。

右のように、登記は対抗要件であって登記がしてあるかどうかということと本当に権利があるかどうかということは必ずしも同じではありませんし、また入会権を登記することができませんから、ある林野に入会権があるかどうか、すなわちある林野が入会林野であるかどうかは、登記と関係のないことなのです。

ですから、入会林野においては登記についてそれほど神経質になる必要はありませんが、それでも次の点がしばしば問題となるようです。

① 共有入会地において共有登記名義人と入会権者とが一致しない場合、登記に推定力があるから、入会権者でない登記名義人は何か権利をもつのではないか。

② 地役入会地において土地所有者が第三者に土地を売ったり貸付けた場合、部落としてその土地に入会権があることを示すのにどうすればよいか。

①の問題は入会林野の土地所有権の登記にかんすることであり、これは入会林野と土地所有権の問題ですから第四話で取上げることにし、ここでは、純然たる入会権の公示＝対抗要件の問題である、②の問題を取上げることにします。

2 入会権は登記がなくてもその権利を主張することができる

入会権は登記をすることができない以上、入会権があること、いいかえれば、ある林野が入会林野であること、を主張するのに登記を問題にする必要はありません。裁判所も、早くから次のように言って、入会権は登記することができないのだから登記しなくても第三者に対抗することができる、と認めております。

〔4〕大審院明治三六年六月一九日判決

「不動産登記法第一条は列記法で例示法ではないから他に之を適用すべき特別の規定がない限り登記法に列挙してない入会権は登記することができない。……民法第一七七条は、登記法に列記した物権については登記しなければ第三者に対抗することができないことを規定したまでであって登記してない物権が絶対に対抗力をもたないことを定めたものではない。民法において入会権を物権と認めた以上、その権利の性質上登記がなくとも当然第三者に対抗することができるといわなければならない。」

〔17〕大審院大正一〇年一一月二八日判決

「不動産登記法には入会権については共有の性質を有するものも地役の性質を有するものもすべて登記が第三者にたいする対抗要件と定めた規定がないので、入会権は登記せずとも第三者に対抗することができる。」

ですから、地役入会地において土地所有者が入会権者である部落の人々に相談なしにその土地を売ったり、あるいは第三者にたいして、造林させるため地上権を設定させたりして、その第三者が所有権移転あるいは地上権設定の登記をすませ、部落の人々に対してこの土地は自分の土地であるという理由で山入りを差止めたり、地上権を設定したから利用を禁止するといった場合でも、部落の人々は、その林野が現に入会林野であるかぎり（ということは入会権が存在しているかぎり）、入会権があることを主張し、第三者の申入れを無視して従来どおり入会林野として利用することができます。

このことは地役入会地にかぎらず共有入会地でも同じことです。たとえば、共有入会地の共有名義人の一人が自分の共有権を部落外の第三者に（おそらくは部落のおきてに反して）売り、これを買受けた第三者が入会権の登記がないことを理由として入会林野であることを無視して勝手に利用しようとしても、部落の人々はその土地が入会林野であることを主張し、これを拒否することができます（もともと共有権を売ることができるかどうか問題です——七〇ページ）。

もしこれらの第三者が、部落の人々の入会権を無視して、木を植えたりあるいは逆に木を引きぬいたりした場合には、入会権者は実力でこれを防いだり守ったりするほかはありません。それが好ましいかどうかは別として、自らの権利を守る以上当然かつ正当なことです。そうすると、その反面、土地を買った者が損をすることになりますが、およそ入会権が登記されない以上、その土地に入会権があるかどうか（入会林野であるかどうか）は買う人自身が目と耳とさらに足とでたしかめるほかはないわけです。

このように登記には公信力がなく登記を信用して土地を買受けたからとて必ずその土地を取得できるとはかぎりませんが、一般論としては一つの例外があります。たとえば、甲が差押を免れるため、乙と相談して甲の土地を乙に売却したことにして（いわゆる仮装売買）乙に所有権移転登記をし、事情を知らない（善意の）第三者丙が登記を信用してその土地を乙から買受け移転登記をすませた場合（もとより乙は甲を裏切ったことになる）、甲は丙に対して、甲乙間の移転登記は仮装したものだから乙に真実の所有権はなく乙丙間の売買は無効である、と主張できないのです。甲乙間の行為を虚偽表示といい、甲乙間では無効（したがって甲はいつでも乙に移転登記の抹消を請求できる）ですが善意の第三者にはその無効を主張できない、という規定が民法九四条二項にあります。しかし入会地の場合にその適用はありません。このことは次のように裁判所も認めております。

〔事実〕これは三名の代表者名義となっている入会地につき、その中の一名甲から登記上共有持分権を買受けた集団外の第三者乙に対して、甲以外の集団構成員が乙への移転登記は無効だと主張し、乙が、この土地は登記上部落から甲ら三名に売渡したことになっており、乙はその共有持分権を善意で買受けたのだから、民法九四条二項により、入会集団の人々は自分にその無効を主張できず、この移転登記は有効だ、という主張にたいする判決です。事実の詳細は第四話**二**（二一七ページ）をみて下さい。なおそこに示されているように高裁判決も同様の判決をしております。

〔56〕最高裁昭和四三年一一月一五日判決

「右の土地については古くから入会権が存在し、いわゆる村中入会の土地として大字御立の部落民全員の総有に属して現在にいたったのであるが、部落名義の保存登記では登記権利者としての資格を欠くため、当時の村の所有名義にするか、あるいは部落民全員の名義にするかの岐路に立たされ、登記の必要上、当時の部落の区長ないし区長代理をしていた甲ら三名の代表者名義で共有登記をしたのである。

そうすれば、総有の対象である右の土地については、もともと共有持分というものは存在しないものであるにもかかわらず、あえて本件共有登記がされるにいたったのは、部落民全員が入会権者として登記の必要に迫られながら、共有の性質を有する入会権における総有関係を登記する方法がないため、単に登記の便宜から登記簿上前記三名の共有名義にしたにすぎないのであって、これを捉えて入会権者と前記三名との間に仮装の売買契約があったものと解し、あるいはこれと同視すべきものとすることは、相当でない。したがって、民法九四条二項の適用または類推適用がないとした原審の判断は正当である。」

〔事実〕これも詳しい事実関係は第四話**四**（二九四ページ）に述べてありますが、浅間神社有となっている入会地に、神社（代表者）と地上権を設定した部落外の第三者に対し、地元住民が、その土地は住民の共有の性質を有する入会地であることを理由に、その土地が神社の所有地でなくしたがって地上権設定は無効である。と主張したのに対し、その第三者は、その土地が部落住民の入会地であることを争いましたが、第一審甲府地方裁判所は入会権の存在を認めて地上権の設定契約は所有者でない者との間に行なわれたものであるから無効であると判示しました。第二審も同じ判旨であったため、その第三者は、実質部落住民共有の土地を神社所有地として登記したのは虚偽表示であり、民法九四条二項により部落住民は善意の第三者たる自分にその無効を主張することができない、という理由で上告しました。

〔70〕最高裁昭和五七年七月一日判決

「本件山林につき浅間神社名義に所有権移転登記が経由されたのは、入会部落である山中部落が独立の法人格を有せず、払下げを受けるにあたって部落有地としての登記方法がなかったためやむをえず行ったもので、所有権の信託的譲渡があったものではない。浅間神社に対する右所有権移転登記が入会権者である山中部落民の承諾を得て経由されたものであることを否定することはできないが、入会権については現行法上これを登記する途が開かれていないため、入会権の対象である山林原野についての法律関係は、登記によってではなく実質的な権利関係によって処理すべきものであるから、本件山林について浅間神社名義に所有権移転登記がされていることをとらえて、入会権者と浅間神社との間で仮装の譲渡契約があったとか又はこれと同視すべき事情があったものとして、民法九四条二項を適用又は類推適用するのは相当でない。」

なお、このほかに〔57〕名古屋高裁昭和四六年一一月三〇日判決が、寺院所有名義の入会林野につき同様に民法九四条二項は適用がない、と判示しております（第四話二、二三九ページ）。このように入会権は登記と関係ない、といって差支ありません。

林野を買おうとする人、林野に植林しようとする人は、まずその林野のある現地に行って、それがどこにあり、どんな林野であるかを確めるはずです。現地に行くと、それが、村山、共有林、部落有林、区有地などとよばれているかどうかはすぐ分かります。これを確めずに林野の売買や貸し借りをするのは、どんな家で、どこにあるかを確めずに家を買ったり借りたりするのと同じことで、ふつうはありえないことであり、これをしなければ買ったり借りたりした者の不注意だといわなければなりませんから、その者があとで入会林野であることを知って損害を蒙ったとしてもそれは本人の責任です。

ところで、右のように、ある林野が村山や共有林などと呼ばれていることは、その林野が入会林野であること、すなわちその林野に部落住民が入会権をもっていることの、何よりもはっきりした証拠です。したがって林野が村山とか共有林、入会地あるいは部落のものと呼ばれていることが、入会集団がその林野を管理支配していることを公示するものであり、そのことが同時に入会権があることを天下万人に公示する方法、すなわち入会権の対抗要件であるといわなければなりません。ですから、入会権は登記がなくても第三者に対抗することができるのは入会権はもともと登記することができないのだから当然であるとしても、何か登記以外の、たとえば〇〇部落の入会地であるという立札をたてるなどの方法をとる必要があるか、というと、その必要は全くありません。

入会権者である部落住民が草刈りや薪取り、放牧や植林などに利用している場合はそれで全く問題はありませんが、たとえば一時山入りを差し止めたり、草や木の成育がわるくて山入りできなくなっても、その林野が、村山、部落有林などとよばれているかぎりその林野は部落住民がその林野を管理していることを示すものですから、そのことだけで入会権をもつことを天下万人に主張することができます。

第三話　入会集団について

――入会権をもつのは誰か――

一　入会権の主体としての部落

1　入会権は部落がもつ権利である

入会林野を部落有林とか区有林とか呼ぶのは、その林野に対する権利すなわち入会権を、部落とか区とかいう一定の地域集団でもっていることを物語るものです。しかし、そういうと、入会権は部落の中の家＝世帯を代表する世帯主がもつ権利である、ということと矛盾するようにみえます。

しかし、このことは必らずしも矛盾するものではありません。なぜなら、部落などの地域集団も、その部落を構成している個々の世帯も入会権をもっているからです。権利をもつ者のことを権利者とか権利の主体とかいいますが、入会権の主体は、部落という集団であると同時にその構成員である個々の世帯であって、このように団体もその構成員も権利をもつ、というのは入会権がもつ特殊な性格によるものです。

また、部落が権利をもつといううけれども、前に一言したように、部落の中にある家＝世帯がかならずしも全部入会権をもっている、とはかぎりません。そうすると部落の中に入会権をもたない人（世帯）がかなりある場合でも、なおそれを部落有林とよぶことができるか、あるいは部落が権利をもっているといえるか、という問題がでてきます。もしいえるとするならば、いったい入会権の主体としての部落は何か、ということが問題になります。

ここでは、入会権の主体である部落、あるいは集団の性格についてお話しすることにします。

なお、部落を構成しているのは個々の家＝世帯であり、世帯（それを代表する世帯主）が入会権をもっているのですが、これまで「部落の人々」といったのは入会権をもつ世帯を指します。しかし以下この「部落」を構成する世帯を便宜的に「部落住民」とよぶことにします。

2　部落と部落住民とは他の団体とちがう特別な関係にある

はじめに、入会権をもつ部落と部落住民との関係をみることにします。

〔判決〕入会権の主体である部落と部落住民との関係を裁判所がどのように解釈しているかをいくつかの判決についてみることにします。

〔4〕大審院明治三六年六月一九日判決

「旧時にあっては、山林原野等其の附近の村駅（註、部落のこと）の各住民に属する入会権に関して契約のような法律行為をするにあたり其の村駅の庄屋若しくは用掛において各住民を代表し又は村駅の名ですするという一般の慣習があったことは当時の裁許状等に見られるところであるから、原裁判所が一村の住民全体を表示するのに村の名でする慣習があると判示したのは違法ではない」

（この判決は前述〔4〕の入会権は登記がなくとも対抗力を有すると判示した判決です——八一ページ。）

この判決は、部落の各住民がもつ入会権に関する契約などは、部落（村）の名でしてもよい、といっているのであり、部落住民が入会権を有するものであることを明示しています。部落住民と部落との関係ははっきりしてはいませんが、部落は部落住民の集合体である、といっているようにとれます。

〔5〕大審院明治四〇年一二月一八日判決

「村駅（註、部落のこと）の名を以て表示し、又は村駅の用係が契約した入会権はすべてその村駅の住民に属する入会権であるということはできない。なぜなら、村駅そのものが入会権を有することは古来から慣習の是認するところだからである」

この判決は部落という団体が入会権を有し、部落の住民はその団体がもつ入会権を行使するのだ、と云っていますが、これは入会権者は部落住民であって、集団である部落は権利を有しない、という主張にたいするものです。

〔11〕大審院明治四一年六月九日判決

「毛上物を採取する権利は町村若しくは部落そのものに属し各住民はその権利にもとづき事実上収益する場合と、また町村若しくは部落の住民各自に属する場合とがあり、ともに之を入会権と称する。……維新前に名主年寄町役人等において物事を処理したのは今日の法人の代表機関として処理したのだと断定することはできない。住民各自が自己の権利として入会する場合においては住民各自を代表し其総代として事に当ったとみるべきである。したがって入会権が住民各自に属する場合は、町村役人が対外的に事を処理したという事実をもって町村又は部落が団体又は法人として入会権の主体であった、と断定することはできない」

この判決は、部落が入会権の主体である場合と、部落住民が入会権の主体である場合との両方の場合がある、という前提にたっていますが、この事件においては部落住民が入会権を有するのだ、といっています。このような前提が正当であるかどうかはさておき、名主年寄等部落の代表が法人やこんにちの団体の代表機関とはちがうのだ、という判旨は、少なくとも部落という団体が一般の団体とはちがうものである、ということを示したものとして注目されます。

その後大体右と同じような判決がつづき、部落と部落住民との関係は余りはっきりしませんが、次の判決によって入会権にたいする部落と部落住民との関係がはっきりされました。

〔19〕大審院昭和三年一二月二四日判決

「徳川時代から明治初年に至るまでの我国の村並びに村内の部落は法人格を有したけれども、現在の法人とは多少其性質と観念を異にし其住民全体から成る総合的実在的団体にほかならないというべく、従って村又は部落の所有物は同時に其の住民の共有物であり、ただ住民が其の土地を去るときは入会権を失ない、他より入って新たに其住民となる者は之を取得する。従って原判決が、本件山林が部落の単独所有であると認定しながら他方之を部落住民の共有地であると判断したのは矛盾していない」

この判決は、部落の所有する物は同時にその部落の住民の共有物である、それは部落がふつう一般の法人や団体とちがった総合的実在的団体であるからだ、といっています。

総合的実在的団体とはききなれないことばですが、ある団体が権利をもつと同時にその団体の構成員も同じ権利をもつ団体を「総合的実在的団体」とか「実在的総合人」とかいいます。ですから、この判決によれば、入会権の主体は「総合的実在的団体」である部落であり、したがって部落という団体もその構成員である住民も入会権を有する、ということになります。

入会権にたいする部落と部落住民との関係についてはこの判決がもっとも正確にいいあらわしているといえるでしょう。その後の判決もほぼ右の判決と同じような解釈をとり、またこのような考え方は一般に支持されています。

ところで「総合的実在的団体」とは何か、一般の団体とどうちがうのか、このことを検討する前に、団体について説明することにします。

◎団　体

世間にはいろいろな団体がありますが、法人である団体とそうでない団体（一般に任意団体とか任意組合とか呼ばれている）とがあります。

①法　人

法人には、社団法人、財団法人のほか公法人（国、都道府県、市町村など）会社（株式会社、合名会社、有限会社など）などがあります。法人には人の集りである団体と、ある目的のために提供された財産とがあります。財団法人や公庫、公団、公共企業体および財産区などの法人の基礎をなしているのは財産であって、これらの法人は人の集りではありません。そのほかの、社団法人や会社、農業協同組合や森林組合および国、都道府県、市町村などの法人はみな人の集りである団体です。

法人とは何かというとむずかしい問題ですが、ふつうの人（自然人といいます）と同じように、法人は法人として独立して財産上の権利をもち義務をおう団体（又は財産）です。したがって法人は法人の名前で財産を所有したり、売買や貸し借りなどの取引行為をすることが法律上保障されています。

法人は、その団体を構成している人々とは一応別個に存在するものであって、法人の財産は法人が独自で所有する財産でありその法人を構成している人々の共有財産ではありません。したがってまたその法人の借金も法人の構成員各自の借金ではありません（ただし合名会社の財産はその構成員の共同所有の財産です）。

具体的な例でいいますと、たとえば農業協同組合（「農協」と略称します）は法人であり、組合員から構成される団体ですが、農協の建物や施設、現金などは農協という法人（団体）の財産であって農協にその所有権があり、組合員の共有財産ではなく組合員がその所有権をもつわけではありません。組合員は農協が所有する倉庫や農具などの財産を使用することができますが、その使用関係は借用（貸借）であり、一種の契約です。また組合員は農協に預金したり融資をうけたり、あるいは品物の売買をしたりしますが、これも農協と組合員との契約によります。このように組合員と農協とが契約によって売買や貸借をすることができるのは、農協という法人がその構成員である組合員とは別個の存在であるからです。したがって、かりに農協が借金したとしても、それは個々の組合員の借金とはなりません。

法人は法律の規定によらなければつくることはできません。会社は一定の要件をそなえれば設立することができますが、社団法人、財団法人あるいは農協、森林組合等の法人の設立には行政官庁の許可や認可が必要です。

②法人でない団体

法人でない団体には社団と組合、それに実在的総合人（総合的実在的団体）とがあります。このように団体を区別する基準は団体とその団体の構成員との関係にありますが、その関係は団体の財産所有に特徴的あらわれます。

1社　団

社団とは、その団体を構成する人々とは全く別個に独立して存在する団体です。その財産は社団という団体の単独所有の財産であって構成員の共有財産ではなく、したがってその社団の借金も個々の構成員の借金ではありません。この関係は、大体右の法人における関係とほぼ同様です。

社団には法人であるものと法人でないものとがあり、法人である社団には、社団法人のほか農協、森林組合などの協同組合および会社（合名会社を除く）等があります。したがって財団（＝財産）ではなく人の集りである法人はほとんど社団である法人ですが、これは社団という団体の性格が法人にもっとも合っているからであるとともに、社団という団体が、団体のもっとも一般的なものであることを示すものです。

法人でない社団は、法律上「法人でない社団」といわれますが、一般に任意団体、任意組合などと呼ばれている団体はほとんどこの法人でない社団です。法人でない社団とその社団の構成員の関係は、法人である社団における関係と全く同様です。

具体的な例でいいますと、たとえば青年団は法人でない社団ですが、一応青年団員とは別個の存在で、青年団の集会所などの建物や器具は青年団という団体が単独で所有する財産であって青年団員の共有財産ではありません。もしそれが団員の共有財産であるならば、団員が青年団から脱退するときにその持分を分けて戻せ、といえるはずですが、実際は団員の共有でないからそれができません。また、青年団の借金が各青年団員の借金ではないことも当然のことです。

このように、農協も青年団も同じように社団で、団体としての性格にちがいはなく、ただ一方は法人であり他は法人でない、という点がちがうだけです。したがって、法人である農協は法人の名前すなわち農協の名前で所有する土地や建物などの権利を登記したり、預金することができますけれども、法人でない社団はそれができません。そのため、ごく稀に法人でない団体は財産を所有することができないと考える人がありますが、これは誤解です。現に青年団などの団体も建物や器具を所有することができ現金をもったり預金をすることができます。ただ法人のように、その団体の名で——すなわち〇〇青年団という名で——権利登記や預金ができないだけで、そのためふつうこれらの団体の代表者の名前で登記や預金などをしています。

2　組　合

組合とは、ある事業を営むために何人かの人々が出資してつくった団体です。組合は団体としての独立性がよわく、組合独自の財産はなく、組合の財産とみられるものはすべて組合員の共有財産（この共有財産については九八ページ参照）です。したがって組合の収益は全組合員の収益となり、組合の借金は全組合員の借金となります。組合員は出資額に応じて共有財産に対して持分を有し、組合を脱退するときは持分に相当する金額の払戻をうけることができます。

組合は、このように組合員から独立した別個の団体という性格がよわく、その財産は団体の財産ではなく組合員の共有財産ですから法人とはなりくい要素をもっています。したがって組合は原則として法人になれず、わずかに合名会社があるだけです。合名会社は会社の一つですが、会社の内部関係は組合と同様の関係にあります。森林組合や農協などの協同組合、あるいは労働組合などは、組合という名称を使っていますが、これらの団体は社団であって、ここにいう組合ではありません。これらの団体の財産が組合員の共有でないことだけを見ても分るでしょう。ただ、協同組合が、加入するときに一定の出資金を払込ませ、脱退するときに持分相当額の払戻を認めているのは、この組合の原理をとりいれたものです。

法人ではなく一般に任意組合とよばれている団体も、実際は社団であることが多く、組合である団体の例はそれほど多くはないようです。「講」などが組合であるいわれていますが、ごく限られた人々が出資して共同事業を経営する場合にその団体が組合に相当するといえるでしょう。したがって数人で共同造林する造林組合など、その造林木が造林者の共有であることを考えると組合といってもよいように思われます。

3 実在的総合人（総合的実在的団体）

実在的総合人とは、その団体の構成員とは別個に独立して存在するではなく、団体の構成員全体が一つの集合体をなしている団体をいいます。社団は、その団体の構成員とは別個に存在する団体であるといっても、それを目や手でたしかめることはできず（たとえば農協や青年団などの団体も、その事務所の建物をいうのではなく、観念の上で存在するわけです）、観念の上で存在する単一の団体（観念的単一的団体）ですが、実在的総合人はこれに対して、構成員全体を総合した実在する団体です。したがって、実在的総合人において団体とその構成員との関係は、社団のように団体とその構成員とが対立した関係にあるのではありませんから、団体と構成員とが取引その他の契約をすることはありません。

実在的総合人の財産はその団体の財産であると同時にその団体の構成員の共同所有の財産です。団体の財産が構成員の共有財産である点は組合とよく似ていますが、組合は団体として財産を所有しないのに対し、実在的総合人は団体として財産を所有します。その団体の財産が構成員全員の共有（この共有については九八ページ参照）財産なのであり、したがって実在的総合人が有する財産ないし権利がその構成員各自に帰属していることになります。

このような実在的総合人である団体は、現在では村落または部落などの地域集団だけであって他にはありません。ただ、部落のもつ実在的総合人としての性格は入会林野あるいは農業水利などにかぎられる、といってよいと思います。なぜなら、たとえば部落が公民館などの建物を所有している場合、その財産の所有関係は、前述の青年団が財産をもつのと変りがないからであって、この面では部落は社団的性格をもっている、といえます。

実在的総合人とは右のように一般の団体とはちがった特殊な性格をもつ団体です。部落を実在的総合人という難しい名で呼ぶ必要はありませんが、重要なことは、入会権にたいする部落と部落住民との関係は一般の団体がもつ財産や権利の関係とはちがう、ということです。つまり、部落という団体がまず入会権を有し、部落住民はその団体の構成員という資格で入会権を行使するのではないのです。部落も、部落住民も入会権をもっているのです。

（要約） そこで入会権について部落と住民との関係は、部落という集団が入会権をもつけれどもその入会権は部落住民のもつ入会権の総和である、あるいは、部落住民は個々に入会権をもつがその権利は部落という集団のもつ入会権の管理統制下におかれたものである、ということができます。したがって、部落という集団も、また部落の住民もともに入会権をもつわけで、入会権が部落に属する場合と部落住民に属する場合とがある、というように入会権について部落と住民とを分けて対立させることは正しくありません。

3　入会権は部落のもつ入会権と住民のもつ入会権とに分かれる

右に述べたように、入会権は部落集団も、部落住民ももつ権利ですが、この二つの入会権を区別しないと混乱をまねくおそれがあります。たとえば、甲部落がある林野に入会権を有する、という場合の入会権は部落集団のもつ入会権のことであり、その林野に住民乙が入会権をもつ、という場合の入会権は個々の住民がもつ入会権です。したがって入会権にも二つの意味があるわけですから、これを区別する必要があります。ここでは、部落集団としても入会権を、**集団権**とよび、部落住民がもつ入会権を、**持分権**とよぶことにします。もっとも持分権といっても個人的共有（九八ページ参照）のような持分権があるというわけではありません。この持分権は集団の構成員としてもつ権利であるから構成員としての権利すなわち**成員権**、あるいは部落住民としてもつ権利であるから**住民権**とよんでもよいと思います。

そこで集団権と持分権（住民権）との関係は次のようになります。

集団権とは、持分権の総和であって、入会林野全体の所有ならびに管理使用する権利である。

持分権とは、集団権の統制のもとに、入会林野を個々に管理利用し一定の限度でこれを所有する権利である。

このように、入会権は集団権と持分権とに分けて考えることができます。もちろんこの両者はきりはなして存在することはできないわけで、一方だけの権利があって他方の権利がないということはありません。集団権がなければ持分権はないし、また持分権のない集団権もありません。ただし、集団権は個々の持分権の発生や消滅にかかわりなく存続してゆきます。

いうまでもないことですが、第二話で説明した、入会権は部落の中の世帯がもつ権利であるとか、相続の対象にならない、これを他にゆずることができない、という場合の入会権はすべて持分権です。集団権は部落がもつものですから、その権利を他にゆずるとか相続するとかいうことはありません。

集団権が持分権の総和である以上、部落が入会権をもつとか、部落有入会林野という場合の部落有とは部落が集団権をもつことを意味し、したがって当然それは部落住民共有を意味することになります。（なお、地役入会権にあっては右の定義のうち土地の所有権については含まれません。）

4 入会林野は部落住民が共同で所有するものである

入会権は部落という団体の管理のもとに部落住民が共同でもつ権利であり、したがって部落有林とは、住民とは別個の団体である部落がもつ林野を意味するものではなく、部落住民共有の林野を意味するものです。部落有林のことを共有林とよぶところがありますが、それはこの事情を示すものです。

入会林野が部落住民共有の林野である、というと、住民はそれぞれ共有持分をもち、その共有者がどこに住んでも――部落から転出しても――権利を失なうことはないはずであり、また自分の持分を自由に売ることができるはずであるのに、それができないのは入会林野が住民の共有ではなく、部落という団体の所有に属しているからではないか、という疑問が出されますが、そうではありません。

入会林野における部落住民共有の関係は、住民が部落という地域的なつながりによって結ばれ、その集団の統制管理のもとに共同で所有している関係にあります。したがって共有といってもふつうのいわゆる「共有」とはちがった特殊な共有関係にあります。

このように、「共有」といっても性格のちがう場合があるので、ここで「共有」について説明しておきます。

◎共　有

共有ということばは、いわゆる共有、すなわち単に二人以上の人が一つの物や権利を所有しているという、個人的な共有関係を意味する場合と、およそ多数の者がある物や権利を共同で所有するという、共同所有一般を意味する場合とがあります。共同所有一般には次の三つがあります。

① 個人的所有（民法上の共有）
② 入会的共有（総有）
③ 組合的共有（合有）

ここでは共同所有一般について、すなわち右の三つの共同所有について説明します。

①個人的共有（民法上の共有）

この共有は、たとえば一筆の土地を数人で所有している、というようにもっとも普通の共有（いわゆる共有）です。この共有者の間には、その土地を共同で所有している、という以外に何の関係もなく、共有者同士は見ず知らずの他人でも差支ないわけで、共有者の間で団体をつくっているわけでもありません。民法が規定している共有はこのような共有なので、これを「民法上の共有」といいますが、共同所有の他の二つが、共同所有者の間に団体的なつながりがあるのに対して、この共有には全く団体的なつながりがないので、これを個人的共有とよぶことにします。

個人的共有の場合、共有者にはかならず持分があり、特別の事情や取りきめがない場合には各共有者の持分はみな等しいものと推定されます。ですから、たとえば共有者が三人なら各共有者の持分は三分の一ですが、かりに甲が二〇〇万円、乙、丙が各五〇万円を出して一筆の土地を買ったとすれば甲の持分は三分の二、乙、丙は各々六分の一となります。そしてその持分を自由に他人にゆずったり、売ったりすることができます。その相手方には制限はありませんから、乙は甲にでも丙にでも、また全く関係のない丁にでも売ることができ、ます。そして共有者は、原則として、いつでも共有している物を分割してくれ、と請求することができます。土地ならば特別な事情がないかぎり、土地そのものを分割することができますが、建物のように分割できないものなら金銭にかえて分割する（右の例で、甲が乙、丙から合計二〇〇万円を受取って手を引くか、甲が乙、丙に各五〇万を支払って甲個人のものにする）ことができます。ただ、建物のように、いつでも分割を要求されたら困るような場合には、共有者の間で分割禁止の特約をすることができます。ただしその期間は五年をこえることはできません（民法第二五六条）。五年をこえることはできませんが、五年たったらまたその期間を更新することはできます。更新期間も五年以内とされています。しかし、森林については特例があり、共有の森林については分割禁止の特約がなくとも、持分の過半数の議決がなければ分割することができません（森林法第一八六条）。つまり、共有の森林は原則として分割が禁止されているわけですが、各共有者の持分がひとしいときにはその過半数（共有者一〇人なら六人以上）の賛成があるとき、持分に差があるときは持分の過半数（したがって甲が二〇〇万、乙、丙が各五〇万円出して森林を買ったのであれば、甲の持分が三分の二ですから、甲一人でも持分の過半数となる）の決議があるときに限り分割をすることができます。ただ、この分割の請求は、分割の決議があっても必要な分だけ分割すればよいわけで、必ず全部を分割しなければならないことはありません。

この個人的共有の権利は、完全な個人の所有権であってただ二人以上の者が同じような権利をもっているだけですから、誰でも、どこに住んでいても権利をもつことができ、外国に行ってもその権利がなくなることはありません。

②入会的共有（総有）

入会林野にたいする部落民の共同所有の関係がこの入会的共有です。部落住民は、部落という集団の構成員であることによって入会林野の共同所有者となるのであって、その林野は部落集団構成員である住民の共同所有であると同時にその部落集団の所有です。住民は各自その林野の共同所有権をもっているけれどもその権利は集団の管理統制のもとにおかれており、前述の共有のようにその権利を自由に売買することはできません。

このように、共同所有者が一つの集団の構成員としてのつながりをもち、共同所有の財産ならびにその権利が集団の統制のもとにおかれている関係が入会的共有です。集団の構成員が集団の統制のもとにもつ権利を総有的権利といい、入会林野における共同所有を総有といいます。したがって、入会林野（や農業水利など）における住民の共同所有関係は正しくは総有というべきですが、総有というと部落に住んでいる人の総員が権利をもっていなければならない、という誤解（後述のように入会林野は部落に住んでいる者すべてが権利をもつとはかぎらない）を招き易いので、ここではそのようなことばを使わず入会的共有ということばを使うことにします。

入会的共有は共有権が団体の統制のもとにおかれているわけですから、個人的共有とちがっていくつかの制限があります。

入会的共有においては個人的共有の場合と異なり、分割を請求することも、また自分の持分を売ったり譲ったりすることもできません。歴史的に入会林野の共同所有者には持分があったかどうか問題のあるところですが少なくとも持分がはっきりしてはいなかったのですから、持分をゆずったり売ったりすることやその分割を請求することはできなかったのです。しかし、現在では入会的共有に持分がないとはいえませんが、入会的共有が集団的な共同所有である以上、その共同所有者は集団構成員である間はもちろん、その集団の構成員でなくなっても、その持分の分割を請求することはできません。そして共同所有者と集団構成員の地位とは結びついていますから、集団構成員でなくなれば共同所有者でなくなり、したがって共同所有権を失ないます。また当然のこととして集団構成員でない者がその共同所有権をもつことはできません。

入会的共有は、集団の統制のもとにその団体の構成員が共同で所有するという関係にあるのですから、その共同所有権の行使には集団の統制にしたがう必要があり、したがって共有の持分があっても、自由に売ったりゆずったりすることはできません。とくに集団構成員以外の者にゆずることは絶対にできませんが、持分が発生した以上、集団構成員の間では集団の統制のもとにその持分のゆずりわたしが認められることもあります。また、集団構成員の地位を失なうと原則として無条件で共同所有権を失ない、持分にもとづく払戻請求もできませんが、入会集団によっては多少の補償が支払われることがあります。

③組合的共有（合有）

組合というのは、前述のように数人の人がある事業を営なむために出資してつくった団体をいいます。各組合員が出資した財産は組合員の共有財産ですが同時に組合という団体の管理する財産です。したがって一定の団体を構成することによって共同所有者になるわけですから、個人的共有よりも入会的共有に近いといえます。しかし、各組合員には出資額に応じた持分がかならずあり、組合から脱退するときはその持分に応じた払戻をうけることができます。しかし共有財産の分割を請求することはできません。これは組合員である間も、組合を脱退するときも、いやしくも組合がつづいている間は分割を請求することはできません（もし分割を認めればその組合の運営が不可能かあるいは著るしく困難になります）。分割請求ができないから脱退のときに持分の払戻をみとめているわけです。もっとも組合が解散するときに分割の請求をすることはできます。

組合的共有においては組合員はその持分を自由に他人にゆずることはできません。ただ全組合員の承認があるときにだけこれを他人にゆずることができますが、持分をゆずった者は共有持分を失なうわけですから、当然共有者すなわち組合員でなくなり、一方ゆずりうけた者は共有者となり組合員となります。組合員すなわち共有者は、入会的共有のように必らず一定の地域に居住しなければならないという制約は原則としてありません。

組合的共有財産の例としての夫婦の共有財産があります。夫婦が団体といえるかどうか別として、夫婦の財産で夫名義の財産、妻名義の財産はそれぞれ夫、妻の個人財産ですがそれ以外の、夫婦のどちらの所有であるか分らないもの、たとえばテレビとかなべ、かまの類などは、夫婦の共有財産と推定されます（民法第七六二条）。この共有財産は組合的共有で、夫婦という共同生活（最小の団体！）を維持することによって所有される共有財産です。したがって夫婦である以上はその分割を請求することはできませんが、離婚（組合の解散？）のときにはこれを分割することができます（民法七六八条）。

共同所有には以上の三つがありますが、ここでこれを整理すると次のようになります。

	持分	分割請求	持分の譲渡	脱退
個人的共有	ある	できる	自由	―
入会的共有	ある	できない	〈できない 制限あり	〈払戻なし 一部払戻
組合的共有	ある	できない	制限あり	払戻

右のように、入会林野は部落住民の共有ですが、その本質は入会的共有であって一般の共有すなわち個人的共有とはかなりちがいます。入会的共有の特徴は、団体の統制のもとに団体の構成員が共同所有している関係にあることで、個人共有にくらべてもっとも大きなちがいは、

① 共同所有権の持分を自由に譲渡したり売ったりすることができない。

② 団体の構成員でなくなれば共同所有権を失ない、分割を請求することもできない。

という点にあります。

一般に持分のはっきりしない古典的共同利用の入会林野においては右のようなちがいがはっきりみられますが、個人分割利用や団体直轄利用の入会林野になると、持分がはっきりし、一定の制約のも

とに持分のゆずり渡しがみとめられ、ときには部落から転出するとき一定の補償（餞別など）が支払われたりすることがあり、この区別はかならずしもはっきりしなくなってきます。しかし、入会林野における共同所有の大きな特徴は、その共同所有の持分が部落という集団の統制のもとにおかれていること、共同所有者が個人ではなく「世帯」（又は世帯主）であることであって、この特徴があるかぎりその共同所有関係は入会的共有です。

なおここで補足しておかなければならないのは、入会的共有は共有入会地だけでなく地役入会地の場合も同じである、ということです。共有入会地の場合、その土地が部落住民の共同所有（入会的共有）であることはいうまでもありませんが、またその土地の利用権も同じく入会的共有の関係にあります。ただし、共有入会地において住民は土地の共同所有権を有することの当然の結果として共同利用権を有するのであって、所有権と利用権を別々にもつのではありません。これにたいして地役入会地において住民は土地所有権をもたず、ただ利用権だけを入会的に共有します。たとえば、甲乙二人で丙の土地を使うと甲乙二人で地上権又は借地権を共有――これを準共有という――することになりますが、それと同様に部落住民が林野の利用権を共同所有している、ことになります。つまり、部落各住民は個々に林野を利用する権利をもつと同時に、部落という団体がその利用権を管理している、という関係にあります（部落という団体が他人の土地に入会権をもち、部落住民がその入会権にもとづく利用権をさらに借りうけているという関係ではありません）。

5　部落住民共有とは必ずしも部落住民全員の共有を意味するものではない

入会林野が部落住民の入会的共有の林野である、といっても、かならずしも、部落住民全員の共同所有である、いいかえれば、部落住民全員が入会権をもっている、とは限りません。ここでいう部落住民とは前に述べたように個々の住民のことではなく個々の世帯のことですが、入会権は部落の全世帯がもっているとはかぎらず部落の中で独立した世帯を構えていても、駐在所の巡査や学校の教員などは入会権をもっていないのがふつうであるし、また部落によっては、非農家や分家、あるいは外部から入ってきた世帯（以下入村者とよぶことにします）には入会権をもつことが認められないところが少なくありません。大体において、部落住民の大部分が林野にたいする権利をもっている、というのがもっとも一般的ですが、ときには、部落住民の中の特定の者、あるいはごく限られた一部の者しか林野の共有権をもっていない、という場合もあります。

このように、部落住民全体が林野の共有権をもっていない場合とか、林野の共有権をもつ者が特定している場合など、その林野は特定の人々の共有林すなわち個人的共有林であって、入会林野＝部落有林ではない、と考えられることが稀ではありません。しかし、部落住民全体が権利をもたないから部落有林ではない、とは決していえないのです。

(1)　部落住民中権利をもつ者が特定しているから部落有でないとはいえない

入会権の主体である部落は、長く住民の生活の単位となってきました。古く（明治初期まで）は、部落は一つの村であり、村の人々は、それぞれ世帯（あるいは家）ごとに農業を中心として、共同の生活を営んできました。互いに助け合って農作業を行ない、必要な水利や林野を共同で維持管理し、道路の補修や家のふしんなどを共同で行ない、消防や冠婚葬祭などその他生活のいろいろな面で互いに助け合い、共同生活をしてきました。このように、部落で共同して生活を営む人々（世帯）が共同で維持管理する林野が入会林野ですから、部落に住んで共同した生活を営み、林野を必要としかつその維持管理のつとめを果すことのできる者（世帯）が入会権者となることができたわけです。部落に住んでも共同の生活もせず維持管理のつとめを果すことのできない者は入会者権者ではありませんでした。しかし、かつては部落に住むことは一般にその部落の人々と共同生活をいとなむことを意味していましたから、部落に住む人は原則、と、い、し、て入会権者であり、したがって部落、正確には部落住民集団が入会権者の集団でした。

部落に住む者が「原則として」入会権者である、というのは、徳川時代でも、林野に権利をもつものは村の「百姓」「小前」とよばれる耕作農民にかぎられ、耕作をしない者には林野にたいする権利がみとめられなかったからです。徳川時代から明治に入っても、入会林野はおおむね農用林でしたから、やはり農業に関係のない者は入会権（持分権）をもつことができず、したがって、入会林野はその部落の農家の共同所有であった、といって差支なかったようです。しかしながら、現在では、入会林野はかならずしも農用林であるとはかぎりませんから、農業に関係のない者でも入会権をもつことは決して珍らしくありません。前述のように、その部落に定住して一戸を構え、部落の人々とつきあいをし、入会林野を必要とし、かつその維持管理のつとめを果すことができる者であれば入会権者となることができるわけです。したがって、部落に住んでいても定住性がなく、部落の人々と生活上のつながりをもたない、駐在所の巡査や公務員住宅や社宅に住む公務員、会社職員などは入会権者となることができないのです。ですから、入会林野は部落住民の共同所有である、といっても、必らずしも部落に住む全住民（すなわち全世帯）の共同所有であることを意味するものではありません。

(2) **部落住民中入会権者は限られてゆく傾向にある**

部落住民の全員がかならずしも入会権者ではなく、部落住民でありながら入会権者ではない者がある、という傾向は次第に強くなってきます。なぜかといえば、部落は、分家や外部からの転入などによって世帯がふえますが、それらの新しい世帯にたいしてつねに入会権が認められるとはかぎらないからです。もっとも、分家した者や外部からの入村者を新らしく入会権者として認めるかどうかは、それぞれの部落の慣習によって決められることですが、一般に、これらの者を無条件ないし無制限に入会権者として認めることは次第に難しくなってゆきます。それは次のような理由によるのです。

入会林野が**古典的共同利用に供されている場合**、多くはただ草を刈り薪をとるだけで、積極的に草木の育成を行なわないため、その生産量が限られていますから、無制限に入会権者を増やすことはできません。しかし、古典的共同利用の場合には、入会権者に固定した持分がありませんから、草や薪に余裕があるかぎり、あるいは採取する草や薪が絶対的に不足しないかぎり、分家や入村者を入会権者に加えることはできるわけです。一般に草や薪に余裕のないところほど入会権者となることを制限し、余裕のあるところほど逆にその制限はゆるく、分家や入村者を入会権者として認める傾向にある、といえるでしょう。

入会林野の利用が古典的共同利用から個人分割利用、団体直轄利用になると入会林野に権利をもつ者が次第に固定してゆきます。権利をもつ者が固定すると新たに入会権者を加えることは難しくなります。

まず**個人分割利用の場合**ですが、たとえば入会林野を五〇戸の入会権者に割り地（地分け）しているような部落では新らしく世帯がふえたから当然その者を入会権者に加えて割り地の権利をもたせる、というわけにはゆきません。皆が少しづつ割り地を出しあうか、誰かからかゆずりうけるのでないかぎり新たに割り地の権利をもつことはできません。割り地の場合には、その土地に個人植栽などが行なわれて資金や労力が投下され、持分が固定しますから、少しづつ出しあうことも困難であり、次第に権利者が固定してゆきます。ですから、分家や入村者は当然に入会林野に権利をもつことができないわけで、もしそのような家が二〇戸もふえたとすると、部落全体では七〇戸あるが、入会権をもつのは五〇戸だけだ、ということになります。

団体直轄利用の場合にもほぼ同じことがいえます。部落で天然林を撫育し、その収益を部落の共益費にあてているような場合ですと、分家や入村者等を入会権者に認めることは容易ですが、部落で共同造林してその収益を個人に分配するような場合には、権利をもつ者が固定してゆきます。たとえば部落の入会権者五〇戸が共同で造林し、育成後その立木を売って収益金を分配するときに、部落の世帯数が二〇戸ふえて七〇戸になっていたから当然七〇戸で分配すべきだとはいえません。造林に参加した五〇戸の人々はみな相当の労力を投下しているのですから、その労働の結果生れた立木を五〇戸で分配するのは当然でしょう。したがってこの場合、入会権者は以前からの五〇戸に限られるわけで、新しく入った二〇戸は当然には入会権者となりません。もっとも、共同植栽がすんだ後に分家や村入りによって新しくできた世帯にたいし、もとからの入会権者が共同植栽に負担した労力や費用を一定の金額に計算しそれを基準とした分担金や加入金を納めさせることによって、共同造林地である入会林野に権利を認める、という部落がかなりあるようですが、一般にこのような負担をすることによって新しく入会権者になることができるのです。このようなことがなければこの場合部落は七〇戸あるが入会権をもつのは五〇戸しかないことになります。

このように、入会林野＝部落有林といっても必ずしも部落住民全員が入会権を有するとはかぎらず、部落に定住する農民でさえ入会権をもたない者がふえる傾向にあり、その結果、林野に対して権利をもつ者が固定し、部落の中の特定の者だけが林野に権利をもつ、という場合が多くなってきます。林野の共同所有者がかぎられていても、その共同所有が個人的共有ではなく入会的共有であるかぎり、したがって部落という地域集団の統制下にあるかぎりその林野は入会林野です。

6　入会権をもつのは入会集団である

入会権は部落と部落住民がもつ権利ですが、しかし、部落を部落住民全員の集団と考えるかぎり、林野に権利を有する者が限られるとその集団を部落とよぶことができなくなります。そこで、この入会権をもつ者の集団を「入会集団」とよぶのが適当でしょう。

この「入会集団」が部落集団と一致しなくなったのは、入会権をもたない住民がふえたためですから、入会集団はもともと部落住民の集団であり、部落集団の中にある集団です。部落集団の外にあったり、これと無関係の集団ではありません、この関係を示すと左の図のようになります。

入会集団が部落の中にある集団であるというのは、入会集団の構成員であるためには、その前提として部落の一員でなければならない、という意味です。つまり入会権者はその部落に住み、その部落の構成員（部落に一戸を構えた世帯主）であることが必要であって、部落の構成員でない者は入会集団の構成員——すなわち入会権者——となることはできません。したがって、入会集団は本質的に地域集団（その構成員が一定の地域に居住しているという集団）です。これは入会集団がもともと部落集団と一致していたことを考えれば当然のことであり、したがってまた、入会集団は（実は入会集団こそが）実在的総合人です。

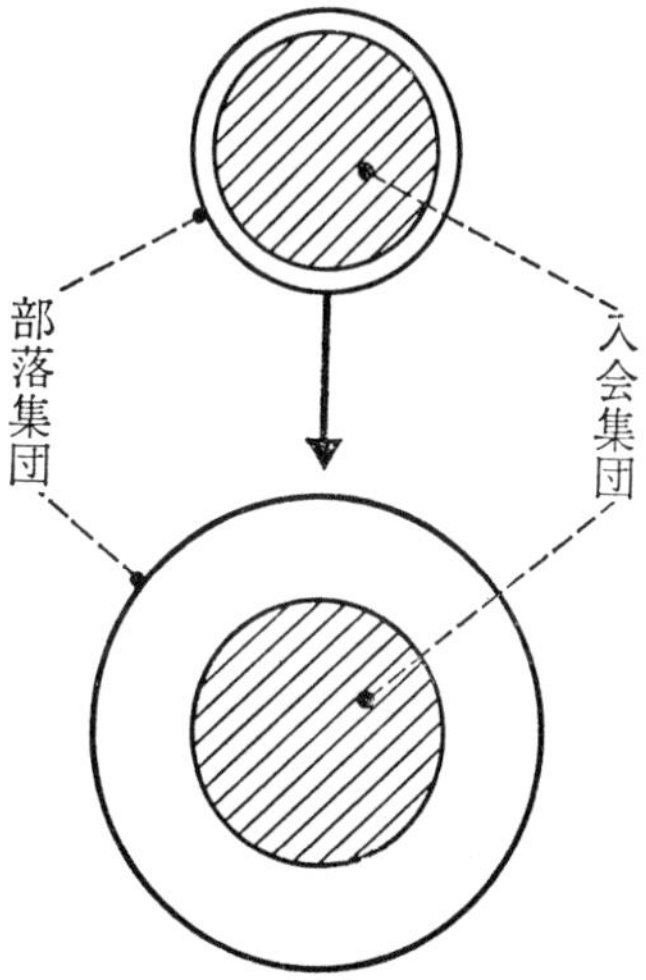

そこで、入会林野は部落住民の共同所有に属する、というのは、正確には、入会林野は部落に居住する入会集団構成員の共同所有に属するというべきであり、入会権の主体は部落であるというより、入会集団である、というべきでしょう。入会

集団の構成員がその入会集団の統制のもとに共同所有——すなわち入会的共有——している林野が入会林野です。

ところで、入会地とは部落有地であるといって差支ないのですが、この部落とは歴史的な生活共同体である集落（村落）をいうのであって、行政上の部落（あるいはいわゆる区）をいうのでありません。後で述べるように部落有とは部落住民共有のことでその住民の範囲はそれぞれの地方＝部落の「慣習」によって決められますが、在来の住民とは親族的なつながりもなく生活の基盤も異にする、勤め人などの住宅、団地などは含まれません。このことは第三話二でまた取上げますが、ここでは、都市近郊の村落でこれらの新しい住宅の人々が部落有地に関係がある否かを扱った判決を紹介しておきます。

（事実）福岡市に北接する新宮町下府にある海岸防風林は下府部落の代表者甲ら三名共有名義で登記され、かつては住民の薪山として利用され、戦後は海水浴場や魚乾燥場として第三者に賃貸されその賃料は主として部落の経費に充てられていました。下府部落は大都市の住宅地として勤め人や商店等の外来者が急増し、主として農家である在来の住民と生活条件を異にするため、在来の住民（＝部落）を下府第一部落、外来者等を下府第二部落とに分けました。その後、右の防風林の賃貸、交換等をめぐってその土地所有権に争を生じ、第二部落は第一部落を相手として、この土地が下府第一、第二部落の共同所有に属することの確認を求める訴を起しました。第一部落の人たちは、この土地は第一部落在来の住民で組織する山組合の財産であって、その組合の規約により在来の組合員のほか一定の負担をする分家しか組合員になることができず、現在山組合八八名の共同所有地である、と主張しました。第一審福岡地方裁判所は第二部落の主張を認めなかったので、第二部落は控訴して、この山林は地域共同体としての下府部落の所有でありその中には第二組合も含まれる、と主張しました（第二部落の人々は、部落の所有であると主張しているのであって、部落住民の共同所有であると主張しているのでなく、もとより入会権の主張は全くしていません）。

〔61〕福岡高裁昭和四八年一〇月三一日判決

「新宮町（もと新宮村）大字下府では、明治八年地租改正の際、昔から村（下府村）共有林として同部落住民が支配してきた山林が誤って国有林に編入されたため、明治三六年に国から下戻しをうけて所有権を取得し、翌明治三七年頃下戻しを受けた当時の下府部落民をもって部落とは別に「森林保護組合」なる私的団体を組織した。同組合は多年の宿願であった前記山林がようやく手に戻ったのを機会に山林の補植繁茂を目的に組織されたものであるが、同組合規定によれば組合員の資格は本家をついだ者により承継され、分家した者は当然にはその資格を取得せず一定の金円を支払って独立の資格を取得することになっており、また、有資格者が他町村及び他大字に移転、転籍した場合には資格を喪失するが、再び当部落に帰籍した場合には資格を回復することになっており、組合員には一定の手続を経て右山林の樹木の伐採や落松葉の採取が許されていた。

そしてこの山林を一号山から五号山までに五分し、組合員も各担当山林の維持管理に当るようになり、各号山それぞれに役員を定め、夫役に出ない場合の賠償金（ミシンと称した）の徴収、枯木、伐木の売却代金、落松葉採取の権利金等の収入や樹木の補植費用、寄り合いの茶菓代その他の支出、貸付金、分配金等の収支を明らかにするようになり、自然に組合を山組合と称するようになった。もっとも山組合には各号山全体を通じての役員というものは昭和三六年頃までは定められず、山組合全体の問題については各号山役員の合議という形で運営されてきたが、これは山組合発生の当初部落民と組合員は殆ど一致していたので部落の有力者は山組合でも有力者であり、それらが双方の役員を兼ねることが多く、山組合の寄り合いも部落総会の催されたのち引続いて開催するような慣行が定着し、山組合員にとって部落と峻別された組織としての山組合の意識が薄く、その必要性を感じるような問題も起らなかったからである。

本件土地は右山林に接して海岸に帯状に広がる砂浜地帯で砂の採取以外に格別の利用価値はなく、昭和一〇年に甲の先代ほか二名の名義で国から山組合が払下げを受けたが、法人格を有しない同組合としては所有権公示の方法もないので登記を前記三名の共有名義にすると共に新宮町役場の課税台帳の名寄帳には昭和一〇年九月から部落財産として登載し、固定資産税も昭和三七年頃までは部落名義で納入してきた。永い間このことについて怪しまなかったのは部落と山組合全体を峻別する意識に乏しかったからに他ならない。

終戦後の昭和二〇年代後半に入って今迄あまり利用価値のなかった本件土地まで塩干魚製造場とか海水浴場敷地として利用価値が高まると共に専業農家である組合員以外の雑多な職業について意識も異る新入部落民の数が増加するにつれ、それらの新興勢力の発言に押されて従来から全体として機能し得る充分な組織を有せず且つその意識も薄弱だった山組合は部落との区別がいよいよあいまいになって内部的にはとにかく、対外的交渉や記録のうえでは部落のかげにかくれるような有様となった。たとえば乙会社からの海水浴場敷地賃借の交渉等は部落がなし、山組合自体としては若干の謝礼を貰い部落財産の収支決算報告書にもそのような記載がされてきた。もっとも塩干魚製造場地など土地の賃貸は部落内部の人との間にされているので従来どおり山組合との間になされている。

ところが昭和三〇年代に入ると下府部落は専業農家で山組合員を中心とする第一部落と種々の職業について生活基盤や利害感情を異にした新入部落民を中心とする第二部落とに分裂するようになった。

これが契機となり、他に海岸の砂窃取問題が起ったりして山組合にも全体として組織の必要が感じられ、昭和三六年頃に山組合全体の代表として甲が選ばれ、従来の部落と混同されるような記録方法も改められ、固定資産税等も山組合名義で支払われるようになった（もっとも税負担は昭和三八年以降のことに属する）。そして昭和三七年頃山組合総会において多数投票の結果本件土地の一部を乙に売却しようとしたことから現在の下府二部落を中心とする新入部落民の反対が強まり第二部落から本訴が提起された。

前認定のいきさつからすれば、本件土地は山組合の所有というべきであって部落有として第二部落にもその持分権ありといえない。」

二　入会集団（入会権者）の範囲

1　入会権者の範囲は慣習によって決められる

前述のように、入会権の主体は入会集団ですから、個々の住民は入会集団の構成員になることによって入会権者となり、入会集団の構成員でなくなることによって入会権を失ないます。つまり、ある世帯が入会権をもつかどうかは、その入会集団の構成員であるかどうかによるわけです。

どのような場合に入会権者となり、どのような場合に入会権者でなくなるかについて、判決は次のようにいっています。

〔2〕大審院明治三三年六月二九日判決

「入会権は住民としてその土地に居住することに伴なって有する権利であるからその住居を移転すれば権利を失ない他から移住して住民となればその権利を取得するのがふつうである」

この判決は、入会権をもつには一定の地域に居住することが必要である、といっているわけですが、部落に居住すれば当然入会権を取得すると限らないことは前述のとおりです。右の判決中「住民となれば」とは「住民として入会集団の構成員となれば」、「住居を移転すれば」とは「部落を去って入会集団の構成員でなくなれば」、という意味に理解すべきでしょう。

ここで、入会権を失なうとか入会権を取得するとかいうのは、すべて住民個人としての入会権ですから、持分権としての入会権です。持分権が認められまたは与えられ、あるいは持分権を失なうことは、その入会集団構成員としての資格をもつこと、あるいは失なうことと同一です。そして入会集団構成員としての資格ないしその範囲については、各入会集団の慣習によって決められます。民法の、入会権に付いては各地方の慣習にしたがう、という規定は、このように入会権者としての資格ないし範囲、持分権の取得や喪失についても各部落、入会集団の慣習や規定によって決めるべきである、ことを定めたものです。入会権（持分権）の取得や喪失は各部落の慣習によって決められる、といっても、長い間に慣習が不明瞭になったり、あるいは人の出入りが多くその基準がはっきりしなくなることも少なくありません。ある部落に長年住んでいるのに入会権を認めてくれないのはけしからんとか、部落から出ていった者にもなお入会権があるかとか、入会権者の範囲、入会権があるかないかをめぐって紛争を生ずることが少なくありません。以下、入会権者の範囲、すなわち、どのような場合に入会権者となり、どういう場合に入会権（持分権）を失なうか、そして入会権（持分権）をもつかどうか問題となる場合について検討することにします。

(1)　**新しく入会権者となる場合**（**持分権の取得**）

どのような者に入会権者としての資格を認めるか、すなわちいかなる者に持分権を与えるかは、大体各部落の慣習ないし規約で決められており、比較的はっきりしているようです。

つぎに、いくつかの具体的な基準をあげます。

①　部落に居住して一戸を構えれば当然に権利を認める。

⑵　部落に居住して一戸を構え、一定の負担金、加入金を納めれば権利を認める。

③　部落に居住して一戸を構えて一定の年限居住し、部落の共同作業に従事し部落住民としての義務を果たした者に権利を認める。

④　部落に居住して一戸を構え、入会林野の権利（株などとよばれる）を譲り受けた者に権利を認める。

⑤　分家した者とかいったん部落の外へ出たが再び部落にもどってきた者など、入会権者と血のつながりがあるとか特定の縁故関係ある者に限って権利を認める。

⑥　従来の入会権者以外一切新たな権利を認めない。

どの部落でも右に掲げた基準のどれかによって新しく入会権者を認めるかどうか慣習的に決まっております。したがって、誰が入会権者であるか、入会集団とはどの範囲であるかは、それぞれの部落、あるいは入会集団で分かっているはずです。

ところが、終戦後、社会の変動により従来の慣習が一部改められたり、また部落内の世帯の変動がはげしくなったこと、などの理由により、入会権者の範囲がはっきりしない場合がでてきました。そしてとくに、入会林野からの収益を個人に分配したり、後に述べる入会林野整備が行なわれるようになると、入会権者の範囲をめぐって争いが生じ易くなってきます。とくに、戦後は、一つの部落の中で、分家や入村者が入会権をもつかどうかで争われた事件が少なくありません。

〔**判決**〕次にあげる判決は、いずれも、以前から入会権をもっていた者（旧戸）に対して分家や入村者たち（新戸）が自分たちにも入会権があると主張して訴訟になった事件にたいする判決です。

〔32〕新潟地裁昭和二九年一二月二八日判決

「本件土地は明治以前から水沢部落四五戸四五名の共有であって、共有者は之に入会して栗拾いや柴刈等を為しその土地から生じた収益は右入会共有者間で協議処分してきたのであって、その入会共有者は順次祭祀家業を相続する者に権利が承継されてきた。家業を継がなかった者はその権利を承継せず又他に転出した者はその権利を失うことになっていたこと、権利の得喪については共有入会権者の協議により決定していたこと、そして右四五戸四五名は右祭祀家業の関係、転出、廃絶家の関係により現在は四一戸四一名に減っていること、右関係以外の分家転入者は本件土地に関し右四一名のような権利はなく、ただ恩恵的に栗拾いや柴枝採取に入山することが許されていたが、これとても単に恩恵的なものであって権利としてではなかったこと……が認められる以上、分家、入村者等が水沢部落民として本件土地に対して入会権を有しているとはいえない。」

〔60〕青森地裁鰺ケ沢支部昭和三二年一月一八日判決

「大字越水の地域はその後に於ても依然として広岡部落と称せられ、同部落民に於て平等の割合をもって本件山林について補植、根払その他の管理の労務に服する反面、本件山林より生産される松、雑木等を薪炭材料等として共同収益して来り、右慣習は近年に至っても存続し、昭和二〇年頃及び同二三年頃にも本件山林から松立木を伐採して右部落民に分配したことが認められる。

右のように部落住民一般に古くより山林に立入りその樹木等の生産物を採取してきた事実があるときは入会権があるものと認むべきであり、本件山林の地盤は国の所有であるからその入会権は所謂官有地入会にあたり地役権的な性質をもち、土地を利用する権利そのものは部落協同体に属し、部落の住民各自はその部落の一員である限りに於て収益にあずかる権能を有するものと解するを相当とする。

原告等及び被告等はいずれも広岡部落の住民であり、一戸を構える世帯主たる資格を有するものであることが認められるから、原告等は被告等と平等の割合をもって本件土地上の産出物を共同収益する権能を有するものと認めるものである。」

〔39〕青森地裁昭和三三年二月二五日判決

「本件山林には数反歩の秣場があり毎年一定の時期を画して部落全員でくじを引き平等にその位置を配分草刈をしてきたこと、他の部落有と称せられ入会権の存在する山林原野における場合と同様に本件山林についても毎年四月上旬から入梅時までの間に山火防止のため部落の各戸より二、三人づつ交替で順次見廻りに従事し、その公租公課も部落全員で平等に分担し、分家者又は他からの入村者に対してもいわゆる本家側の何びとも差別なく取扱われて来た事実が認められる。この部落では新たなる他の入村者又は分家をも加え、いわゆる本家側とも称すべき従来の居住者と区別するところなく平等に使用収益し、義務を負担して来たことが明らかであって、これによる本件山林は支村部落の入会地であり、従って分家や入村者等はその土地につき本家側（旧戸）と同等の入会権を有する。」

〔42〕秋田地裁大曲支部昭和三六年四月一二日判決

「西明寺部落総会報告書によれば昭和二五年当時「既存権利者」（賃借名義人となった八八人）以外の者も平等に無料で本件土地に入会していた状況が認められる。しかもその状態は、少くとも昭和三〇年四月本件紛争が起る直前まで続いた。

そうすると、部落有財産統一により本件土地の賃借人となった者八八名は、要するに部落民全体のために賃借名義人となったのであり、その賃借権なるものの実体は部落民全体の入会権であったものと認めるのが相当であって、もともと部落民全体のものであった本件土地について、右の八八名の独占的使用権が設定されたものとは到底認められない。」

（**要約**）これらの四つの事件において、いずれも新戸は旧戸と同様に柴草刈り其の他の目的で山林を利用してきたのですが、〔32〕の判決においては、新戸の利用は旧戸の恩恵によるものであって権利としてではないから分家や入村者は入会権を有するものではない、と判示し、他の判決は、新戸も旧戸と同じじような入会権をもつのだ、と判示しています。〔32〕の場合、新戸の山林利用がなぜ旧戸の恩恵によるものであって権利として認められたものでないのか、余りはっきりしません。これに対して、新戸が旧戸と同じ権利をもつと判示した他の判決、とくに〔39〕の論理はきわめて明快であり、かつすじがとおっています。〔39〕の判決が、新戸が旧戸と同等の入会権を有すると判示した根拠は次の二点にあります。

① 新戸も旧戸と区別なく平等に山林を使用収益していること。

② 新戸も旧戸と同じく労務の提供、公租公課の負担等、平等に義務を負担してきたこと。

このうち重要なのは②です。山林の使用収益に差があっても、そのことは入会権を有するかどうかの区別にはなりませんし、またたとえ同じように使用収益していても、〔32〕のように、その使用収益は恩恵的なものであって権利ではない、といわれる場合もあります。したがって、入会林野あるいは入会集団にたいして一定の義務を負担し、かつこれを果しているかどうか、が入会権者であるかどうかの決め手になります。

ちなみに、〔60〕は国有地、〔42〕は市町村有地上における入会権の存在をみとめた判決です（第四話**四**および**三**参照）。ただ、〔42〕は裁判の行なわれた当時は入会地が村有から旧所有者（すなわち実質上部落）にもどされ、旧戸八八名の記名共有地となっております。そして旧戸は登記を理由にして旧戸のみの所有地であると主張しているのですが、このように登記の共有権者が旧戸の人々に限られていることを理由として旧戸のみの入会地（または共有地）であるか新戸も入会持分権を有するか、を争うことが多くなりました。これについては第四話二で取扱います。

入会権が入会林野を管理、利用する権利である以上、入会権を行使するにはその管理義務を負担するのは当然です。入会権者として認められる基準として前に掲げたもの（一一六ページ参照）のうち、②ないし⑤は、究極において一定の資格を要求しています。この資格とは入会林野を管理利用するに必要な義務を負担する能力をいうことになります。したがって、山林の出役や部落費用負担の能力がある者でないと入会権者として認められないのは当然であるといえます。そしてまた後述のように、入会権者であっても、これらの義務を負担しなくなると入会権者としての資格を失なうことがあります。

入会権者の範囲が問題となる場合

入会林野が現に草刈り場や薪山として部落のほとんど全員によって利用され、あるいは個人分割利用でも団体直轄利用でも人工植栽が行なわれている場合には、誰が入会権者であるか、大体はっきりしていますが、草刈りにも薪取りにも余り利用されず、部落が天然木を撫育している場合や第三者に契約利用させている場合など、入会権者の範囲がはっきりしないことがあります。そのため、部落がその天然木を売却した代金や第三者から取得した地代（分収金など）を個人に分配する場合にその分配をめぐって入会権者の範囲が問題となります。かつて入会権者であった者が現実に草刈りや薪取りに入会林野の利用をしなくなり、中には農業をやめた者も少くない、という一方、分家や入村者等によって戸数がふえ、その分家や入村者等の中にも現に直接入会林野を利用していない者がある、というような場合に、誰が入会権者であるかについて争を生ずることがしばしばあります。

このような場合に、部落の人々を大別すると次のようになりましょう。

① もともと入会権者で現に入会林野を利用している者。

② もともと入会権者であったが農業をやめたりして現に入会林野を利用していない者。

③ 分家や入村者でほんらい入会権者ではなかったが現に農業を営むなどして直接入会林野を利用しているか、または利用を必要とする者。

④ 分家や入村者でほんらい入会権者ではなく、現に農業も営まず入会林野を直接利用していない者。

一般にどの範囲まで入会権者として認めるかは、その部落ないし入会集団で決めるほかはないのですが、この場合その集団の範囲がはっきりしないのですから、疑もなく入会権者であるとみられる人々――右の分類では①に属する人々――が、従来のしきたり等を尊重して決定するよりほかはありません。一応の基準を示せば次のようにいえるでしょう。

まず①の人々が入会権者であることに問題はありません。つぎに、②の人々ですが、入会林野が採草や放牧など農業的に利用されていればともかく、そうでないかぎり農業をやめたことによって直ちに入会権を失なうものではありません。ですから、農家であるかどうかは、入会権者であるかどうかの決め手にはかならずしもなりません。しかし、③の人々のように、現に農業を営みかつ入会林野を必要とし、あるいは現に利用しているならば、特別の事情がないかぎり入会権者と認めてよいと思われます。現に入会林野を利用しているならば入会権者ではないか、といわればそれまでですが、現に入会林野を利用していても、利用することについてはっきり入会集団の承認を得なかった場合とか、入会権者としては認めないが、とくに恩恵的に利用を認めた、というような場合には入会権者かどうかが問題となります。利用することについてはっきり承認をえなかったけれども事実として入会林野を利用し、入会集団もこれを黙認してきた、というのであれば入会権者として認めるべきでしょう。そうではなく入会権者としては認めないが恩恵として利用を認めてきた、というのであれば、右にいう特別の事情にあたりますから、入会権者とは認められないことになります。また、この特別の事情とは、この部落では、新しく入会権者となることを一切みとめないとか、分家は入会権者になることを認めるが入村者は入会権者に加わることを認めない、という慣習がある場合のことをいいます。このような慣習があればその慣習にしたがって決定すべきでしょう。残るのは④の人々ですが、およそ部落で一戸を構えれば入会権者として認める、という慣習がないかぎり入会権者と認めることはできない、というべきでしょう。

しかし入会権者であるかどうかを決定するのに一番重要なのは、いずれの場合にも入会林野の維持管理に必要な義務を負担し、ほんらいの入会権者たちと部落住民としてつきあいをしているかどうかにあります。権利は義務を伴う、という大原則からいって、入会権者であるためには入会林野維持管理の義務を果さなければならないことは当然です。ただし、その義務は入会林野に対して直接労務を提供するものであるとはかぎりません。要は、少くとも①の人々が負担している義務と同じ程度の義務を負担することが必要で、この義務を負担しない場合には、④や③に属する人々はもちろん、②に属する人々も入会権者ではない、というべきでしょう。

ここで、昔ながらの山村部落が急激に観光地化したため入会権者中農業をやめる者が出るとともに、非農家として部落中に定住する者がふえて、そのためその部落のもっている入会地にたいする権利者の範囲が複雑になって争を生じた例を紹介します。

〔事実〕熊本県南小国町黒川は阿蘇山間の部落でかってひなびた温泉地でしたが、昭和三〇年以降温泉観光地として発展し、在来の農家で旅館や商店に転業する者、また旅館や商店としての外来者が急速に増加しました。この部落の入会地は大正末期に町（当時村）有となりましたが、一貫して採草、放牧に利用され、昭和に入ってから天然林の育成、人工造林が行なわれるようになりました。温泉地としての発展に伴い、入会地を採草放牧に利用する者は乙ら二〇余戸の有畜農家（牧野組合を組織した）に限られてきましたが、立木については売却代金の三割を町に納め（分収し）残りを部落の共益費に充ててきました。ところが、放牧地上の雑木を乙らが伐採したことに端を発し入会権者の範囲をめぐって紛争を生じ、部落住民の非農家のうち、かつて入会権者でかつ農家であった者および部落外からの転入者で一戸を構えている甲ら四〇名は乙ら牧野組合員を相手として、自分たちも乙らと同じく町有地上に入会権（ただし採草放牧の権利を除く）を有することの確認を求める訴を提起しました。

〔69〕熊本地裁宮地支部昭和五六年三月三〇日判決

「黒川部落には古くから部落住民によって組織される部落会があって、規約を有し、最高決議機関として部落総会がある。部落総会では、会計報告の承認、役員の選出、入会地内の天然木であるくぬぎの保護撫育と伐採の決定、分収林契約の同意等の入会地の利用方法の決定ないしその変更、入会地内のくぬぎ等の産物の売却収益の利用方法の決定、入会地の防火線刈り、防火線焼き、野焼き、道作り、学校林の下刈り、各種祭り等の部落行事の決定、各種行事に不参加の場合の出不足金と称する過怠金の決定、他の入会集団との紛争あるいは本件入会集団構成員による統制違反形態の入会権の不正行使(たてだし)問題の処理等が取扱われる。

部落会の収益のほとんどすべてが、古くから、黒川部落集落内の道路の設置・維持、街灯の設置・維持、消防器具の購入、学校施設の整備あるいはその他住民生活に必要な共益費に充当されてきた他、分収林の設定ないし伐採のための経費等にも使用されている。

黒川部落住民のほとんどは農業を営んでおり、牛馬を所有する者も多く、入会地に入って採草、放牧をし、あるいは各自必要に応じて薪炭用原木を採取していた。このほか入会権者各自の入会稼ぎの他、入会集団が薪炭原木を入会権者中の希望者又は第三者に競争入札により売却し、その売却代金を取得することも、古くから何度も行われたが、その収益は、すべて一旦部落会計に入金された後、共益費として利用され、入会権者個人に分配されることはなかった。戦後、殊に昭和三〇年以降家庭用燃料として、プロパンガス、灯油、電力等への需要が高まるにつれて、薪炭の需要が減退し、かわってくぬぎが椎茸原木(なば木)として高い商品価値を持つようになってきた。入会集団ではこのような変化に対応して、昭和三〇年ころから、くぬぎを薪炭用に伐採することを禁止し、椎茸原木として保護撫育して行くことになった。そして入会地の利用がこのように高度に貨幣経済的契約利用形態に変化していったとしても、それは入会権の用益方法の変更にすぎないのであって、その収益が入会集団構成員の総有権の客体となっており、総手的意思の統制に服している以上は、入会権者らが何ら入会地の利用に与っていない等と解すべきものではない。もっとも本件入会地における従来の分収契約は、こうした発展した形でのそれでなく、黒川部落民の多くが造林組合員として参加し、収益も組合員個人に分配されることはなく、部落会計に入金されたりして共益費に使用されているのであって、契約利用形態というよりも、既存の入会権の用益方法の変化形態であるといえる。

この間にあっても、黒川部落民の脱農化が進行し、また農業の機械化によって牛馬を所有する者も減少し、家庭用燃料需要の変化、等もあって、次第に入会地に入って採草、放牧等入会地の古典的利用をする者も減っていった。牧野組合員の多数の者のように、採草、放牧等の古典的利用に与る者が入会地の利用に与っていることは明らかであるが、牧野組合員でない者も入会地上の立木その他の産物の処分収益を入会集団の総手的意思に基づき共益費に使用することによって入会地の貨幣経済的利用に与っていることは明らかであって、それが入会集団の構成員としての地位に基づいている以上は入会権の行使方法なのである。

入会権者は、慣習上、労役の提供等の一定の義務を果すことが必要で労役としては入会地と国有林境及び民有林境の防火線刈り、防火線焼き、野焼き、入会地内の牧道及びこれに通じる道路の整備、くぬぎ保護撫育地の下草刈り、牧柵の設置、維持、部落内の県道、町道等の整備等があった。不参加の場合出不足金の制度は古くから存在した。

以前には入会地の管理義務は部落民全員で行われていたが、前判示の入会地の利用形態の変化は入会権者の義務の面にも反映し、部落民の脱農化の傾向につれて、干草採草地の野焼き、牧柵の設置、維持、入会地内牧道の整備等に見られるように、採草、放牧等の古典的利用形態に主として関連する管理義務については牧野組合員が担当し、部落内の県道、町道の整備等に見られる部落住民としての義務については、部落民全員で行っていた。そして入会地と直接関連のない、部落住民としての義務も入会集団の総手的意思によって入会集団の行事として行われる場合には、これに参加することは入会集団構成員としての義務ともなるものであった。

入会権者となった場合には、入会権者としての権利義務においては、平等であって、従来からの入会権者世帯を承継した者（旧家）、分家、転入、帰村等入会権取得の態様によって、そこに差がもうけられることはなかった。もっとも、ここにいう入会権者の権利義務の平等とは、いわゆる入会権者として資格に基づく形式的平等であって、全く同一の取扱いがされていたことを意味するものではない。従って、現実に牛馬を所有している者だけが採草、放牧に与ったり、牛馬を所有している者の中にあっても、分家、転入、帰村による新規の入会権者に対しては、面積が限られている干草採草地の割地が容易には認められなかったり、または、将来、仮に入会地からの収益を入会権者個人に分配することがあるとしても、入村金支払の有無、入会権者としての義務履行の程度等の合理的基準に基づいて収益の分配に差がもうけられることがあっても、あるいは採草、放牧に与る者が採草、放牧に与らない者よりも、採草、放牧に関連する労務に関してより多くの出役をしていても、これらが入会集団の総手的意思に基づいており、しかも資格において同等である限り、入会権者の権利義務において平等である。

そして、入会権の権利内容としては、入会集団の総手的意思の統制のもとに、地上立木その他一切の産物及びその換価利益を収益する権能を包むものである。」

この入会地は町の所有名義となっているが実質部落住民の入会地であることは、町も認めておりその点について争はないのですが、入会集団構成員の範囲をめぐっての紛争で、この判決はかなりひろい範囲の者まで入会権者であることを認めております。しかし、この判決には納得のいかない点があります。まず「牧野組合員でない者も入会地上の立木その他の産物の処分収益を入会集団の総手的意思に基づき共益費に使用することによって入会地の貨幣経済的利用に与っている」というのは何のことでしょうか。入会地からの収益で集落の道路や集会所が建設されそれを利用しているからといって、それによって入会権者すなわち入会集団構成員であるとはいえず、それはその地域に居住することによって得る反射的、恩恵的効果にすぎない場合が多いことはいうまでもありません。入会権者でないから道路を通行させない、とか集会所を利用させないという集落はまずないでしょう。しかしこの判決はそれが住民としての恩恵的利益でなく、入会集団構成員としての権利（すなわち入会権）にもとづくものだというため入会集団の総手的意思という用語をつかったものと思われますが何のことかよく分りません。つぎに、甲ら非農家も乙らと同じく共同作業に従事しているから同様に入会集団構成員である、といっていますが、この判決でみるかぎり、甲らの出役する作業は入会地とは関係のない、村落構成員としての作業であって甲らは入会林野への保護管理義務を果しているといえるか否か疑問です。もとより、牛馬を飼養している農家が、牛馬の飼養を止めれば放牧や牧草の採取をしなくなり、その状態が長年つづくと採草放牧の権能を失うことがありますが、しかし、牛馬の飼養をせず、さらに農業をやめてもそのことによって直ちに入会集団構成員たる地位を（すなわち入会権を）失うものではありません。たとえば採草放牧はやめても造林などをしておれば当然入会権者としての権利は保全されます。基本的には入会林野の維持管理の義務を果しているか否かによって入会集団構成員の範囲を決定すべきであり、その点からいうとこの判決は多少問題があるようです。

入会権者（集団構成員）であるためにはその村落に定住し一戸前として認められ、構成員としての義務を果すことが必要であることはいうまでもありませんが、その義務ないし負担は、入会地の管理に直接関係あることが必要です（詳しくは一三一ページで取上げます）。現実に林野を利用しているか否かは権利を有するか否かと直接関係ありませんが、入会林野からの収益金が道路とか公民館などの施設や部落運営のための共益費に支出されている場合、それはもともと入会林野が村持財産として共益的性格をもっていたためそのような支出が行なわれているであって、住民としてそれらの施設を利用し運営していることは入会林野のある集落に居住する住民として反射的に利益を受けているにすぎず、そのことだけでは入会権を有することの証拠にはなりません。

(2)　入会権者でなくなる場合（持分権の喪失）

つぎに、どんな場合に入会権（持分権）を失なうか。これも部落の慣習によって決められます。

まず、入会権者が部落から転出すると原則として入会権を失ないます。これは前に掲げた〔2〕判決のほか、戦後のつぎの判決もそういっております。

〔35〕盛岡地裁昭和三一年五月一四日判決

「入会関係における権利取得はいつも原始取得であり、承継取得ではない。部落の住民としての資格を得れば当然に原始的に権利を取得し、部落外に出てその資格を失えば当然に喪失するのである」

しかし、部落外に転出しなくとも、なおその部落に住んでいても入会権を失なうことがあります。

〔12〕安濃津地裁明治四四年二月一〇日判決

「本件山林に付ては古来西区に住居し且つ独立して部落の費用を支出する者に限り共同でその山林を支配し其地盤を共有すると共にその土地及毛上の使用収益をなすべき権利を有し、一旦その村を去り住居している事実がなくなるか又は部落の費用を負担しなくなったときは当然右山林に対する権利を失ないその後は再び右の要件を備えるのでなければ何の権利をも取得することができない。」

この判決に示されるように、入会権者であるためには部落に一戸を構えてかつ部落の費用を負担するものでなければならない、という（前述した入会権者となる要件の③に相当する）慣習がある部落においては、部落の費用を負担しなくなれば入会権を失なうのは当然でしょう。

入会権をもつ、入会権者である、ことは入会集団の構成員であることですから、部落に住んでいても入会集団構成員としての資格がなくなれば入会権（持分権）を失ないます。そこで、次の場合には入会権（持分権）を失うということができます。

① 入会権者としての義務を果さないとき。

② 部落外に転出したとき。

入会権は権利ですから、権利は義務を伴なう、という大原則からいって、義務を果さない者が権利を失なうのは当然であって、①については問題はないでしょう。②の、部落外に転出すれば入会権を失なう、というのも実は①と同じことであって、部落外に転出すれば入会権者としての義務を果すことができなくなるから入会権を失なうのです。

そうすると、たとえ部落から転出しても入会権者としての義務を果すならば入会権を失なうことはないではないか、という議論がでるかもしれません。たしかにそういう面があり、ある部落の地域を出たから、ということだけで入会権を失なうとかぎりません。たとえば、甲部落に住んでいるある入会権者が近くの乙部落に転出したが、乙部落の入会集団に加わらず乙部落の入会林野を使用せず、ひきつづき甲部落の人々とつきあいをつづけ、甲部落の入会林野を使用し、そのための費用や義務を負担するときには、その人はなお入会権者として認められることがあります。この場合、その人は甲部落の地域から乙部落の地域に移転はしていますが、甲の入会集団から乙の入会集団にうつったわけではなく、なお甲の入会集団構成員なのです。入会集団構成員として義務を果すことができる以上、入会権を失なわないわけです。

部落と入会集団の関係

入会集団は、ほんらい部落の地域に居住する住民によって構成される集団であり、構成員である入会権者はその部落の地域に居住するのが原則ですが、交通の便がよくなり人の移動がはげしくなると、構成員の居住する範囲が地理的に行政上の部落の地域よりもひろくなります。そのために、部落の地域外に住む構成員がでてくるわけで、この関係を図で示すと次のようになります。

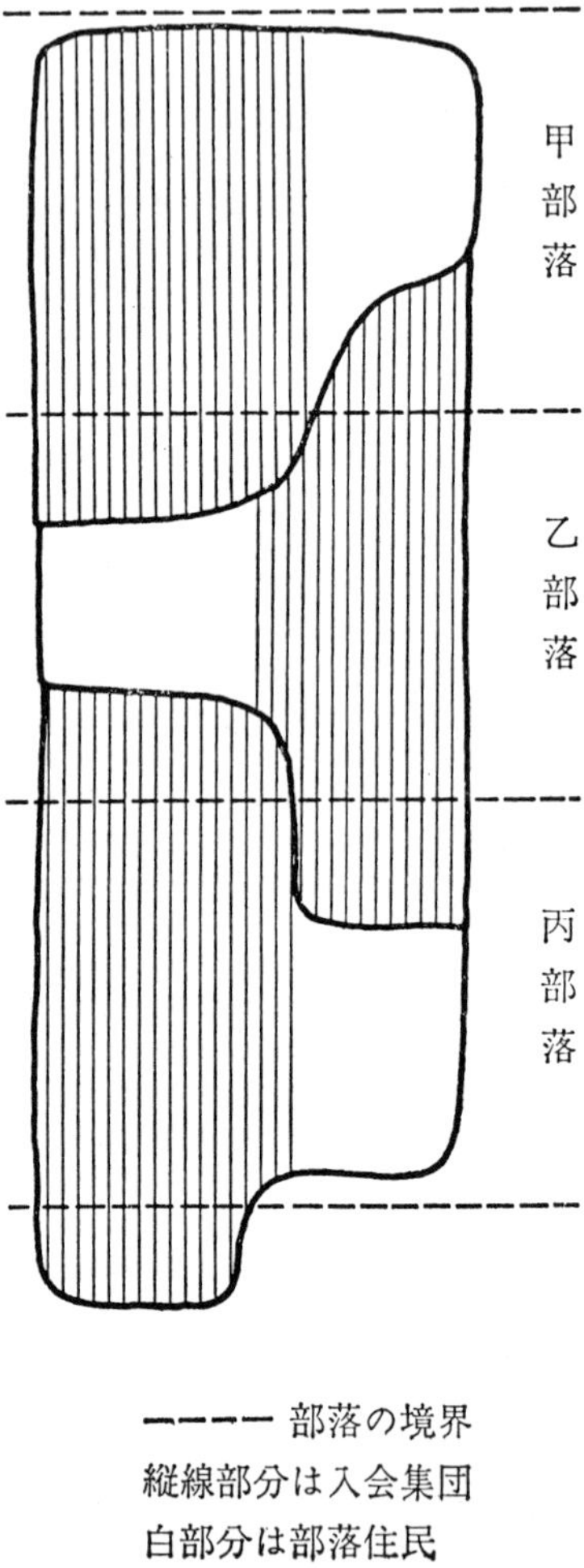

したがって、右の例のような場合には、その入会権者が部落から転出したと見るよりも部落の範囲がそれだけ広くなった、と見るべきでしょう。ですから「部落から転出する」という場合の部落とは、厳密に行政上の部落の地域にかぎるべきではなく、その部落の地域の延長ともいえる近い区域も含めて考えるべきでしょう。その範囲がどこまでであるかは具体的にそれぞれの部落によって決めるほか

はありません。

つぎに問題になるのは、部落を右のように広く考えるとしても、その地域より外に転出した場合に必ず入会権を失なうか、ということでしょう。具体的にいうと、部落から少しはなれた他の市町村や遠くはなれた都会に転出した者でも、入会権者としての義務を果たすならば入会権者であることができるではないか、ということです。部落から転出して入会権者としての義務を果たすことができる以上、部落から転出したら当然入会権がなくなるというのはおかしい、という議論もでてきます。しかし、そのような部落から転出した者が果して入会権者としての義務を果すことができるのでしょうか。

入会権者の義務

ここで、前述①の問題にも関係しますので、入会権者としての義務とは何であるか、を検討することにします。

入会集団構成員は、前述のように一定の地域に居住し、地域の住民として互いにつながりをもちながら集団の統制のもとに入会林野を共同で利用し、その維持管理の任務を分担しています。入会林野の維持管理とは、樹木の植付、下刈、枝打ち、地拵えあるいは火入れや林（牧）道つくりなどの労務の提供のほか、火災、盗伐、害虫発生の予防や防止などたえず林野の保護監視をすることとです。これは、入会集団構成員共同の負担で行なわれますが、それは部落の地域に居住しているからこそできるのであって、部落からとおくはなれて住んでいる者にはこれができません。もっとも、個人仕立山ならば部落に住んでいなくてもそれを利用することも管理維持することもできる、といえるかも知れませんが、それは自分の持分にたいする維持管理だけですから、入会権者としての義務を果たしているとはいえません。また、植付や下刈り、火入れや道つくりに参加しないかわりに一定の金銭を負担していればそれで義務を果たしているといえないか、というと、それもやはり入会林野の維持管理義務の一部を果たしているにすぎません。なぜなら入会林野の維持管理とは単に植付けとか下刈りとか具体的に山に入って労働するだけでなく日常の保護監視も含むからです。ほんらいこのような入会林野の保護監視はその部落又はすぐ近くの部落に住む者でなければ果たすことはできないものです。

それでは、仮に、部落外に転出した者が具体的な山入り労働以外の保護監視についてもその分の代金を負担したらその者は入会権者としての義務を果たしている、といえるでしょうか。なるほど、その人は、代金の負担によって入会林野の維持管理義務を負担しているとはいえるでしょう。しかし入会権者の義務とは単に入会林野の管理義務を負担することだけでなく、入会集団構成員として義務を果たすことも含まれているのです。

入会集団構成員は、部落の住民としてお互いにつきあいをし、冠婚葬祭や農作業の面で助け合い、部落の共同作業——道路や水路の修理やときには家のふしんなど——についてのつとめを果たしているのです。これらのつとめの中に義務といえるものも、義務といえないものも含まれており、また、このような関係は最近次第にかわってきてはいますが、入会集団が部落という地域集団の中にある以上、入会集団構成員はこのような部落住民としてのつとめを果たさなければなりません。

このように考えると、入会権者すなわち入会集団構成員は、やはり部落の地域又はその近くの地域に住んでいることが必要です。遠くに住んでいる人は、部落住民としてのつとめはもとより、入会林野の管理維持の義務を果たすことができませんから、入会集団構成員であるあることは不可能です。また入会林野の利用の点からみても、入会林野は入会集団の統制のもとにその集団の構成員が共同で管理利用する林野ですが、構成員が一定の地域に住んでこそその統制もおよぶことができるのです。構成員が部落からとおくはなれて、しかも各地ばらばらに住んでいるのであれば集団的な統制はおよばなくなりますから、入会集団としてはその統制のおよばない地域に住む者を集団の構成員として認めることができないのです。

このように、入会集団構成員であるためには部落に居住することが必要です。ただ、最近交通の発達や経済事情の変化により、部落から少しばかりはなれたところに住んでも入会林野の維持管理義務を果たすことが可能であり、部落住民としてのつとめも以前ほどきびしいものではなくなったため、必ずしもその部落の地域の中に住んでいなくても、そのつとめを果たし、部落住民としてのつきあいをつづけることができるようになりました。したがって、入会林野の維持管理義務を果たし、部落住民としてのつきあいをつづけることができる範囲ならば、なお入会林野構成員であることが可能です。それが可能な範囲といえば、これも具体的に決定するよりほかはありませんが、いわゆる「通作範囲」と考えてよいと思います。ですから、部落外に転出してもそれがこの「通作範囲」ならば、その転出者をなお入会権者＝入会集団構成員として認めることができます（もっともそのような者を入会権者として認めるかどうかは入会集団が決めることであって、その者を入会権者として認めなければならないことはない)。それ以外の者は入会権者として認めることが事実上できないのです。
したがって、入会権者が部落から転出すれば――右のような場合を除いて――入会権を失なうのは当然であり、それが部落＝入会集団の慣習として確立し、維持されているのです。

2 部落から転出すれば入会権を失なう

(1) 部落から転出した者は入会権者であることができない

部落から転出すれば入会権（持分権）がなくなる、という原則は、おそらく全国どこの部落＝入会集団でも慣習として維持されてきました。ところが長い間には経済の発展に伴なって入会林野の利用方法や利用形態もかわり、それにつれて慣習も次第に変わってきます。入会権者の範囲や、部落から転出すれば入会権を失なう、という慣習がはっきりしなくなった場合も稀ではありません。部落から転出しても入会権があるという意見の出てくることがそのあらわれです。

入会林野が古典的、自給的な利用に供され余り金銭的な価値をもたなかった時期には、部落から転出すると入会権を失なうことに誰も不都合を感じなかったでしょうし、また転出者が入会林野に権利をもっても余り意味がありませんでした。しかし、林野が金銭的な価値をもってくると部落からの転出によって入会林野にたいする権利を失なうことに矛盾を感ずるようになり、とくにその入会林野の所有者として登記されている入会権者が転出した場合など、登記があることを理由に権利があることを主張するようになります。具体的には次のような場合に、転出者から入会林野に権利をもつという主張がでてきます。

① 入会林野の個人分割利用地（分け地）に個人で植林した入会権者や、部落の共同造林に持分をもっている入会権者が転出した場合。個人植栽木はもちろん共同造林木も、自分が資金や労力を投じた財産（共同造林木については持分）であるから、その財産にたいする権利を、部落から転出すれば入会権を失なうという理由だけで、ただでその権利を取上げるのはおかしい。その権利はどこに住んでも認められるべきであり、したがって転出後も入会権を有する、という主張がされる。

② 入会権者の共有名義で登記されている入会林野の共有名義人の一人である入会権者が転出した場合。転出後なお入会林野の所有権者として登記されているから入会権、あるいは少なくとも入会林野の土地所有権があるという主張。とくにその転出者が登記上その権利を第三者に売った場合に移転登記をすませた第三者からそのような主張がしばしばされる。

③ 右の①と②とが両方かなさった場合。すなわち個人割山の権利を有し、かつ登記上共有名義人の一人である入会権者が転出した場合で、この場合は土地利用権もあり所有権の登記もあるから転出後もなお入会権はあるのだ、という主張がされる。

右のような主張にたいする入会集団の考え方なり対応のしかたは必ずしも一様ではないようです。従来の慣習どおり転出者には絶対入会権を認めない、という集団が大部分のようですが、中には転出者に権利があるのかどうかはっきりしない、という入会林野や、ときには転出者にも権利を認める、という入会集団もないではありません。転出者に権利を認めるというのは、③の転出者がある場合に多いようです。転出者に権利があるのかどうかはっきりしない、というのは、いままでに転出した者がないとか、あるいは転出した者はあるがそれらの者が入会林野に権利を有することを主張したことがないとか、又は転出者中ある者には権利を認めているが、他の者には権利を認めていない、という入会集団にあるようです。いままで転出者に権利を認めた例がないという入会集団においては、転出者は入会権を失なうという慣習がつづいている、と考えてよいでしょう。問題は、転出者には入会権を認めないという慣習がはっきりしている入会集団において右の①②③のような主張がでた場合にどのようにこれに対処するか、ということです。

入会集団によっては、転出する入会権者の持分を、他の入会権者、あるいは入会権者ではないがその部落住民に売らせたり、またはその持分を入会集団が買い取ることにしています。このような措置を講じておけば転出者に権利があるといわれることはないでしょう。登記名義についても同じことがいえるわけで、ある入会権者が転出するときに、その者の同意を得てその者の名義を他の入会権者の名義に登記がえ（移転登記）をするか、あるいはその者のもっている共有持分権の移転登記をすればよいのです。

ところが実際は、持分の金額について話合いがつかないためそのまま部落から転出してしまうことがあり、また登記も手続が面倒なために登記名義の変更や移転がなかなか行なわれません。そのため、転出した者の権利がそのまま残ったようになり、転出者に入会権があるかないか、がしばしば問題になるのです。

(2) 転出者が林野に権利をもつとしてもそれは入会権ではない

部落から転出したら入会権を失なう、という慣習がある以上、転出者は入会権を失ないます。しかし、転出者から右の①②のような主張があった場合、入会集団としてなおその転出者が入会権をもたないといえるでしょうか。そこで、以下この問題を検討することにします。

(イ) 立木などの権利をもつ入会権者が転出した場合

個人分割利用の入会林野に、ある入会権者が個人で仕立てた植栽木は、その者が単独で資金と労力を投じてつくった財産であってきわめて個人財産的性格が強く、また部落共同造林は、入会権者が共同で資金と労力を投じて参加することによって生れたものであって、その持分は個人財産的な性質をもっています（ただし、共同造林木からの収益がすべて部落の共益費等にあてられる場合には、その共同造林木は個人財産的な色彩に乏しくまた共有持分もはっきりしないので余り問題はありません。共同造林木の持分が個人財産としての性質をもつのは造林木からの収益が個人に分配される場合です）。このような、個人植栽木や共同造林の持分権や、個人が労力や資金を投じて得た財産や権利を、ただ部落から転出した、というだけの理由で認めないのは問題があるでしょう。だが、あくまでもその入会集団の慣習にしたがって、転出した以上は入会権（持分権）はない、というべきです。そこで餞別とか見舞金などが支払われたりするのですが、それがない場合でも、転出した以上入会権はないが、植栽木の所有権や共同造林木の持分権はある、と考えることができるのではないでしょうか。

まず、入会地に個人が仕立てた立木——いわゆる個人仕立木——は、仕立人個人の財産で、その立木所有権は入会権とは別個の権利としてこれを認めることができます。ですから仕立人が部落から転出して入会権、すなわち入会林野の所有権と利用権を失なっても立木所有権は失なわない、といえるわけです。その仕立てた立木がまだ幼樹で手入や撫育が必要なときには入会林野に立入る必要もあり、ただ立木所有権だけでなく、土地を使用する権利をもたないと意味がありませんから、入会林野の土地使用権も認める必要があります。ただその土地使用権は入会権ではなく、部落から転出した立木の仕立人と入会集団との間の土地使用契約（借地契約あるいは地上権設定契約など）によるものです。

このような土地の使用は、入会集団からみれば入会集団構成員以外の者に契約によって利用させることになりますから、入会林野の契約利用形態（三一ページ参照）だといえます。

つまり、入会権者である個人が、分割利用を認めるという入会集団の慣習にもとづいて入会林野の割地に個人で植栽する。その権利は持分権たる入会権です。それが部落から転出して入会権者でなくなると、その権利は入会権でなくなり、その個人と入会集団との間に立木を所有するための土地使用契約を結んだ、とみなすわけです。その土地使用期間は別に定めはありませんが、通常は立木一代限り――その立木を伐採するまで――と決めるようです。

他方、共同造林の場合も同じように考えることができます。すなわち、たとえば入会権者二〇名で共同造林をした場合にその立木は二〇人の共有となり、立木に対して各自二〇分の一の持分権をもつわけです。そのうち一人の入会権者が部落から転出すると、その者の持分権は、入会権とは別個の立木共有権という個人の権利となりますから、その権利については個人植栽木の所有権と同じように考えることができます。ただ、その者の転出後、入会集団に一定の加入金や負担金を支払って新たな入会権者が加わり、立木の共同所有者になるような場合がしばしばあり、これは転出者の意思にかかわりなく行なわれますから、立木に対する持分はつねに固定しているわけではありません。また、かりに共同で植栽して一〇年後にある入会権者が部落から転出した場合など、まだその植栽木にたいして間伐などの労力が必要ですが、転出した者がその労働に参加すればともかく、そうでない場合や転出してのち全く立木手入などの労働の必要がない場合には転出者はただ立木を共有している、というだけでその土地を使用することはありません、そのために、共同造林の場合には、転出した共同造林者が当然に入会林野の土地使用権をもつといえるかどうか、したがって入会林野の契約利用形態といえるかどうか疑問です。

転出した共同造林者が共同造林からうける具体的な利益は、その共同造林木が売却されたとき、その持分に応じて代金の配当をうけることとです。持分は、前述のように、売却の時期における共同所有者の数、共同造林のために提供した労力などを基準として決められます。この基準はもちろん入会集団が決めますが、その基準がとくに不当でないかぎり、転出した共同造林者はその基準による持分に相当する配当金をうける権利しかないわけです。共同造林の場合には、結局このような権利しかないわけですから、特に造林木の共同所有権という権利を認めるまでもなく、共同造林木の売却代金に対する配当金請求権という債権を保証すればよいわけです。

したがって、入会権者が部落から転出すれば入会権はなくなりますが、転出者も自分が植栽した個人仕立山にたいしては立木所有権およびそれに伴なう土地使用権、共同造林にたいしては造林木の売却代金にたいする持分相当の配当金請求権、という権利が認められてよいでしょう。

ここで注意しておかなければならないのは、共同造林木からの収益金の配分です。転出者に支払われる配分金が、その転出者が参加した共同造林木の売却代金からのものであることがはっきりしている場合は配当金請求権として認めてよいけれども、それがはっきりせず、ただ部落管理の共同造林木が売却されて収益があったから、それを現在の入会権者のほかに転出者にも配分することがあります。とくに、その転出者にたいして餞別や見舞金などが支払われていない場合に、餞別がわりあるいは謝礼として配分金が支払われることがあります。そのことじたい結構なことですが、その配分金の支払に、これが権利——とくに入会権——でない、（謝金ないし見舞金である）ことをはっきりさせておく必要があります。配分金の性格をはっきりさせなかったため転出者との間で生じた紛争に解決をつけた判決を紹介します。

〔事実〕これは島根県隠岐島西郷町東郷部落の地下山《じげ》とよばれる入会山林においてその収益金の配分をめぐる紛争です。この山林はもと土地台帳上村中持とされていたのを戦後の町村合併の折いったん東郷村名義で登記され、直ちに東郷部落代表者九名の共有名義で登記されました。一方部落では地下前名簿がつくられ一〇四名が権利者としてその名前が記載されていましたがそのうち三名は昭和二〇年代に部落外に転出しておりました。昭和二七、二八年に、地下山の立木売却代金中公共費用に支出した残りが一〇四名全員に配分されました。そしてまた同三〇、三一年にも剰余金が配分されましたが、今回は転出者三名（および部落内に居住しているが一戸を構えていない一名丙）には、地下前権利者としての資格がないという理由で配分されませんでした。そこで転出者乙ら三名および丙は、東郷部落を相手として、三〇、三一年度の配分金請求の訴を提起しました。この訴訟につき第一審は乙らの請求を認めませんでしたが第二審では、東郷部落は地下山を部落有林というが地下山に権利をもつのは部落住民すべてではなく一〇四名にかぎられており、またその権利である地下前は売買譲渡されているからこの山林は一〇四名の組合的共有地である、という理由で乙らの主張を認めました（広島高裁松江支部昭和三八年四月二六日判決）。東郷部落側は敗訴したわけですがやや奇妙に思われるのはここで入会権とか入会林野ということが全く主張されていないことです。東郷部落は上告しましたが、最高裁判所は、高裁判決に違法はない、という理由だけで上告を棄却しました（最高裁昭和四一年一一月一〇日判決）。

最高裁判決が出された以上、東郷部落は乙らに配分金を支払いましたが、その後三二年から三七年まで毎年地下山立木売却代金の剰余金の配分を行なったにもかかわらず、転出者には権利がないという理由で乙らには配分しませんでした（裁判所の判決は訴え出たことについてのみ拘束する――したがって三〇、三一年分の配分金は何としてでも支払え、と云っているだけで、それ以外のことは何も云っていない――のですから、三二年度以降の分について支払わなくとも裁判上問題なく、違法ではありません）。そこで乙らは、三二年以降三八年までの配分金の支払を求める訴を提起しましたが、第一審松江地方裁判所は、前回第二審判決と全く同じ理由で乙の主張を認めました。東郷部落は控訴して、地下山が東郷部落の入会地であり、その収益は公共費に支出するのが原則で個人に配分するのは例外的にすぎず、地下山に権利をもつのは部落内に一戸を構え財産の管理や共同作業に出役して義務を負担する者に限られるから、その資格を欠く乙らは地下山に権利を有しない、と主張しました。

〔65〕広島高裁松江支部昭和五二年一月二六日判決

「東郷部落においては、明治以前までは地区内のほぼ全戸の世帯主が、自然経済的な態様でその共同財産についての入会稼をしていたが、明治以降の日本における商品経済の急速な発展がこの地方にも浸透して来た結果、共同財産の利用価値が漸次立木へと移行して、後年立木売却等による金銭的利益を生ずるようになる一方、地区住民の移動をも生ずるようになって、地区住民の中にも地下前を有しない者を多く生ずるとともに、地下前の譲渡や新規加入が行われるようになったが、この点を除いては地下前権者たるための資格やその共同財産に対する支配形態に根本的に変更はなく、また共同財産は単に地下前権者の収益源となるのみならず地区における村落共同体の経済的基盤としての意味をも有し、その管理や出役義務の履行に関しては地下前権者相互間の精神的紐帯に基づく協力関係が重視されて来た。

これにより地下前権者の共同財産に対する権利は共有の性質を有する入会権で、東郷部落は入会権者の団体ということができる。

東郷部落において、不在者に対しては、入会権者の基本的な権利である総会への出席権が認められておらず、また総会の結果も報告されていない。この事実は、不在者がもはや東郷部落の構成員として扱われていないことをうかがわせる重要な事実である。

不在者は、昭和二三、四年頃これを差し止められるまで、代人により造林作業に出役しており、東郷部落もこれを受容していたのであるが、この事実をもって、不在者がなお東郷部落の構成員として扱われて来たものと認めることはできない。前述のとおり、地下前権者の義務は、単に造林作業にとどまるものではなく、村落共同体や東郷部落の維持発展のための日常的な諸々の義務を包含しているものであって、地区から転出した不在者がこれらの義務を完全に果すことは不可能であり、その置かれている立場上、義務を完全に果し得ない以上、権利を行使し得ないのは当然のことだからである。東郷部落においては、不在者でも帰郷し地下前権者として復活する途が残されているであり、この意味では潜在的な地下前権者といえるのであって、不在者が造林作業に出役し、東郷部落がこれを受容して来たのは、当事者が意識すると否とに拘らず、この潜在的関係を維持する役割を果す一方、当時不在者に対しても行われて来た時折の利益分配に対応する情誼上の奉仕としての意味を有していたにすぎないものと言うべきである。東郷部落が昭和二三、四年頃不在者の出役を差し止めたのは、右のように不在者が地下前権者でないことを明瞭ならしめるためであり、決して不在者に代人まで雇って出役させるのは気の毒だからという理由ではないと言うべきである。

昭和二四年作成の部落地下名簿に不在者・在村者の別なく登載していることをもって、不在者も地下前を有することの根拠とすることはできない。何となれば、地区内にカマドを残さないで転出した地下前権者で再び帰郷した者は一名もないが、在村者としては、右のような者に対しても、後日再び帰郷してカマドを持った場合には、原則として地下前権者として復活させる意図を有しており、このような気持から不在者も潜在的には地下前を有するものとして、これを名簿に登載したものであり、その後の昭和二九年作成の共有権者名簿においては、この趣旨が明瞭になるように記載したものと認められるからである。

また、昭和二九年一月一四日の総会決議は、既に認定した事実の中でこれを考察すれば、『今後一〇年以内に不在者が帰郷してカマドを持たない場合には、その後帰郷しても地下前権者として復活させない。』との提案が否決され、無期限に復活の余地を残す旨の決定がなされたにすぎないものと把握すべきものであって、右議決をもって、不在者も地下前権者であることの根拠とすることはできない。

多くの入会団体において、離村して入会権者たる地位を失った者に対しても、離村者が在村中に奉仕、協力した結果たる立木の売却代金については、その奉仕、協力による寄与を考慮して配分しており、しかも離村後の年月の経過とともに、離村者の寄与分が在村者のそれに比して相対的に低下して行くものと意識され、配分額を漸次減少させる措置がとられる場合が少なくない。

東郷部落においても、多くの入会団体においてみられる右経過と同様の経過をたどり、ついには全く配当しない措置をとるまでに至っているである。東郷部落において、まず不在者に対して出役を差し止めて、地下前権者でないことを明瞭にさせた後も、なお減額配当し、次いで配当中止の措置に出ていることに照らすと、不在者に配当したのは、『親心から』『温情主義から』『恩恵的に』したものであるとの説明は、十分納得できるものといえる。

そして、前記のとおり、事実の上でも、地下前権者の義務は単に造林作業に出役することに尽きるものではなく、不在者が代人によって出役しても、在村者と全く同じに義務を果すことは不可能である。このようにみてくると、従前、数回にわたり不在者に対しても在村者と差別なく立木売却代金の配当がなされた事実は、決して不在者がなお地下前権者であることを十分に裏付けるものではないと言うべきである。

以上の認定判断を総合すると、東郷部落においても、他の多くの入会団体にみられると同様に、カマドを残置しない不在者は、帰郷して再びカマドを持ち、地下前権者としての復活を認められない限り、入会団体である東郷部落の構成員たりえず、本件共同財産に対して、その収益の配当請求権を含めて何らの権利をも有しないものというべく、総会の多数決（入会権そのものの処分ではなく、余剰金の配当に関することであるから、全員一致の決議である必要はない。）により、在村者に比して減額された配当金を支給され、あるいは配当を中止されても、これについて異議を述べることはできない。このことは、不在者が配当の可否、金額を決定する総会に出席する権利を有しないことの当然の帰結である。」

この判決の場合は、転出者に権利を（入会権はもとより立木にたいする権利をも）認めておりません。ですから転出者が立木などの権利をもつのではなく、権利をもっていない場合に当るものです。

(ロ) 入会林野の共有名義人である入会権者が転出した場合

入会権者の共有名義で所有権の登記がされている入会林野において、共有者として登記されている入会権者が部落から転出したのちも、その名義がいぜんとして抹消されず共有者として登記されている場合、転出者が自分の名義が登記されていることを理由に、入会権があると主張し、入会林野からの収益の配当や土地の使用を請求したり、あるいは入会権はないが土地の所有権はいぜんとしてあるのだと主張するようなことも稀ではありません。とくに問題となるのは、共有権者として登記されている入会権者が部落から転出後に死亡してその相続人がその共有権の持分を相続登記したり、あるいはその共有権者が持分を部落外の第三者に売って、第三者が所有権の移転登記をしたような場合です。共有権の登記がされている入会権者は部落から転出しても、その部落の慣習を知っていますから自分に権利があることを余り主張しませんが、しかし相続人はそのような事情も余り知らないので、自分には本当にその林野に対して権利があると思うでしょうし、まして持分を買受けた第三者は、当然共有権があることを主張するでしょう。ですから、部落を去った者から相続や売買によって部落外の第三者に共有入会地の共有持分権移転の登記が行なわれると、いよいよ面倒なことになります。それでは、共有入会地の共有権者として登記されている入会権者は、部落を転出した場合に入会権を、とくに入会地の所有権を失なうのでしょうか、それとも登記があるかぎりその権利を失なわないのでしょうか。

〔**判決**〕まずこの問題を扱った判決をみることにします。

〔事実〕高知県中村市板ノ川部落の入会林野は、その部落住民甲ら二四名の共有名義で登記されており、二四名のほか部落住民七名の合計三一名が入会林野にたいする権利をもっていました。この部落の慣習によれば、その権利は部落から転出するとなくなることになっていました。二四名のうちの一人である乙が部落から県外に転出し、入会林野にたいする自分の共有持分権を、部落住民でない丙に譲り渡し丙は共有持分権の移転登記をすませました。丙はこの登記によって自分もその林野に共有持分権を有すると主張し、林野からの収益配分を請求しましたが、部落側はこれを拒否し、部落の代表者甲は乙、丙を手として訴を起し、この林野は部落の入会林野であって部落の慣習により転出した乙は持分権を有しない、という理由で、丙がこの林野に入会権をもたないこと、および乙から丙にたいする共有権移転登記が無効であることの確認と、その登記の抹消を請求しました。

〔48〕高知地裁中村支部昭和三九年一一月一八日判決

「入会権は所有権を制限する他物権であるから理論上自己の所有権の上に自己の入会権が存在するものではないにもかかわらず、共有の性質を有する入会権においては、自己の所有権としての共有持分権の上に自己の入会権としての共有持分権が生ずる結果となるが、これは民法第二六三条の規定から生ずる特殊の例外である。

そこで本件山林にたいする権利関係をみると、(1)共有名義人二四名中、丙および丁を除きみな板ノ川部落に居住し、丁はすでに部落から転出したため実質的にその持分権を失なっていること、(2)共有名義はないが現に部落住民中本件山林に共有持分権を有する者が外に七名おること、(3)共有者がその持分を移転する必要が生じたときは他の共有者がこれを買取り、本件山林にたいする共有持分権が部落外の第三者に移ることを極力防止してきたことが認められるので、部落住民が本件山林に共有の性質を有する入会権を有するというべきである。

しかしながら部落住民の本件山林に対する権利が共有の性質を有する入会権だとかいって、本件山林に対する所有権を否定することはできない。なぜなら所有権をはなれて入会権だけの存在を考えることはできないからである。従って乙と丙の本件山林に対する所有権としての共有持分権の効力は、所有権一般の理論によって決定すべきものである。

本件山林に対する共有者が板ノ川部落から転出した場合は当然に入会権としての共有持分権を失ない、かつ所有権としての共有持分権を他の共有者に移転する義務を負う慣習があるので、乙は転出することによって本件山林に対する入会権としての共有持分権を失ない、その権利は慣習及び民法第二五五条の趣旨に従い他の共有者である部落民が取得し、かつ乙は本件山林に対する所有権としての共有持分権を部落住民等に移転する義務を負うものである。

右のとおり、乙の本件山林に対する入会権としての共有持分権はすでに消滅したのであるから、これを丙に譲渡しても何の効力も発生せず、かつ乙丙がなした持分権移転登記は所有権としての共有持分権に関するものであって、これには入会権としての共有持分権が含まれていないのであるから、丙は実質的にも形式的にも本件山林に対する入会権としての共有持分権を有しないのである。しかしながら、乙の本件山林に対する所有権としての共有持分権は、入会権としての共有持分権の消滅により当然消滅したものでなく、ただその権利を他の共有者である部落住民に移転する義務を負うとどまるものであるから、乙がその義務に反したとしても、乙丙のした所有権の移転ならびに登記行為は有効であり、部落住民もその無効を主張することはできず、ただその所有権が部落住民の有する入会権によって制限をうけたものとなるのである。

以上のように、乙の本件山林に対する入会権としての共有持分権はすでに消滅したので丙は最初からその権利を有しないが、乙丙のなした本件山林持分権移転登記は所有権としての共有持分権に関するものであって有効であるから、甲はその抹消を請求することはできない。」

〔事実〕これは、割山が行なわれていてもなお入会地であると判示された、広島県三原市釜山谷共有林の事件です。この共有林は四五名の記名共有で所有権登記がされ、その四五名中の一人である丙が部落から転出し、その丙の持分を部落住民ではあるがその割山に権利をもっていない甲が買受け、甲は丙から四五分の一の持分移転登記をすませました。その甲がこの釜山谷共有林にたいして権利をもつかどうか、が争われた事件です。（詳細は三九ページ）

前述のように第一審裁判所（広島地裁竹原支部）は、右釜山谷共有林は四五名の共有地であるから甲は当然四五分の一の権利をもつと判示しましたが、広島高等裁判所は、本件山林は釜山谷部落の入会林野である、と判示した上、甲が権利をもつかどうかについては次のように判示しました。

（49）広島高裁昭和三八年六月一九日判決

「釜山谷部落においては部落住民が家をたたんで部落外に転出したときは分け地はもとより右共有林に対する一切の権利を喪失し、反対に他から部落に転入し又は新たに分家して一戸を構えた者は組入りすることにより本件共有林について平等の権利を取得するという慣習がある。

丙が本件山林の分け地配分のとき釜山谷に居住していなかったことは明らかであるから、甲が本件山林につき入会権者として使用収益権を取得した事実はなく、もとより本件山林の所有権はおろか、釜山谷共有林についての共有持分を取得すべきはずもない。そうすると丙が甲から本件山林を買受けてその所有権を取得したという主張も成立しない。」

前述のように、甲はこの判決を不服として上告しましたが、最高裁判所はこの判決を全面的に支持しました。この最高裁判所判決は前に掲げましたので、ここでは特に重要な点だけあげておきます。

〔49〕最高裁昭和四〇年五月二〇日判決

「部落住民が部落外に転出したときは分け地はもとより右共有権に対する一切の権利を失なう……というならわしであったこと……登記法上共有持分の売買譲渡が行なわれているが……右売買中には登記名義のない入会権者が、登記名義を有するけれども入会権者でない者から共有名義を取得するため……持分を売買する形式をとったものが少なくないことがうかがわれるのであって、その判断は正当である」。

ここで特に注意したいのは、「登記名義を有する入会権者でない者」といっていることです。くわしくは後で説明しますが、登記名義のある者が必ずしも入会権者ではないことは、最高裁判所もはっきり認めているところです。

〔事実〕佐賀市に近い小城町石体部落の管理下にある二七名共有山林の地上立木を、同部落が売却処分して部落共益費に充てたところ、記名共有者の一人で四〇年前に部落外に転出した甲が、同じ記名共有者で部落住民乙らを相手として、立木売却代金収入に対する二七分の一相当額の配分を請求しました。乙たちは、この山林は実質上部落有山林で二七名代表者名義で登記したのであって、甲は部落から転出したのだから何の権利ももたない、と主張しました。

〔59〕佐賀地裁昭和四八年二月二三日判決

「本件山林は、大正三年一月、部落の福祉財源に充てるため、この部落において農商務省から払下を受けることになったが、部落に法人格がないため、当時の部落民各戸の代表者二七名全員の共同名義で買受けることとし、その代金はすべて部落の経費によって支払われ、大正一二年一月一〇日右買受名義人（又はその相続人）二七名の共有名義で所有権移転登記をした。各山林は部落の山林（村山）として、公租公課その他右の経費は部落が負担し、草刈、植林、間伐、枝下ろし等（公役）は、区長（部落長）の達しにより、部落民全員がこれに従事し、立木の売却等の重要事項は区長及び役員（評議人）三名で案をつくった上、部落の総会にはかって決め、山林からの収益金はすべて、農業倉庫、農道、公民館、簡易水道、納骨堂等部落の公共施設の建築敷設費用に充てられて、部落民各個に配分されることはなく、部落民にして他に転出した者は、当然に右各山林に対する部落民としての権利義務を失い、他方、部落に転入して来て一戸を構え、部落に定住すると認められた者は、部落民としての権利義務を取得することになり、以上のことは、古来からの慣習として行われて来たものであること、原告は、大正末年頃部落を出て以来今日まで、同部落に帰住したことはない。以上の事実に基き考えると、本件各山林は実質的には、いわゆる部落有の山林として、石体部落の所有に属するものと認めるのが相当であり、その所有関係の法律的性質はいわゆる総有に当るものというべきであり、各個の部落民は（登記簿上の共有名義人といえども）、本件各山林について民法上の共有持分権を有するものではなく、ただ部落民たる資格においてのみ、慣行上定められた使用収益上の権利（及び義務）を認められるにすぎない。してみれば、すでに部落民たる資格をも喪失したと認められる甲が、本件山林上の立木及びその売却代金について共有持分権を有することを前提として配分請求することは認められない。」

（要約） そこで、これらの判決を整理して、部落から転出した者が入会林野に権利をもつかどうかを検討してみましょう。

まず〔48〕は、部落から転出すれば入会権を失なうという慣習があるとき、登記名義人である入会権者は部落から転出すると入会林野の利用権を失なうけれども、入会林野の土地所有権を失なうことはない、といっています。つまり、登記名義人である入会権者はあくまでも入会林野の土地所有権をもっているのだから、転出すれば一切の権利を失なうという慣習にしたがってその所有権を入会集団又は他の構成員に移転する義務を負うけれども、本人が自分のもつ所有権を、その義務に反して入会集団に移転せず部落の外第三者に売却してもそれが無効だとはいえない。第三者がその所有権を登記すれば当然転出者のもっていた入会林野の土地所有権をもつことができる。しかし入会林野の利用権はなく、第三者は利用権のない入会林野土地所有権をもつだけである。以上がこの判決の趣旨です。

要するに、この判決は、部落から転出すれば慣習に従って入会林野の利用権はなくなるけれども、その土地所有権は登記してある以上なくなることはない、というのです。

しかしながら、この判決には根本的なあやまりがあります。それは、「入会権は所有権を制限する他物権である」という判旨です。他物権とは、第二話で述べたように、他人の所有物の上にある物権のことで、地上権、地役権、抵当権あるいは質権などをいいます。これらの権利をもつ者はその土地の所有権者とは別です。地役入会権は、他人の所有する土地の上にある入会権ですから地役権の特殊な形態であり、他物権であることにちがいありません。しかし、共有入会権は、共同で所有する土地を共同で利用する権利ですから、共有権の特殊な形態、すなわち一種の共同所有権（五九ページ参照）であって、決して他物権ではありません。ですから、入会権は他物権である、という前提がそもそもまちがっています。それも地役入会地ならばともかく、この判決は、本件林野が部落住民の共有入会地であることを認めているのですから、この入会権はまさに共有入会権です。ですから、部落から転出すれば入会権を失なうという慣習があるとき、その入会林野が共有入会地であれば共有入会権すなわち入会林野の所有権と利用権を失なうのです。この判決のように入会権を所有権から切りはなして考えること自体がまちがっているといわなければなりません。

これに対して(49)(広島高裁判決)はまことにすぐれた、名判決です。部落から転出すると一切の権利——入会権——を失なうという慣習がある以上、共有入会権者であってかつその所有権が登記されていても、転出すれば共有入会権すなわち入会林野の利用権も所有権も失なう、といっています。

共有入会権を失なった以上、入会林野の所有権の登記がしてあっても、その者は真実所有権を有せず、単に登記名義人であり、登記に公信力がない以上、その名義人から持分を買受けて移転登記したとしても、その売渡人はもともと権利をもっていないのだから買受けることができず、所有権の登記をしても所有権を取得するわけがないのは当然です。まことにすぐれた、理路整然たる判決です。

この（49）の高裁判決は最高裁判所によって全面的に支持されています。したがって、〔48〕と〔49〕とはちがった判決をしていますが、〔49〕は最高裁判所の判決ですから、これと異なる〔48〕の判決の趣旨は結局否定されたと考えてよいと思います。

〔59〕は〔49〕の判旨にしたがったものといってよく、そこで、これらの判決からつぎのようにいうことができます。

部落から転出すると入会権を失うという慣習があれば、入会林野の共有権者として登記されている入会権者でも転出すれば入会権を失なう。この入会権は入会林野の利用権と所有権とをあわせ含むものであるから、その者が部落を去ったのち共有権者として登記されても入会権を失なった以上入会林野の所有権をもつものではない。その者は所有者ではなく、たんに登記名義人にすぎないのです。その名義人の持分を買受けて移転登記をしたり、あるいはその死亡後相続登記をしても、その買受人や相続人は何らの権利をもつものではありません。前述のように登記には公信力がありませんから、名義人が必ず権利をもっているとはかぎらず、権利のない名義人からその権利を買受けたりゆずりうけたりすることはできないわけです。したがって、名義人から移転登記や相続登記をしてもただ登記名義を変更しただけのことで、何らの権利を取得するものでありません。

(ハ) 転出者が権利をもつことを入会集団が認めた場合

前述のように、部落から転出すれば入会権を失なうという慣習がいつのまにかはっきりしなくなって、転出者(部落から遠くはなれた通作範囲以外の土地に住んでいる者をいうことにする)に権利を認めている集団があります。その権利が立木所有権や配当金請求権であるならば、格別問題はありませんが、それだけの権利でない場合があります。たとえば、前述③の場合のように記名共有名義の入会林野に共同造林や個人仕立山の権利を有し、かつ共有名義人の一人である入会権者が転出した場合、転出者は単に立木所有権や配当金請求権だけでなく、土地にたいする権利すなわち入会権をもつことを主張し、入会集団もこれを無視することができないので、林野の維持管理費に相当する代金を負担させてその者に権利を認める、ということがあります。このような部落においては、転出者にも入会権を認め、部落から転出しても入会権を失なわない、というのが慣習である、と考えられているようです。部落から転出しても入会権を失なわない、ということは、入会権者は一定地域に居住する入会集団構成員にかぎるという原則に反しますが、果してそれが適当であるといえるのか、またそのような慣習が認められるのでしょうか。

このことについて、入会権者の範囲や資格すなわち誰が入会権者であるかは入会集団の慣習によって決まることであり、入会集団が慣習として転出者を入会権者として認める以上、当然その慣習が効力をもつのだから、転出者が入会権をもつことは一向差支ない、という議論が出ることと思います。

たしかに、誰を入会権者として認めるかはそれぞれの入会集団が決めることです。どの入会集団でもかつては慣習として転出者を入会権者として認めなかったと思われますが、③のような転出者がでてきたため転出者にも権利を認める、というように考え方がかわってきたものと思われます。入会集団の慣習として転出者も入会権者として認めるならば入会権は慣習にしたがう権利だからそれでよいではないか、というのも一つの議論として成立つように見えますが、果して入会集団の慣習としてそのようなことが認められるでしょうか。

ここでもう一度民法をみると「入会権ニ付テハ各地方ノ慣習ニ従フ」と規定しています。くりかえすまでもなくこのことは入会権の内容すなわち入会権行使の方法や入会権者の範囲などについては各地方、それぞれの入会集団の慣習によって決められる、ということを規定したものであり、民法が入会権について各地方の慣習にゆだねたのは、各地方によって慣習がちがうからだけではなく、その慣習がその部落ないし部落を中心とする一定の地域において強制力すなわち法律と同じ効力をもっているからなのです。この慣習が法律と同じ効力をもつ地域は当然限られた範囲であって、全国どこにでもおよぶものではありません。全国どこにでもおよぶものならば何も「各地方ノ慣習」に従うとする必要はなかったはずです。

入会権についての慣習とは、その入会林野を管理する部落に住み、その入会林野を利用する人々が、入会林野の利用ならびにその維持保護について、守るべき一種の憲法です。したがって、その憲法が適用される範囲はおのずから限定され、部落ないしその部落を中心とする地域に限られるべきです。

前述のように、部落から遠くはなれた所に住む人々にたいしてはそのような憲法すなわち入会集団の統制も効力がおよびませんから、部落から遠くはなれた所に住む転出者は、入会集団構成員であることができず、入会権者として認めることはできないのです。

いま仮に、同じ県内ではあるが部落からとおくはなれた（通作範囲外の）町に転出した甲に入会権を認めた、と仮定しましょう。転出者で入会林野に権利をもつ者が甲一人であるならば、入会集団の約束ごともよく守り、管理維持の代金も送金してくるでしょう。しかし、甲の死亡後その権利はどうなるか。甲の何人かの相続人がその権利を争ったらどうなるでしょうか。入会権は世帯についた権利だから世帯のあとつぎがその権利をうけつぐといっても、甲がアパート住いをしているような場合にはそのようなことはいっても効力はないでしょう。

もっと問題となるのは、甲の転出後入会権者である乙が大都会に転出し、丙が外国に転出し、その乙や丙が、転出者甲にも入会権が認められるのだから自分たちにも甲と同じように入会権を認めよ、といってきたとき、入会集団にこれを拒否することができないということです。県内でも県外でもあるいは国外でも通作範囲でない点はみな同じであり、甲に他の転出者と区別する特別な事情がないかぎり、乙、丙に権利を認めないわけにはいきません。乙、丙を入会権者として認めると、次から次に転出者を入会権者として認めないわけにはゆかなくなり、結局、部落から転出してどこに住んでも権利がある、ということになります。

部落をはなれてどこに住んでも林野にたいする権利があるということになれば、その林野は入会林野ではなく、したがってその権利は入会権ではなく林野の共有権です。

ある権利が入会権である、というためには第二話で説明したように一定の制約があります。入会権については各入会集団の中合せによって決めることができるというものの、そこには一定の限度があり、入会権の性格に反するような取り決めはできません。たとえば入会権（持分権）を誰に——部落外の者にでも——ゆずってもよい、とか、入会権を共同相続してもよい、というような取りきめはすることができません。同じように部落から転出してどこに住んでも入会権をもつことを認める、というような入会権の性格に反するような取りきめはできないわけで、そのような取り決めをしてもそれは入会権についての慣習としての効力をもたないといわなければなりません。したがって、入会集団が認めたからといって、部落を転出した者が入会権をもつということはありえないことです。

それでは、転出者に絶対に入会林野にたいする権利を認めてはならないか、というと、それは必ずしもそうはいえません。すでに権利を認めた以上、入会集団が一定の金銭を支払って買取ることはよいけれども、ただでその権利を失なわせること、すなわち取上げることはできません。権利を買取るといっても相手方が応じなければどうにもなりませんから、その場合は転出者に権利を認めざるをえないでしょう。転出者に権利を認める場合、前述のように立木所有権、配当金請求権あるいは契約利用による土地使用権として認めるという方法もありますが、入会林野の土地に対する権利、すなわち入会林野の所有権（＝共有権）と利用権を認めたのであれば、相手方が応じないかぎり今更それらの権利に変えることは難しいでしょう。そうであるとすれば、結局その転出者に入会林野に対する共有権を認めざるをえないでしょう。

転出者に入会林野の共有権を認める、といっても決してその転出者が入会権をもつことを認めるのではありません。転出者は入会集団構成員になることはできませんから、入会権すなわち入会的共有権を認めるのではなく、転出者に認める権利は入会権ではない共有権、すなわち個人共有権です。

このように転出者に対して認められる権利は個人共有権ですが、この権利を認めると、その林野は入会集団と転出者との共有地になります。たとえば二〇名の入会集団があって入会林野を共同所有（入会的共有）している場合、入会権者の一人である甲が部落外に転出したにもかかわらずなおその林野に権利をもつのであれば、その林野は一九名の入会集団と甲との共有地となるわけです（二〇名の個人共有地ではない）。さらに、乙、丙が転出してそれらの者が依然として権利をもつならば一七名の入会集団と甲乙丙三人との共有地になります。入会林野にたいする各入会権者の持分が等しい場合、仮に二〇名の入会権者中一一名が転出してなお共有権をもつのであれば、九名の入会集団と転出者一一名の共有権者の持分は転出者の方が多くなりますから、転出者一一名がその林野の分割を請求すると、入会集団はこれに応じなければなりません（九九ページ参照）。そうなると入会林野の面積はもとの半分以下の二〇分の九となり、半分以上の二〇分の一一が個人有又は個人共有の林野となり、入会集団から完全にはなれ、無関係の土地となり、入会林野は急速に解体せざるをえません。

もともと、部落から転出してどこに住んでも林野にたいする権利がある、という林野はほんらい入会林野ではなく個人共有林です。入会集団としてはその入会林野を入会林野でなくすという意思を全くもっていなくても転出者に権利を認めれば右のように入会林野でなくなる結果になりますが、それは当然のことで、はじめに転出者に権利を認めること自体が入会権を否定し、入会林野を入会林野でなくすることの第一歩なのです。したがって転出者に権利を認めることは入会林野であることを否定し入会権を消滅させるものであること、を十分に理解する必要があります。

入会集団が入会林野を入会林野として維持していこうという意思を捨てるのでないかぎり、転出者は入会林野にたいする権利を失なう、という慣習をはっきりさせ、入会集団構成員が部落から転出するときに持分権を買取るか、それができなければその者が転出後もつことができる権利は立木所有権、配当金請求権又は契約利用による土地使用権に限られることをはっきりさせることが必要です。

第四話　入会林野と土地所有権

一　入会権と土地所有権との関係

1　入会林野であることと土地所有権が誰にあるかとは直接関係がない

入会権は林野を共同で管理し利用する権利ですから、ある林野に入会権が存在するかどうか、いいかえればある林野が入会林野であるかどうかは、その林野の土地所有権が誰にあるかということと直接関係はありません。

このことは最高裁判所もはっきり認めています。前にあげた、入会権行使一時停止の合意が直ちに入会権の消滅をきたすものではないと判示した〔36〕判決がそれです（三七ページ参照）。古くからの入会権者である旧戸が、原判決（東京高裁判決）は問題となっている林野に部落住民の入会権が存在すると判示しているけれども、その土地所有権が部落住民の共有に属するかどうかにつき審理していないのは審理不十分である、という理由で上告したのにたいして最高裁判所は次のように判示しています。

〔36〕最高裁昭和三二年六月一一日判決

「原判決は、本件山林において部落住民が立木を採取し或は補植する慣習があるという事実を確定しているのであるから、その土地所有権が誰に帰属するかを判断しなければならないものでもなく、それが部落民の共有に属するか否かを断定しなくても違法であるとはいえない。」

すなわち、入会権者である部落住民がその林野の土地所有権を所有（共同所有）していてもいなくても入会林野であることにはかわりはない、といっているわけです。したがって、入会林野の土地所有権が誰にあっても入会権は存在するし、入会権は土地の所有権によって左右されない権利だ、ということができます。

2　入会権と土地所有権とは密接な関係がある

入会権は土地の所有権によって左右されない権利ですが、入会権は土地の上に存在する権利ですから、土地所有権とは非常に密接な関係があります。現に入会権と土地所有権との間にいくつかの難しい問題を生じています。

前述のように、現在私たちが考えている所有権というものは明治以降確立したものであって、それ以前は、少なくとも土地にたいしては現在のような所有権は確立していませんでした。とくに林野は、余り価値をもたなかったものですから、農民にとってはそれを利用することが重要で、土地の所有権は独立したものとして意識されず、利用と所有とが結びついており、林野は共同利用＝共同所有というのが原則でした。したがって入会林野は大体において村中持、みんな持だったのです。

それが、明治の初め林野は官有地と民有地とに区分され、新しい所有権の観念が取入れられてきました。林野は他の物や土地にくらべると所有権という観念の入り方もおそく、とくに入会林野については所有権が余り問題にされずそれまでのような利用が行なわれておりました。しかし、前述のように所有権は物にたいするもっとも基本的な権利ですので、入会林野についてもその土地所有権を無視したり軽視することができなくなりました。

前述のように、入会権は民法で物権とされていますが、物権は所有権を基礎としてくみたてられていますから、入会権も所有権のもつ原則にしたがわざるをえないのです。民法が、入会権を「共有ノ性質ヲ有スル入会権」と「共有ノ性質ヲ有セサル入会権」とに分けて規定したことは、近代的権利の基本的な権利である所有権を基礎として入会権を物権として認めたことを示しています。

所有権というのは非常に強い権利であり、したがって土地所有権も土地の上にある他の権利を支配します（そのため借地法や農地法で土地所有権を制限しているのです）。とくに土地所有権にたいする登記制度の発展は、前に述べたように、実際以上に強力な働きをし、一方、入会権は登記することができないために、入会権と土地所有権との関係をめぐってさまざまな問題を生じそのため紛争を生じているところも少なくありません。

具体的には次のような問題があります。

①　入会林野の土地を入会権者以外の第三者が所有している場合、すなわち共有の性質を有しない入会権の場合、入会権の登記ができないため、入会権者と土地所有者との間に、入会林野の使用方法、時期あるいは入会権があるかどうかについて深刻な争いを生ずることがある。

② 入会林野について所有権の登記名義人（表題部の所有者を含む）と入会権者が一致しないため、入会権者の資格や範囲をめぐり、あるいは入会集団外の登記名義人が入会林野に権利を有するかどうかにつき、紛争を生ずることが非常に多い。

③ 入会林野にはいわゆる部落有、大字有名義のものが多いが、大字や部落の性格がはっきりしないため、それが入会権者の共同所有なのかそれとも大字や部落という（公的な）団体の所有であるかが問題となる場合が多い。

④ 入会権が存在するかどうかはその土地所有権が誰にあるかは関係ないはずであるが、所有権者が市町村や財産区あるいは国である場合、すなわちいわゆる公有地や国有地には入会権が存在しないという説があるが、果してそうであるか。

右の問題のうち、①は主として入会権の公示性に関する問題であり、これについては第二話で述べたとおりです。ここでは、②および③に関連して、土地所有名義と入会権ないしは入会林野の所有権との関係、④に関連して、公有地および国有地上の入会権の問題を取上げることにします。

3 入会林野の土地所有権が誰にあるかは登記簿によって推定する

土地の所有権がだれにあるか、については不動産登記簿あるいは土地台帳が参考になります。というのは、前述のように登記簿はかならずしも真実の権利関係を示しているとはかぎらないし、また土地台帳も課税の便宜のため設けられたものですから、登記簿上の所有権者や土地台帳上の所有者がかならずしも真実の所有者であるとはいえないからです。しかし、登記簿や土地台帳に所有権者または所有者と記載されていることは、その者が土地の所有者であることの有力な証拠となりますので、まずそれによって土地所有者がだれであるかを判断するのが順序でしょう。

そこで、登記簿あるいは土地台帳に記載されている所有権の登記ないし所有者の名義をみるとおよそ次のように分類されます。

① 市町村、財産区

② 会社、法人　　会社、社団法人、財団法人、生産森林組合、農業協同組合、漁業協同組合、農事実行組合など。

③ 部落、大字　　区、郷、組、村（現在の町村ではなく明治初期の村）などを含む。

④ 個人または数人の記名共有　　個人単独所有、代表者（総代）名義、数人記名共有、完全記名共有など。

⑤ 共有　　ただ何名共有、人民共有などと記載されて共有者の氏名が記載されていないもの。

⑥ その他　　神社、寺院、いわゆる任意団体、あるいは架空名義など。

右のうち⑤の共有の名義および⑥の任意団体等はおおむね登記簿の表題部（したがって土地台帳）の所有者表示にかぎられ、登記簿上の所有権登記にはありません。また入会林野には土地台帳にも記載されていない、いわゆる未登記地あるいは脱落地が稀ではありません。なお、国有林野については不動産登記簿に記載されないことになっています。

ところで、入会林野の土地所有名義は、かなり偶然的な要因によって記載されていることが多いようです。

前述のように、入会林野は徳川時代に村持の林野であったのですが、徳川時代の村は現在の町村のような法人ではなく、実在的総合人であり、したがって「村持」というのは村民とは別個に独立した「村」の所有財産ではなく村民共有（＝入会的共有）の財産でした。この村の性格は明治以降もひきつがれ、住民の生活は村を単位として営まれていましたが、その村は、現在の市町村のように純然たる行政団体ではなく、行政機関（自治体）という公的な面と、住民の生活協同体（私的団体）という二つの面をもっていました。行政機関としての村は、納税や戸籍などの公的な事務を管理し、生活協同体としての村は、入会林野や農作業、水利あるいは祭礼など公的な行政とは別の、村びとの生活にかんする私的なことがらを管理してきました。ですから入会林野を村が管理し、村持山とよばれていたといっても、行政機関としての村が管理し所有していたのではなく、生活協同体としての村が入会林野を所有している場合が多かったのです（この点については〔46〕〔67〕などの判決参照）。生活協同体としての村とは、実在的総合人＝総合的実在的団体としての村のことですから、村持山とは住民総有（＝入会的共有）の林野を意味するものであったのです。

このように「村持」山は、明治初年の地租改正により、国有地に編入されたものを除き、すべて村持として所有権が認められ、地券が交付されました。交付された地券の名義は、大別すると、①村持、部落持と、②総代名義、共有名義、とに分かれます。その後地券制度が廃止され、明治一九年登記法

（いわゆる旧登記法で、現在の不動産登記法は明治三二年施行）明治二二年に土地台帳法が制定され、土地台帳上の所有者には地券の所有名義がほぼそのまま記載されました。

明治二二年に市制、町村制が施行され、従来の村を合併して新しい町村が生れました。いままでの甲村、乙村、丙村などが合併して新しく丁村（あるいは丁町）となり、それによってもとの村はそれぞれ丁村甲部落、丁村大字乙、丁村丙区などとよばれるようになったわけです。このとき、政府はもとの村持の林野を新らしく生れた町村の財産にするよう計画したのですが、それを強行すると町村の合併がうまくゆかないので（この事情は最近の町村合併と同じです）、もとの村、すなわち部落、大字、区などがそのまま財産をもつことを認めました。そのため、旧村持山が部落有林、大字有林、区有林などとよばれるようになったのです。ここでいう、部落有林や大字有林とは土地台帳上部落有、大字有と記載されたものだけでなく、総代名義、共有名義などおよそ名義のいかんをとわず、すべて旧「村」持林野のことです。

政府は、その後、これらの旧「村」持林野を市町村有林野にする方針をとり、いわゆる「部落有林野統一政策」をおしすすめました（これについては二三三ページ以下参照）。これによって市町村有になった林野は、ほとんど土地台帳又は登記簿上、部落有、大字有名義の林野でした。部落有、大字有名義のものは以前の「村持」「部落持」であったものであり、政府は、これらの名義の林野は旧村持財産だからほんらい新しい市町村の財産にすべきだ、という考えに立ってこれを市町村有に移転させました。しかし、旧村持山は村民共有の林野であることが多かったのですから、これらの林野を市町村有にすべきであったかどうかは問題のあるところです。

このようにして市町村有に統一された旧村持山は、実態は別として一応市町村の所有となっています。後で述べるように、この部落有林野統一は法律上の根拠がなく行なわれたものですから、すべての部落有林野が市町村有になったわけではなく、部落有、大字有のままで残ったところも少なくありません。ただ、実際上政府の前述のような考え方で、部落有、大字有の名義の林野が主に市町村有への統一の対象となったものですから、部落有林の市町村移転に反対する入会権者たちは、部落有、大字有名義の林野を、入会権者全員又は数名の記名共有名義にしたり、あるいは、法人（社団法人、財団法人、会社など）を組織して、その名義で登記をしたりあるいは神社やお寺の名義にしたところも稀ではありません。また、中には、部落や区は市町村の一部であるという考え方から、これを市町村と同じような公共団体であるという理由で区会を設け区有名義とし「財産区」有としているところもあります。

このように、同じような入会林野＝部落有林であっても、その土地所有名義はさまざまであり、そのような土地所有名義になった経過にはいくらかの偶然的な要素があるようです。というのは、その当時の入会権者である部落住民たちが、その入会林野にとってもっとも実情に適しかつ合理的であると判断した結果土地所有名義を決定したとはかならずしもいえない、と思われるからです。ただ、入会権者たちが意識的に住民の記名共有名義にしたり、あるいは法人を設立してその法人名義で登記をした林野については、少なくとも、当時の住民がその入会林野を、公有的な財産ではなく自分たちの私的な共有財産（私有財産）であると考えたからであり、また区会を設けて財産区財産としたことは、同じ公有財産であっても市町村の財産ではないことをはっきりさせる意思のあらわれと見るべきですから、これらの所有名義になった経過を軽視することはできません。

二　土地所有名義による入会林野の所有権者

1　入会林野の土地所有権が誰にあるかは実質的に判断しなければならない

つぎに、これらの所有名義につき、その林野の所有権者が誰であるか、したがってその入会林野は共有の性質を有する入会地であるかどうかを検討します。

(1)　市町村、財産区

市町村や財産区は地方自治法で地方公共団体であると規定され、市町村や財産区の住民とは別個の法人――公法人――です。したがって市町村有、財産区有の土地は住民の共有地ではありませんから、市町村有、財産区有の入会林野は地役入会地であり、入会権者である住民の権利は地役入会権です。ただ、市町村有、財産区有地上の住民の権利は地役入会権ではない、という見解がありますので、これについては後にくわしく申します（二四八ページ参照）。ただ、ここにいう市町村とは、現在の市町村あるいは最近合併される以前の市町村、正確にいえば明治二二年市制、町村制が施行されてのちの市町村、をいうのであって、それ以前の町や村――現在の大字、部落に相当する――は含まれません。その町や村は大字、部落あるいは財産区と同じ部類に入ります。

市町村や財産区の名義で登記されたり土地台帳に記載されていても、便宜的にその名が記載されているにすぎない場合もあり、また合併前の市町村の名義で登記されている場合に果して現在の市町村に所有権があるかどうか疑わしい場合もあって、真実市町村有、財産区有であるかどうか問題となる場合が少なくありません。とくに問題になるのが財産区の場合であって、一般に財産区有とよばれている入会林野が実は住民共有であったり、あるいは実質住民共有の林野であるにもかかわらず土地台帳上部落有、区有等と記載されているため財産区有として取扱われたりすることが少なくありません。ある入会林野が財産区有であるか、住民共有であるかは、(3)で述べることにしてここでは「財産区」について概略を説明しておきます。

財産区とは何か

財産区とは、「市町村の一部で財産を有しもしくは公の施設を設けているもの又は市町村の廃置分合、境界変更の場合において協議にもとづき市町村の一部が財産を有し若くは公の施設を設けるものをいい、その財産又は公の施設の管理処分については、市町村等の財産又は公の施設の管理処分に関する規定による」（地方自治法第二九四条一項）とされています。やや分りにくい規定ですが、かんたんにいうと、①市町村の一部で財産を有するもの、②市町村の合併分離、境界変更のとき協議によって市町村の一部の財産となったもの、を財産区といい、財産区の財産管理については市町村財産の管理と同じような取扱をする、ということです。

この財産区に関する規定は、地方自治法の前身ともいうべき「市制」「町村制」（どちらも法律の名称）の規定をひきついだもので、市制、町村制には現在の地方自治法とほぼ同様の規定がおかれていました（ただし、市制、町村制には法律の条文上財産区という名称はありませんでした）。

この財産区制度は、前述のように明治二二年、市制、町村制が施行され、徳川時代からの「村」が合併して新らしい町村が生れるにあたり、これらの「村」の財産を新しい町村の財産としてひきつがせようという政府の方針が住民の反対にあって強行できなかったため、新町村の一部となった旧「村」すなわち部落に林野そのほかの財産をもつ権利の主体（所有者）としての地位を認めるために生れた制度です。ですから、市制、町村制では、「市又は町村の一部で財産を有し又は営造物を設けたものがあるとき」だけを独立の財産主体（すなわち財産区）とし、新らしく財産区をつくることは認められませんでした。この財産区というのは法律上もいろいろあいまいな点があり、また市町村行政上も財産区をおいておくのは問題があるというので、財産区の財産を市町村財産に統一移転するいわゆる部落有林野統一政策がとられたことは前述のとおりです。戦後、大幅に行なわれた町村合併でこの財産区制度がまた問題となりました。つまり、町村合併において合併前の町村の財産をすべて合併後新しくつくられる市町村の財産とするという方針をつらぬくと、旧町村住民が、入会林野を新市町村にとられるという理由で町村合併に反対し、町村合併そのものができなくなるおそれが多分にありました。そこで、合併する町村の間の財産処分の協議によりあらたに財産区をつくることができるようにするため地方自治法が改正されて、財産区は従来あるもののほか、町村の合併分離、境界変更の場合にかぎり関係町村間の協議によって新らしくつくることができるようになり、地方自治法上はっきり財産区という名称がつけられ、また財産区の管理運営についてはいくつかの規定が設けられました。

財産区は通常新財産区と旧財産区とに分けられます。これは法律上正式な呼び名ではありませんが、新財産区とは、主に昭和二八年町村合併促進法以後の町村合併あるいはこれに伴う分離、境界変更によって生れた財産区です。大体において、甲村と乙村とが合併して丙町となるにあたり、たとえば甲村は村有林があるけれども乙村にはないという場合に、甲村有林をそのまま丙町有林にせず、これを丙町甲財産区有林としてのこす、という目的でつくられたものです。したがって、新財産区有林というのは概して最近合併した市町村に多く、その前身は合併前の町村有林だったのであり、したがってその林野が、財産区有の林野であるか、それとも住民共有の林野であるかが問題になることは少ないでしょう。この場合にはかならず新たに財産区を設置する旨の協議書があるはずです。

これに対して旧財産区とは最近の町村合併以前からある、おそらくは徳川時代の村であったもので、市制、町村制により、市町村の一部で財産を有するもの、とされた、いわゆる部落有財産です。これらの財産には果して財産区の財産なのか、それとも部落住民共有の財産であるのかはっきりしない場合が少なくありません。

財産区についての規定はかならずしも十分ではありませんが、地方自治法など法律の規定によればおおよそ次のようにいうことができます。

①　財産区は従来あるもののほか、市町村の合併分離あるいは境界変更に伴なう協議による以外新たにつくることができない。

②　財産区の管理者は市町村長であって、必要があるとき都道府県知事は、条例を制定し、財産区議会又は総会を設けることができる。財産区議会又は総会がおかれないとき、市町村は条例で財産区管理会をおくことができる。

③　財産区の財産は公有財産とされ市町村有財産と同じ取扱をうける。したがって財産区の財産には固定資産税が賦課されない（地方税法第三四八条一項）。

④　財産区を廃止し、あるいは重要な財産を処分するには、これをその財産区がある市町村の財産とする場合を除き、原則として知事の認可をうけなければならない。

(2)　会社、法人

入会林野を所有している法人には、社団法人、財団法人、あるいは生産森林組合、農業協同組合、会社などがあります。前に述べたように法人はその構成員とは別個の団体（ただし財団法人には構成員はない）であり、法人の財産はその構成員の共同所有の財産ではありません。したがって、会社とかその他の法人所有の林野は入会権者の共有の林野ではないので、入会権者の共有入会地ではないことになります。ただ、この場合も(1)と同じようにただ名義を借りただけならば、入会権者の共有入会地であるといえます。そうでなければ実質上法人の所有地だ、ということになりますが、生産森林組合とか農業協同組合などの所有名義の入会林野は大体においてその組合の組合員と入会権者は一致しているようですから、これは実質上共有入会地と解してよいと思われます。同じことが社団法人や財団法人あるいは会社等についてもいえます。会社の場合でも、パルプ会社とか林業会社とか、その土地に事務所や事業所がなく、その部落に関係のない人々が株主になっている会社の所有地であるならば、完全に地役入会地ですが、その部落の入会権者だけが構成員になっている会社あるいは法人の所有地は、実質的に共有入会地と解してよいと思います。なお、農事実行組合は、戦時中法人とされていましたが、現在は法人ではありません。したがって、他の法人にひきつがれていないかぎり、部落住民の共有入会地であると解してよいでしょう。(戦前の施業森林組合の所有名義になっているものも同様です。) 一般に解散した法人の財産は、清算がすむまでは清算人がこれを管理することになっています(民法第七八条)。

なおここで注意しておかなければならないのは、生産森林組合又は農業生産法人(農地法第二条七項に規定する要件を備える農事組合法人および合名会社、合資会社、有限会社)所有名義となった入会林野についてです。入会林野がこれらの所有名義になったのはいずれも比較的最近のことですが、生産森林組合や農業生産法人(これについては第六話で説明します)の所有名義になるともはや入会林野ではない、と考えるのは正しくありません。もっとも、入会林野整備(第六話で説明)によって生産森林組合又は農業生産法人を設立した場合には、入会林野整備によって入会権は消滅しますからもはや入会林野ではないといえますが、入会林野整備に関係なく生産森林組合又は農業生産法人を設立した場合には、入会権が消滅したとはいえません。これらの組合や法人はその構成員の持分出資によって設立されますが、各入会権者がその入会権（持分権）の持分を出資したのだから、もはや組合員である住民は入会権（持分権）をもたなくなり、したがって入会林野ではなくなった、という解釈をとる向きもありますが、ほんらい集団的な権利である入会権を個々に出資することができるのかどうか疑問です。かりに入会権を出資することができるとすれば、その出資をうけた生産森林組合や農業生産法人が入会権を有することになりますが、これらの組合や法人は、社団である法人でその構成員である部落住民とは別個の存在ですから、そのような社団が入会権をもつことはありえないことです。このことは生産森林組合や農業生産法人にかぎらず、その他の法人や会社の場合でも同じです。

それでは、このような法人である組合や会社所有名義の入会林野をどのように考えるかというと、およそ三つの考え方があります。

①　それらの組合や会社やその他の法人（以下、法人と略称します）の所有となっているのは、単に名義だけのことであり、実質は入会権者の共同所有で法人の名義を借りているにすぎない、という考え方。それらの法人が法人らしい活動をせず有名無実の場合にはこの考え方をとることができます。

②　共有入会権者である住民が、そのうちの土地所有権だけをそれらの法人に贈与し、入会権のうちの土地利用権はそのまま入会集団に残る、という考え方。つまり、住民共有の入会林野の土地所有権を市町村に贈与（移転）するのと同じ考え方です。この場合にはそれらの法人が土地所有権を有し、住民は利用権だけを有する、すなわち住民の権利は地役入会権だということになります。この考え方

がもっとも妥当でしょう。

③　それらの法人の設立行為（具体的には出資など）に、各入会権者の入会権を消滅させるという意思表示があった、とみる考え方。従来の入会林野の利用方法を全くやめ、以後すべて会社や組合の経営に委ねる――すべて会社や組合の経営計画にもとづいて育林などの利用をする――という組合員の意思がはっきり確認される場合にだけ、このような考え方をとることができるでしょう。当然のことながら、この場合その林野は入会林野でなくなります。

(3)　大字、部落

これには、大字、部落、区、郷、組、村（この村は現在の町村にあたる村ではなく、おおむね現在の大字などにあたる明治初期の村）などがありますが、ただ大字〇〇、〇〇部落と記載されたもののほか、大字〇〇共有、〇〇部落共有と記載されたものがあります。

これら部落や大字など（以下単に部落とよぶことにします）の所有の林野とは、すでに述べた、部落有という言葉の意味を考えれば明らかなように、部落住民（正確には部落の入会集団構成員）の共同所有の林野を意味するものです。したがって部落有の入会林野とは、入会権者である部落住民がその土地を共有している林野であり、部落住民はその林野に共有入会権を有しているわけです。

しかしながら、これとはちがった見解があります。

第一は、部落有とは部落住民共有を意味するのではなく、「市町村の一部」である部落、すなわち財産区の所有である、という見解です。この見解によれば、部落とは市町村の一部を構成し、財産区という公法人であり、部落有地は財産区の所有地であるから部落住民はその土地所有権を有せず、ただその林野を使用する権利を有する、ということになります。したがって、入会権者である部落住民の権利は共有入会権ではなく地役入会権であることになりますが、財産区有地についても市町村有地と同じように住民の権利は入会権ではない、という見解があります。

第二は、部落という団体は財産を所有することができないはずであるから、現在部落有として残されている財産はすべて市町村有の財産である、という見解です。この見解を述べる人の中には、部落は法人ではないから財産を所有することができないのだ、と考えている人もあるようですが、法人でない団体が財産を所有できないというのは、前述のようにきわめて初歩的な誤解ですので問題になりません。むしろこの見解の根拠となっているのは、昭和二二年、部落会、町内会解散についての政令第一五号（いわゆるポツダム政令）であって、これにより、個人有にされなかった部落会の財産はすべて市町村の財産とされたから、現在部落有のまま残されている林野はすべて市町村有林野である、というのです。

そこで、前述の見解について検討します。

まず第二の見解ですが、ポツダム政令といわれる政令第一五号は、次のようにいっております（第二条）

「この政令施行の際現に町内会部落会又はその連合会に属する財産は、その構成員の多数を以て議決するところにより、遅滞なくこれを処分しなければならない。

前項に規定する財産でこの政令施行後二ヵ月以内に同項の規定により処分されないものは、その期間満了の日において当該町内会部落会又はその連合会の区域の属する市町村に帰属するものとする。」

この政令を根拠として、この政令施行後二ヵ月以内に部落住民が処分しなかった部落の財産は、すべてその部落のある市町村の財産となった、というのがこの第二の見解なのです。

しかしこの政令にいう部落会とは昭和一七年町村制の一部改正により設けられた部落会のことで、その部落会の財産を処分せよ、という規定です。部落有林野は、部落住民集団の財産であって部落会の財産ではありませんから、ほんらい右の政令には関係がないのです。もっとも、この政令の施行に伴なって部落有林野を市町村有にしたり住民に個人分割したり、あるいは住民の記名共有名義の入会林野にした部落もありますが、これは部落会の財産と部落の財産とを混同したものです。しかしその財産処分――個人分割や名義の変更――じたいは有効です。この政令は部落会の解散、その財産処分についての指示であって、部落の財産処分の指示ではありませんから、この政令後、部落有財産として残されても一向差支えないわけです。ですから現在部落有の林野はあくまでも部落有の林野であって市町村有の林野ではありません。

つぎに第一の見解ですが、この見解を検討する前に、財産区についての規定を整理しておきます。前述（一六九ページ参照）の財産区にかんする規定からいって、次のどれかにあたる林野は特別に反対の証拠がないかぎり財産区有の林野であると考えられます。

① 土地台帳又は不動産登記簿上、○○財産区有と記載又は登記されているもの（ただし、ただ○

○区と記載されているものを含まない）。

②　市町村の合併協定書によりその林野につき財産区を設けることが決められているもの。

③　その財産（部落有林野）につき、地方自治法に定める財産区議会又は総会あるいは財産区管理会が設けられているもの。

④　その財産の処分、管理について市町村の条例、規則等が制定されているもの。

⑤　その財産に関する毎年度の予算、決算が市町村議会の議決を経て実行されているもの。

⑥　その財産に対する固定資産税およびその財産から生ずる収益に対する市町村民税が公有財産であることを理由として賦課されていないもの。

右の各号のうちとくに、②③がもっとも重要で、このどちらかにあたるものは財産区の財産だといえますが、他の各号についてはたまたまその一つにあてはまるからといってただちに財産区有だとは断定できません。たとえば、土地台帳上財産区有と記載されていたり、その土地に固定資産税が賦課されていなくても、登記や土地台帳の記載が必ずしも真実を反映しているとはいえないし、また何かの事情で固定資産税が賦課されないこともありますから、そのことを理由にして、財産区の財産であると断定することはできません。

部落住民共有か財産区有かを判断する基準

そこで、ある林野が財産区有の林野であるか、それとも大字（部落）住民共同所有の林野であるかを具体的に決定するいくつかの基準をあげることにします。

① 以前部落有林野であったものがすべて市町村有林野となり、その結果部落有財産がなくなり、その後その林野が部落に売払われてふたたび部落有の林野となったものは、部落住民共有の入会林野であって財産区有の林野ではありません。なぜなら、仮にかつて部落有林野が財産区有財産であったとしても、その林野がすべて市町村有財産となって財産区固有の財産がなくなれば財産区は消滅し、財産区を新らしくつくることはできないので、その林野が部落に還元されても、その財産をもって財産区の財産にすることはできないからです。

裁判所もこのことは、はっきりみとめております。次の判決は、右のように売払いをうけた部落有林が財産区の所有に属するかどうかが争われた事件に対する判決です。

〔34〕大阪高裁昭和三〇年一〇月三一日判決

「財産区は……財産又は営造物と離れては存在せず、若し処分その他によってこれを失ないその管理処分事務が終ったときは財産区は消滅し、以後は単なる市町村の一部として独立した人格を有しないこととなるから、もはや財産権の主体となり得ない筋合である。従って以後当該部落住民全員のため財産を取得しても法律上は部落住民の共有若くは総有となるべきものであって、財産の取得によって新たに財産区という法人が成立するものではない。」

したがって、財産を全くもたない部落が国有林野の売払い（不要存置処分あるいは国有林野整備等による）をうけてもそれは部落住民共有の林野であって財産区有の林野とはなりません。

② 財産区に対しては固定資産税を賦課することはできません（地方税第三四八条一項）から、その林野に対して固定資産税が賦課されていれば、その林野は財産区有ではなく住民共有です。しかし、

固定資産税が賦課されているから財産区有ではなく、したがって住民共有であるとはいえても、固定資産税が賦課されていないから財産区有であるとはいえません。明らかに財産区の財産であることを理由として固定資産税が賦課されていない場合だけ、財産区の財産であるとみるべきです。

なお、固定資産税は戦後地方税法の施行により市町村税として賦課されることになったのですが、戦前は土地に対して国税である地租と市町村税である地租附加税が課されていました。そして地租は、「府県、市町村其の他勅令を以て指定する公共団体において公用又は公共の用に供する土地」には課税されないことになっており、右の、勅令を以て指定する公共団体には財産区も含まれましたが、課税されないのは公用又は公共の用に供する土地だけでした。財産区有の入会林野はかならずしも公用又は公共の用に供する土地とはいい難いので地租や地租附加税が賦課されたところもあるようです。ですから、戦前に地租ならびに地租附加税が賦課されたか否かは必ずしもその林野が財産区有であるか否かの決め手にはなりません。

これに対して固定資産税は、財産区に対して、その財産の使用目的如何をとわず賦課することができません。ですから、財産区有林野に固定資産税を賦課したりしなかったりすることは許されません。もし、固定資産税を賦課したりしなかったりすることがあればそれは財産区の財産でないといわなければなりません。ただ、地租から固定資産税への切りかえのときに、誤って財産区に対して固定資産税を賦課した例がないではありませんが、このように、明らかに市町村の過失によって課税した場合は別として、それ以外固定資産税が賦課されているならばそれは財産区財産ではないと解すべきです。

なお、部落有（あるいは市町村有）入会林野に固定資産税相当額の使用料を支払っており、それが使用料ないし借地料なのかそれとも固定資産税なのか部落の人々にははっきりしない場合がありますが、その納入書が税務課から発行される納税通知書なら固定資産税であり、財産管理担当の課から発行される通知書なら使用料又は借地料です。

③　部落有林野を売買したり、あるいは個人に分割するときに、市町村長名義ですることがしばしばあります。財産区財産の管理者は市町村長ですが、市町村長の名で財産の処分（売買など）をするから財産区の財産だとは必らずしもいえません。部落有林が市町村長の名で処分するのは市町村長がその林野の管理者であるからであり、したがってその部落有林は財産区の財産だ、というのは余りにも早まった考え方です。部落有名義で所有権の登記がされている林野を売却したり個人分割するときに、部落は法人ではないからその名で分筆や移転登記をすることができず、またその部落住民入会権者全員の名ですることも登記手続上問題があるので、便宜上市町村長を財産管理者としてその名前で、分筆や移転登記手続をしているのです。市町村長の名で部落有林野を処分するのはいわば便法にすぎないのであって、市町村長がその財産を処分していることは財産区の財産であることの証拠にはなりません。部落有名義の林野を入会権者である部落住民の名義に変更したり、あるいはそれ以外の第三者に売却するにあたり、それが部落有林野のごく一部であるならばともかく、相当な部分を占めるとき、もしその林野が財産区の財産であるとすれば前に述べた理由により知事の許可なしに市町村長が、単独で右のような処分をすることはできませんから、そのような処分ができるということは、その林

野が財産区の財産でないことを証明することになります。

④　財産区には、通常議会か総会あるいは管理会かの機関がおかれます。財産区の管理者は前述のようにその財産区のある市町村の市町村長であって、市町村長は市町村議会の議決を経て財産の管理処分をすることができます（ただし前述のようにその財産を市町村の財産にする場合を除き、重大な財産の処分などについては知事の許可を得なければならない）ので、これらの機関はかならず置かれているとはかぎりません。だが、財産区は、市町村の中にあって市町村とは別個の存在であり、市町村全住民の意思と財産区のある地域の住民の意思とはかならずしも一致しないわけですから、市町村長が市町村議会の議決を経て財産区の財産を管理処分することができる、というのであれば財産区をおいた意味はほとんど失なわれてしまいます。むしろ、財産区はかならずしも市町村議会の議決に服さず、財産区の管理運営にはその住民の意思を反映させるのが財産区制度をみとめた本来の趣旨に合致するといえるでしょう。そのように財産区の住民の意思を反映させる機関として議会、総会または管理会等があるわけであって、財産区を市町村とは独立の存在として運営するにはこれらの機関がおかれるのがむしろ当然でしょう。

財産区議会、財産区総会または財産区管理会はどれか一つしかおけません。これらの機関がおかれているときは、市町村長は財産区の財産処分につき、市町村議会ではなくこれらの機関の決議（管理会にたいしては同意）を得なければならないことになっています。

〔**判決**〕つぎに、ある部落有林野が住民所有かそれとも財産区の所有であるか問題となった事件について具体的に判決をみることにします。

〔事実〕これは、戦前、部落有林野統一が行なわれるにあたり、長崎県諫早町、本野村（ともに現在諫早市）では、町村長が、土地台帳上部落有と記載されている林野を、町村の一部（財産区）の財産であるとして両町村有に移転しようとしたところ、両町村五部落の住民がこれに反対し、その林野が五部落住民の共有に属することの確認を求めた事件に対する判決です。

〔18〕長崎地裁大正一二年一二月一七日判決

「本件山林は藩制時代から部落住民が藩に一定の貢金を出して使用収益し、廃藩後は住民が山林の副産物の採取はもとより立木の払下伐採をし、一方で植林を行ない、山林の毛上のみならず地盤をも部落住民の所有として占有してきたのであるが、明治九年地租改正の際所有部落住民の数を取調べ山林から生ずる純収益は前示の戸数に応じてそれぞれ配分することにきめ、以後各部落住民の戸数に異動を生ずることがあっても大体における配分率は変更せず、ただ異動を生じた部落は部落限りの計算で適宜その住民に収益を配分してきたことがみとめられる。したがって部落住民は慣行により本件山林に対し毛上はもとより地盤も共に部落住民の所有として共同使用権すなわち共有の性質を有する入会権を取得したと認めざるをえない。

両町村長は土地台帳の所有名義が部落有となっていると力説するが、明治九年地租改正当時作成された地所取調帳には本件山林の所有名義は各部落の総代名義となっており、これは、五部落とも各総代においてそれぞれの住民を代表する趣旨のもとに各部落の総代一人づつを所有者として掲げたのであって、住民と対立する別個の団体である部落を代表する趣旨に出たものではないことがうかがわれる。右のように公簿上所有者として総代の氏名のみ掲げ各部落住民の名義が連記してなかったところから本件林野は其後町村役場等における公簿上は部落有として取扱われるに至ったことが明白である。然し、本件山林に対する権利行使の状態は右公簿上の記載の前後によりいささかも変化がなく、公簿に何の記載もない当時から現在まで引つづき部落住民が自ら権利者として使用収益してきたことが明らかであるから、右の公簿上の記載は事実に合致しないだけでなく、公簿に部落有と記載されるに至った事情をかんがみるとこれらの公簿に右のような記載があるという事だけでは、本件山林が住民の共有に属するという認定をくつがえすことができない」

〔事実〕この事件のいきさつはよく分りませんが、岩手県小本町の袰野《ほろの》区有とされている林野が区住民の共有か、それとも市町村の一部である区の所有であるかが争われたもののようです。

〔28〕大審院昭和一七年九月二九日判決

「区民は明治以前より本件土地の地盤並びに毛上一切を総有し、かつ自家用薪材秣等を自由に採取し自家用建築材は区民代表者の承認の下に各自之を伐採し、その他の立木は区民総意の下に之を処分するなど共同で収益しうる権利を有し、その権利は区民たる資格と共に得喪される慣習がある、という事実によれば袰野区民は本件土地につき共有の性質を有する入会権を有するといわなければならない。したがって、袰野区民が本件土地の地盤並びに毛上を総有することとすなわち本件土地につき共有の性質を有する入会権を有する以上本件土地が袰野区の所有に属し従ってその管理処分権が同区の存する小本村にあるということはできない。」

〔事実〕これは、千葉県鴨川町和泉区および滑谷《ぬかりや》区の住民が、和泉財産区を相手として、同財産区有となっている山林にたいして共有の性質を有する入会権を有することの確認を求めた事件です。この山林は、明治初期まで和泉村など四ヵ町村の共有入会地でしたが、地租改正に伴なう所有権の確定について四ヵ町村の間で紛争を生じたため、官有地に編入されてしまいました。しかし四ヵ町村住民が共同で払下を申請し六ヵ月後に四ヵ町村共有名義で払下をうけ、明治二二年村制施行により四財産区共有名義となり、四財産区にはそれぞれ区議会がおかれ、昭和一二年に四区議会協議の上で四区共有山林を四区で分割することになり、同年分割の登記が行なわれました。本件山林は右分割の結果和泉財産区名義で登記されている林野ですが、裁判所は次のように判示しています。なお官有地編入に伴ない入会権が消滅したかどうかも争われていますが、その点は四で取上げることにします。

〔41〕千葉地裁昭和三五年八月一八日判決

「㈠一旦民有地と査定され和泉村に地券を下附すべき旨の示達まであったものを関係町村間に紛争があったために官有地に編入してしまうことは元来無理で違法な処分であったこと。

㈡関係町村住民等は古くから本件林野につき入会権を有していたが、官有地となり右権利を失なっては死活に関するというので初め民有地にそのまま復帰するよう運動したのであるが千葉県の方針に基づき払下げを受けることとなったもので、その目的は右林野につき従来のように権利として入会山稼ぎをしたいためであったこと。

㈢千葉県は払下げに先だち共有山林管理方法規約書をつくらせた上払下げをしたこと。

㈣払下代金を和泉村住民に一戸当り均一の金額を出金させかつ払下代金については町村会の議決を経た形跡がないこと。

㈤右代金の納入は戸長により行なわれず町村総代等により行なわれたこと。

㈥右林野の官有地名義であった期間は満六ケ月にも足らず、……町村総代等と県当局とが払下げにより民有地とすることの了解が成立した九月以降においては、当時の状況から見て住民等が入会山稼ぎに従事したことを十分に推認できるから、住民等が入会稼ぎを一時中止されたとしてもその期間は極めて短期間であったこと。

を考えれば、前記払下げの後においても四ケ町村住民等は権利として本件山林に入会うことができたと見るのが無理のない自然な見方と言わなければならず、そして払下を受けたものは和泉村住民団体外三つの町村住民団体（「実在的総合人」「部落協同体」「部落民の総合的全員」「住民の統一的な総合体たる部落」などと言われるもの）であると言わなければならない。当時町村は未だ行政団体としての町村と右のような町村住民団体とに明白に分れる以前であり両者とも町村と言われていたから、町村名義で払下げられ、町村名義で払下による所有権取得登記がなされたといっても行政団体である町村が払下を受けたものと速断することはできない。又町村合併に際し払下林野につき財産区が設けられたが、このことだけにより逆に払下を受けたものは行政団体である町村であると断定するのは正しくない。

明治二二年の町村制施行の際における町村合併により和泉村は東条村大字和泉……となったが、その際東条村和泉区ほか四つの各財産区が設けられ、本件山林の登記簿上の共有名義が和泉等四財産区の共有名義に変更され、右林野も財産区に属する財産として取扱われ、財産区の名義をもって右林野に対する公租公課が賦課され、納入されてきたことについては当事者間に争いがない。しかし、……本件林野を払下所有する者が住民団体であり、その土地につき入会権が存し、いわゆる「数村持地入会」の状態にあったとすれば右林野についての権利は正に「民法上の権利」といわなくてはならないから、右財産は町村の合併には関係なく、これについて財産区は設定すべきものではなかったと言わなくてはならない。」

〔43〕長崎地裁昭和三六年一一月二七日判決

〔事実〕これは長崎県五島の日島村(現在若松町)間伏《まぶし》郷有林において、その地上の立木とその土地所有権の帰属が争われた事件です。間伏郷の住民甲は、同郷の他の住民ならびに日島村を相手として、地上の立木は自分が植栽したのであるから自分の所有物であること、立木を所有することにより地上権を時効取得したが、本件山林は郷有となっているけれども郷有は法律上認められないから村有であり、したがって土地所有者である日島村は地上権を登記する義務を負う、と主張しました。郷の住民は本件山林は日島村有ではなく郷住民総有の入会林野であると反論しましたが、村は格別何も主張しておりません。結局本件は、郷有の山林が村有であるかそれとも住民共有であるかが争われたわけです。

「⑴間伏郷保存の旧記によれば間伏郷の係争山林は、昔時藩主より同郷滝ヶ原および石司《いしづか》の地方百姓に与えられた旨の記載があること。

⑵右滝ヶ原および石司住民は、右山林につき入会権を行使していたこと。

⑶日島村長は、明治三二年九月一一日、滝ヶ原および石司住民が従来有していた間伏郷有山林の入会権を、同郷住民の全部において共有する旨の議案を同村議会に提出し、同議会は、翌一二日、原案どおりこれを決議するに至ったけれども、この決議に対しては右滝ヶ原および石司住民が強い不満を表明したこと。

⑷その後、右間伏郷内の山林につき右滝ヶ原住民と間伏住民の間で入会権の帰属が争われたが、大正七年七月一三日に至り、間伏郷六部落間において、(イ)間伏郷持の山林、原野、畑、宅地一切は従来の慣習により各部落ごとに使用区域が定められているところにしたがい使用収益すること。(ロ)右使用区域にかかる公課一切は、各持分に応じてその部落が分担すること。(ハ)滝ヶ原住民は、その有する字白岩四町五反歩を間伏住民に使用収益の権利全部を永遠に譲渡すること、等の条項を含む主として入会権に関する協定が成立して現在に至っていること。

⑸前記日島村内には、本件各土地以外にも間伏郷所有名義の土地が現存すること。

以上認定の各事実と前記旧町村制施行中の昭和三年に本件土地がいずれも日島村間伏郷の所有として登記されている事実をあわせ考察すれば、他に特別の事由のない本件においては、日島村間伏郷は、右町村制施行中から現在に至るまで、「市町村の一部」または財産区としての独立の法人格を有しているものであり（ただ、同郷に固有の議決機関があるとは認められないので、その権能は、同郷の属する日島村の議会がこれを行使することとなる）、本件各土地は、おそくとも前記の登記がされた昭和三年四月一七日頃から現在に至るまで、日島村間伏郷の所有に属しているものと認めるのを相当とする。」

〔事実〕これは、奈良県御杖村桃俣区有の山林に、村長が第三者乙にたいして植林のため地上権を設定したところ、同区の住民甲が、乙を相手として、乙の地上権は甲ら同区住民の入会権を侵害するから無効だと主張した事件です。第一審奈良地裁判決は甲の主張を認めなかったので、甲は控訴して、本件山林は桃俣区住民の共有入会地であって財産区有地でないから、村長は所有者である住民の同意なしに地上権を設定したことになるので、地上権設定は無効であると主張しましたが、以下は、本件山林が桃俣区有地であるかそれとも区住民の共有地であるかについての判決です。

〔45〕大阪高裁昭和三七年九月二五日判決

「本件山林は、明治二一年町村制の施行により、御杖村の特別区としての大字桃俣区有林とされたので、同村長の要請により宇陀郡参事会において、本件山林を管理処分するために準拠すべき規定として、同二三年五月一五日、町村制第一一四条により区会条例を制定し、同村内の桃俣外三大字にそれぞれ区会を設け、桃俣区会においては同三四年三月八日、区民一致をもって桃俣区共有山地管理規約書を作成し、爾来、右規約に基いて本件山林を管理処分してきたこと、御杖村長丙が桃俣区代表者として右管理規約の定めるところにより、本件地上権を設定したことがそれぞれ認められ、同村長が前示管理規約に従い区有財産の管理処分をなし得ることはいうまでもなく、村長が右規約に従い処分する場合に、入会権者に対し、新たに損害を蒙らせるような事情のない限り、入会権者の同意を要しない。」

〔事実〕これは、鳥取県国府町法花寺区と三代寺区の共有に属する入会林野の管理利用につき、両区の意見が対立したので、法花寺区が三代寺区を相手としてこの入会林野の分割を請求して訴を起し、その中で、両区有が財産区有を意味するか、つまり二つの区が財産区であるかどうかが争われた事件に対する判決です。この入会林野は土地台帳上「法花寺村、三代寺村、村中」と記載されていますが、法花寺村、三代寺村は明治初年それぞれ独立した村であり、その地域は明治二二年町村制の施行により字倍野村大字法花寺、同三代寺となり、その後さらに町村合併によって国府町大字法花寺、同三代寺となりました。

〔46〕鳥取地裁昭和三八年九月二七日判決

「本件当事者である法花寺区、三代寺区がいわゆる「旧財産区」であるためには、旧町村制施行以前から当時の公共団体たる独立した行政単位としての「旧村」として財産又は営造物を所有していた事実が認められなければならない。法花寺、三代寺両区域に住む住民はおそくとも明治初年から現在に至るまで、各地域毎に集団を形成し農業協同生活を営み、両大字間には権利の差なく世帯単位で本件山林に慣習的に入会ってきたもので、住民はそれぞれ長年の共同生活をつうじて形成された各地域単位の規約にもとづき、それぞれ農業協同生活体の代表機関たる区長および伍長数名の役員を各地区単位の住民総員の会合で互選し、その年の農業の計画や川魚の漁獲権の入札等を協議決定し、また区会で本件山林の入会に関する諸事項、すなわち入会地の道路の敷設や修繕、労務の割当て、入会山林の消防、監視に関する事項、入会収益の分配方法に関する事項を決定し、右入会に関して両区で必要な場合には各区長および伍長が団体構成員を代表して交渉に当るほか、このような集団的農耕入会地の管理に要する費用および租税は通常入会収益や諸種の入札収支の積立金でまかない、必要に応じ戸数割で徴収してきたことが認められ、この区長や区会は明治初年の行政単位たる旧村の行政機関としての村長、村会、戸長さらに旧町村制第六八条の区長、同一二五条の財産区の区会とは明らかに無関係なものと考えられる。したがって、法花寺、三代寺各地域にはおそくとも明治初年頃にはすでに農耕と入会生活を契機とする地域的農民生活協同体が行政上の村とは別個に存在していたものと認めることができる。そして……地租を古くから前記のような農民協同体の出金において納めてきたこと、入会山畑の賃貸による宛口米（賃料）は両区で戸数割に分配したこと、その他入会山林に関しては両部落民は「住民みんなもち」の意識を有し、入札せり売境界確定、立木窃取者に対する科金決定、山番設置等を実施してこんにちに至ったことが認められ、反面公共団体たる旧時代の村、町村制時代以後の町村、村会、町会、町等が本件山林を管理してきたことは全く認められない。したがって、本件山林は、権利能力なき社団たる大字法花寺区大字三代寺区が右両村村中持の名義で地券交付をうけた民有地であって、右両団体の共有に帰属し、各団体においてはこの共有持分権をその構成員たる各世帯がいわゆる総有の形態で共同所有するものと認めるのが相当である。

以上のとおり旧町村制施行前の独立行政単位たる法花寺村および三代寺村は財産又は営造物を有しないのであるから、その後身というべき法花寺区も三代寺区も「旧財産区」ではない。」

〔事実〕これは、兵庫県西灘村、西郷町、六甲村（いずれも昭和四年神戸市に合併）に属する十三部落共有の入会林野につき、これを昭和一五年ごろ買受けた甲（十三部落住民以外の者）と、神戸市との間で、この林野が十三部落住民の共有に属するか、それとも財産区の所有に属するか、が争われた事件です。

〔51〕神戸地裁昭和四一年八月一六日判決

「本件土地は明治二二年から大正四年にかけて別記十三部落の共有名義で所有権の登記がなされ、土地台帳に右十三部落の共有する物件として登記された。

十三部落の各部落は、資格を有する住民の会議によってその代表者（組長と称し、多くの場合同一人が町村長の嘱託による区長をかねていた）を選び、各部落の組長十三名が連合体を組織し、連合体は規約を作成して本件土地の管理利用方法を決定し、組長のうち一名が任期一年で年番（連合体の会長）となり、年番は十三部落を代表し、個人を相手として契約を結び、部落の会計を主宰していた。

十三部落の住民（収益する資格を有する者だけ）が、本件土地においてできる行為は、芝草、諸花類、浮石、用材、薪炭用雑木、土、松茸等の採取であったが、右の採取については規約の定めによって制限が加えられる場合もあり……一般的に部落住民が毛上の採取をするのに自家用のものについては無償となっていたが営利を目的とするものは入会料を支払うことが要求されていた。

又年番は部落住民以外の者に対して用材を売却し、入会料を徴収して本件土地における諸花類等の採取を許し、あるいは本件土地を他に賃貸し、土地の一部を売却する等の収益行為をしていた。更に十三部落が右のような収益行為によって得た金額は年番がこれを保管し、これをもって十三部落に対する公租公課、監視人の報酬等のいわゆる管理費用の支払にあて、或いは学校の建設資金に寄附し、残金があるときには各部落に分配することもあった。そして、右のような十三部落の本件土地に対する管理行為は十三部落自身の意思にもとづいて行なったもので、右部落の所在する町村長はこれに指示を与え或いは干渉することはなかった。もっとも大正一二、三年頃から右町村長が土地の賃貸、地上権の設定、一部土地の売買契約等について契約の締結や登記手続等に関与したことはあるが、これもただ十三部落が不動産登記を必要とする法律行為をした場合又は第三者がこれを希望する等の事情がある場合に、右町村長がすでに決定された部落の意思にもとづき、本件土地の財産管理者としての資格で町村会の議決を経て登記手続をなし又は契約の当事者となることがあるにすぎなかった。

前項までの事実関係によれば、本件土地は十三部落の総有入会地であり、その収益権の管理は明治二二年町村制の実施に至るまで住民の生活協同体（住民団体）である十三部落に帰属していた（数村持地入会）ものと認められる。

そして、十三部落の右入会慣習が明治二二年の町村制の実施以後においても何等それまでと変ることなく行われていたことはすでに認定したところなのであるから、慣習に基礎をおく入会権の主体としての十三部落は、明治初年における自然村落が有していた行政上の組織単位としての側面が町村制の実行により新町村に移された後においても、なお入会団体として存続していたものというべきである。

明治二二年町村制が施行されて、十三部落が、それぞれ西灘村、西郷町、六甲村の三町村に所属することになった際、本件土地の取扱に関して特に協議した形せきは見られない。又、区会、区総会を設けることもしていない所から、町村側においても本件土地を町村の一部が有する財産（財産区の財産）とは見ていなかったのではないかと考えられる。ところがその後大正十二、三年頃から前記のように土地の賃貸、地上権の設定、一部土地の売却に三町村長が共同で本件土地の管理者の資格で、契約若くは登記手続をしているが、これはおそらく、登記法上の必要から町村長名義で行なったと考えられるが、又町村側として本件土地を財産区の財産として取扱うべきだとして行なったとも推測できる。

　昭和四年、右の三町村が神戸市と合併したとき、神戸市は合併当初から本件土地を財産区として取扱うべきものと考えて出発したものと思われるが別に「財産区」として区会を設けることもせず、又会計も単にその一部の保管事務を行なっていたにすぎず十三部落側の強固な組織に基く管理権の実行に対して充分な行政能力は及ばなかった。

　要するに本件土地は、古くから十三部落の住民が、永年の間育成、利用収益し、管理して来た入会山であってその管理処分権は住民団体たる部落にあり、この十三部落は行政組織とは別な入会団体である。従って本件土地は町村制には影響なく本来財産区として取扱うべきではなかったということができる。」


〔事実〕これは、福島県西会津町（もと野沢町）の野沢本町財産区が管理する、古くからの本町住民の入会林野につき、その土地が本町財産区の所有であるかどうか、住民が入会権を有するかどうかが争われた事件にたいする判決です。事件は、本町住民の一部の者が右林野で立木を伐採したのに対し、本町財産区は、右林野が本町財産区有に属し、したがって立木も財産区の所有に属することの確認を求めて訴を起しました。これに対して住民側（立木を伐採した一部の者）は右林野に住民が共有の性質を有する入会権を有する、と主張しました。第一審福島地方裁判所会津若松支部は、右林野は本町財産区の所有に属すると判示したので、住民側は控訴しました。これに対する第二審仙台高等裁判所の判決はつぎのとおりです（なお、本件山林に住民が入会権を有するかどうかについては、第五話で取上げます）。

(53) 仙台高裁昭和三七年八月二二日判決

「本件土地につき、西会津町備付けの土地台帳には、所有者として「旧本町共有」と記載され、法務局野沢出張所備付の土地台帳には所有者として「旧本町所有」または「元本町共有」と記載されていること、旧野沢村は明治二四年一月二八日内務大臣の許可を受けて同村原町及び本町両区に区会を設置し、同区が所有する財産に関する議決機関となし、明治三七年ころには本町区有財産管理規程を設け、管理組合長が公共に供しない土地建物については貸地料を徴し貸付を行なうことを定め、明治三九年一〇月二四日本町区会は同区所有土地の一部を郷社諏訪神社に無償で贈与することを決議し、郡長の許可をうけて同区所有名義に保存登記をした上同神社のため所有権取得の登記をしたこと、本町区は本件土地につき、明治二一年度から昭和二四年度まで地租税及び地租付加税を、昭和二五年度から昭和二八年度までは固定資産税を納めてきたこと(昭和二九年度以降は本件土地が公有であるため課税されないことになった)、明治四〇年野沢村は野沢町と改称され、昭和三〇年三月町村合併により旧野沢町が西会津町に所属するに至ったが、同年三月二五日福島県知事は地方自治法第二九五条の規定にもとづき西会津町議会に対し、本町財産区条例を設けることを提案し、同町議会は同月三〇日同条例を議決し、同年四月二二日これを公布したこと、その後本町財産区はその財産を処分する場合県知事の認可をうけていること、が認められる。

もっとも、山林原野民有原由取調上申書には、所有者として「元本町分共有地総代甲外七十一人」の記載があり、地価取調帳によると「元本町分共有地総代甲」の記載があるけれども、以上は要するに元本町分共有地の趣旨を表示するものと解され、右の共有とは現行民法上の共有とは異なり、元本町所有の意義を有するものと解されるからこれらは前の認定の妨げとなるものではない。

本件土地に対し、本町部落住民は入会権を有していたのであるが、明治二一年四月町村制が施行されてから、前述のように野沢村は明治二四年一月二八日内務大臣の許可をうけて同村原町及び本町両区に区会を設置したのであるから、これにより本件山林は本町財産区の所有となったものといわなければならない。」

住民側はこれを不服として最高裁判所に上告しましたが、最高裁判所も次のように本件山林が本町財産区の所有に属すると判示しました。

〔53〕最高裁昭和四二年三月一七日判決

「原判決は、本町村が他の村と合併して野沢村となり、明治二一年町村制が施行されたのに伴い、同法一一四条により、旧本町村の特有財産管理のため、野沢村に本町区会が設置されたのであるから、従来本町村に属していた本件土地の所有権は本町区に帰属したと判断しているのであって、右判断は是認できる。」

（要約）以上の各判決をみて、非常にすぐれた判決だと思われるものと、どうもこの判決はなっとくがいかない、と思われるものとがあります。ここで戦後の判決についてだけ整理し、検討してみましょう。

戦後六件の判決で争われた入会林野の所有権登記名義、区議会および財産区についての条例の有無ならびにその林野にたいする公租公課を納めてきたか否かを表にすると次のようになります。

まず、六件のうち、その土地が財産区の所有である、と判示したものと、財産区有ではなく住民共有に属する、と判示したものがそれぞれ三件づつとなっています。財産区有と判示されたもの三件のうち二件は財産区議会がおかれており、逆に住民共有と判示されたもの三件のうち二件は財産区議会がおかれていません。したがって、区議会などの機関がおかれているか否かは、その土地が財産区の所有に属するか否かの判断の基準になるといえるようです。これに対して公租公課の負担については判決文中かならずしも明示されていませんので資料としては不十分ですが、住民共有と判断されたも

	登記名義	区議会	条例	公租	判決
41	財産区	あり	?	不納	住民共有
43	郷	なし	なし	納	財産区有
45	区	あり	あり	不納?	財産区有
46	△旧村	なし	なし	納	住民共有
51	十三部落	なし	なし	納	住民共有
53	△旧一村共有	あり	あり	納	財産区有

（登記名義の△は土地台帳上の名義でその他は登記簿上の所有権登記）

ののうち二件は公租を負担しているのは当然として、財産区有と判断されたもののうち二件が公租を負担しています（或いは負担していました）。区の機関ならびに公租負担の点からみて、〔45〕〔46〕〔51〕の三判決はおおむね妥当であり、無理のない判決でしょう。

もっとも注目されるのが〔41〕です。本件では財産区議会もあり、かつ林野が財産区有として登記されているにもかかわらず、林野は財産区有ではなく住民共有に属する、と判示しています。林野が住民共有に属する、と判示した最大の根拠は、本件山林がいったん官有地に編入され、その払下をうけるにあたり住民各自が代金を負担し、当時の町村がこれに関与していないこと、にあります。住民が代金を支払って買受けた以上それが住民共有となるのは当然で、払下後、町村が住民の負担した代金を支払うか、あるいはその林野を住民から町村に移転するという決議や手続を行わないかぎり町村所有の財産とはなりません。林野が当時の町村——町村制施行前の旧町村——の所有でないかぎり、町村制施行後その林野をもって財産区を設置することはできないわけで、財産区設立以前の事情にまで立入って検討し、林野が住民共有に属すると判示した本判決はきわめて重要な意義をもつといわなければなりません。

　これに対してもっとも疑問がもたれるのは〔43〕の判決です。本件では財産区議会その他財産区の機関がなく、明治三二年村議会において、本件山林を間伏郷六部落住民の共有入会地とする旨決議をしている（村議会でこのような決議ができるかどうか疑問がありますが、判決の趣旨からみるとこの決議は入会権についての部落間の紛争に対する調停であると思われる）こと、および大正七年に部落間において本件山林にたいする公租一切を持分に応じて各部落が負担する旨取りきめられたこと、を裁判所は認めています（そして、公租はこの取りきめ以後郷住民の負担において納入されている）。このように、住民共有であると推定されるに十分な事実を認め、逆に財産区有だと判断される証拠が認められないにもかかわらず、郷有地を財産区有地だと判示した本判決はきわめて軽率であり、なっとくしがたいものがあるといわなければなりません。

　同じような問題は〔53〕にもあります。本件の場合には財産区議会もおかれ条例も制定されているので、財産区有だと推定される証拠はありますが、もともと財産区の前身である本町村の所有であったかどうか疑問があります。判決中、「元本町分共有とは現行民法上の共有とは異なり元本町所有の意義を有するものと解される」という判示がありますが、これは入会的共有に対する全くの無理解にもとづく判断ではないでしょうか。もし行政上の本町村の所有ならば、本町分共有と記載されるはずはありません。本町分共有とは本町住民共有の意味に解すべきです。またさらに、本件山林に地租あるいは固定資産税が賦課されたことを裁判所も認めていますが、このことは財産区有地ではなく住民共有地であることの証拠ではないでしょうか。それを、昭和二九年以降本件山林は公有であるため賦課されないことになった、というのは、事実としてはともかく、裁判所の判断としてはきわめて粗雑であるといわなければなりません。最高裁判所も以上の二点について全く疑をさしはさまず本件山林が財産区の所有に属する、と判示していますが、この判決はきわめて疑問のある判決です。

これらの諸判決をつうじて注目されることは、入会林野が住民の共有に属する、と判示した判決は、その入会林野の成立過程とくに町村制施行当時の事情をくわしく判断しているのに対し、財産区有だと判示した判決は全くといってよいほどその点について判断していません。ですから、部落有林野が住民共有かそれとも財産区有かを判断するには、その入会林野が明治初年から町村制施行後にかけてどのような経過をたどったかを明らかにすることが必要である、ということができます。

(4) **個人、記名共有**

土地台帳又は登記簿に入会林野の所有者として個人の名が記載され又は登記されている場合が少なくありませんが、これには個人単独所有名義の場合と、二人以上の者が記名で所有者となっている場合、すなわち数人記名共有名義の場合とがあります。数人記名共有名義にはまたいくつかの場合がありますが、以下それぞれの場合を分けて検討してみましょう。

(イ) **個人単独所有名義**

これには、登記上の所有権者が、①入会権者ではない第三者の場合、②入会権者の中の一人である場合、との二つがあります。①の場合は、その土地所有名義人は入会集団とは別個の第三者ですから、その林野は名義人の個人有地であって、入会集団の共有地ではありません。したがってその林野に対する住民の権利は地役入会権です。これに対して、②の場合は、土地台帳に総代何某等と記載されていることが多いようですが、総代という記載があればもちろん、そのような記載がなくとも、その人が入会権者の代表という資格で所有者として記載又は登記されている以上は、その林野は登記名義人の個人有地ではなく入会権者全員の共有入会地です。土地台帳あるいはその転写ともいうべき表題部の登記（表示登記）には「総代」等の記載されていても、甲区欄（所有権登記）には総代とか代表者という肩書を記載することはできないことになっている（登記上の取扱）ので、実際は入会集団の代表者であっても、形式上は全くの個人の所有地として登記されます。このように、個人所有地としての登記は登記実務上の制約によるものあるいは便宜的なものですから、住民＝集団構成員の権利は共有の性質を有する入会権であり、その林野の所有者は入会権者全員です。これを、その登記上の所有者の個人所有地でそれ以外の入会権者は地役的入会権を有する、と考えるべきではありません。

結局、このような土地については、その者の名で登記されるに至ったいきさつ、その土地の管理や公租公課の負担をだれがしてきたか、によって判断すべきであり、次の判決はこのことを物語っています。

〔事実〕秋田県五城目町馬場目のうち町村《まちむら》の共有林は、もと台村との二部落共有入会地で明治三九年にそれぞれの部落代表一名づつ二名共有名義として登記し、昭和三三年にこれを各部落単独入会地として分割し、それぞれ登記上所有者たる代表（相続人）の単独所有名義で登記しました。そのうち乙名義で登記した町部落の入会地につき、乙が、この土地は乙家の所有地と主張して部落住民の入山を差止めたため、部落住民甲らが、この山林は登記名義にかかわらず、町部落住民が共有の性質を有する入会権を有する土地である、と主張しました。

〔50〕 仙台高裁秋田支部昭和四〇年一一月二九日判決

「甲ら部落住民は、祖先以来一貫して本件山林は両部落民全員の共有入会地（前記事実上の分割後は各地域につき部落別の共有入会）と信じ、約一〇〇年も及ぶ長い期間に亘り、本件山林に入会い、使用収益を続けてきたものであり、その間格別の問題を起すこともなかったこと、明治五年頃以降になされた改租、官民有地区分の実施の前後に亘り、右状態に変動はなかったこと、本件山林に対する租税等は公簿上の所有名義人に賦課されたが、結局において部落民がこれを納入してきたこと、本件部落附近には他にも部落民有入会地を公簿上一部部落民の所有名義とされているものが実在することを認めることができる。これらの事実に徴すれば、本件山林はその地盤も含めて部落民全員の総有入会に属するものであり、ただ所有名義人を部落民中の乙丙の両名としたものと推認するのを相当とする。」

ここで少し問題となるのは、登記名義人が現在入会権者ではないが、かつて入会権者であり、入会権者の代表としてその者の名義で登記されたものである場合です。

このような場合、入会権者であっても部落から転出すれば入会権はなくなる、という慣習があればその名義人は土地の所有者ではありません。もともと入会集団の代表者として登記されたのですから、その土地は入会集団の共有であり、その人が部落から転出して集団の代表者としての資格を失なえばその者が何らの権利——所有権を有しないのは当然です（一五二ページ参照）。したがって住民はその林野に共有入会権を有し、その土地は住民の共有地です。部落住民の権利は共有入会権ですから、住民の代表者として登記された名義人が部落から転出することによってその権利が地役入会権にかわる、ということはありません。

(ロ)　**数人記名共有名義**

これには、次の三つの場合があります。

①　入会権者全員の記名共有となっている場合。

②　多数の入会権者がいるのにごく限られた数名の記名共有となっている場合。

③　多数の入会権者があり、多数の記名共有名義で登記されているが、登記名義人と入会権者とが一致しない場合。

①は、入会権者と林野の所有名義人が一致している場合であって、この場合、入会権者全員の共有入会地であることはいうまでもありません。しかしこのような例はきわめて少なく、入会権者と所有名義人とが一致しないのがむしろふつうです。

②は、たとえば入会権者は数十名もいるのに、二名とか五名とかごく少数の者の名義で登記されている、という場合です。この名義人は、正副部落長であるとか、部落の各組の組長であるとか、いずれにしても入会権者の代表として登記されていることが多いようです。このような場合は、(イ)の②の

場合と同じで、入会権者の代表一人の名義で登記されたか、数人の名義で登記されたかのちがいがあるだけです。同様に、この数人の登記名義人がもともと入会集団に関係のない第三者であるならば、(イ)の①と同じ取扱をすべきです。

③についてはさらに次の場合に分かれます。

(一) 入会権者が登記名義人よりも多く、所有名義を有しない入会権者がある場合——たとえば、入会権者五〇名中三〇名だけが所有名義人で二〇名は所有名義人でない、という場合。

(二) 入会権者が登記名義人よりも少なく、入会権者以外の者が所有者として登記されている場合——たとえば、三〇名の記名共有で登記されているが実際に部落に居住する入会権者はそのうちの二〇名しかいない、という場合。

(三) 入会権者中登記名義を有しない者がある反面、入会権者でない者が所有者として登記されている場合——たとえば三〇名の記名共有で登記されているが、そのうち一〇名は部落から転出して入会権者ではなく、逆に入会権者ではあるけれども所有者として登記されていない者が別に二〇名いる、という場合。

この③に属する記名共有は、大体において①のように入会権者全員の記名共有で登記され登記した時期においては入会権者と登記名義人は一致していたのですが、その後入会権者が増えたり減ったりして③のようになったのです。登記したときよりも次第に入会権者が増えて、それらの入会権者が所有者として登記されていない場合が③の(一)、であり、逆に入会権者が部落外に転出したりして次第に減った場合が③の㈡、であり、この両方の現象がかさなりあって入会権者と登記名義人の数が一致しなくなった場合が③の㈢、です。そこで、㈠と㈡、の場合それぞれどのように考えるべきかを検討します。

㈠　入会権者が登記名義人よりも多く、所有名義を有しない入会権者がいる場合。

前述の例で入会権者五〇名中三〇名だけが登記名義人であるという場合ですが、これはその林野の所有権を登記したとき入会権者は三〇名であったのに、その後分家や入村者二〇名が入会権者となったため現在入会権者が五〇名となった、という場合が多いようです。このような場合、登記簿上の所有権者である三〇名とその他の二〇名の間に、入会林野に対する権利ならびに義務に何らの差がなければ、五〇名はひとしく平等の入会権者ですから、登記上の権利者でありかつ入会権者である三〇名と同じように他の二〇名もやはり共有入会権者です。したがってその入会林野は三〇名のみの共有地ではなく、登記名義にかかわらず五〇名の入会権者の共同所有地です。

一方、登記簿上の所有権者三〇名と他の二〇名の間に権利に差がある場合――たとえば三〇名は立木を伐ることができるけれども、二〇名は立木を伐ることができず、ただ落枝、下草を採ることだけしかできない、というような場合、あるいは、山林の立木を売却してその代金を配分する際、名義人である三〇名と、他の二〇名との間にその割合あるいは金額に差がある、というような場合――はどうでしょうか。

前述のように、一つの入会集団の構成員（個々の入会権者）間の権利に差があっても同じ入会権であることにかわりありませんから、特別な事情——後で説明します——がある場合を除き、この二〇名も登記されている三〇名と同じように共有入会権者であり、したがって、五〇名全員の共有入会地であって、三〇名は五〇名の入会権者の代表として登記されていることになり、②の場合とは本質的にちがいはありません。ましてや、三〇名と二〇名との間の権利に差がない場合はいうまでもありません。

ところが、これを、三〇名は入会地の土地所有権を有するから共有入会権を有するが、二〇名は土地所有権を有しないから地役入会権しか有しない、と考えるむきがあるようです。特別な事情がある場合を除いてこのように考えることは入会の実情にあわず、また理論的にもまちがっているのですが、最近の判決でこのように云っているものがあります。そこで、まずその判決の云うところを検討しましょう。

〔事実〕岩手県東南部にある住田町世田米(合併前の世田米町)中沢郷にあるいわゆる郷山は、明治九年に国から当時の郷住民乙ら六七名に売払われ、中沢郷会管理のもとに入会地として利用されてきました。中沢郷では分家又は他から転入して一戸を構え、加入金を納めて郷山の管理など郷のつとめを果す者は郷会の会員として平等に郷山の利用を認められてきました。明治三八年に乙ら六七名(旧戸)共有名義で郷山の所有権保存登記が行なわれましたが、当時ほかに新戸の郷山会員が一二戸おりました。新戸の加入はその後もひきつづき認められましたが、共有権持分移転登記は、昭和一五年頃、転出者から在郷の近親者に持分売買を原因とするものが行なわれただけで、それ以後もほとんど行なわれませんでした。戦後、郷山の植栽木が売却されその代金収入の一部が配分されましたが、乙ら旧戸六五名（二名は転出）と新戸とでは甚しい差（明治三八年以前の分家で旧戸の約五〇％、昭和期の分家は約一〇％程度）がつけられたため、新戸の人々甲ら三四名は、旧戸六五名を相手として、郷会の一員となると同時に旧戸と同様郷山の共有者となったという理由で郷山における共有権確認と共有持分権移転登記を求める訴を起しました。

第一審盛岡地方裁判所は、甲ら新戸が加入金を納めて郷会の一員として郷山を利用していることを理由に郷山に共有権を有すること並びに移転登記請求権を認めました。しかし乙らは控訴して、いわゆる郷山は旧戸乙ら六五名の共有地であって郷有入会地でなく、甲らがこの山林に入会稼ぎをしてきたのは乙ら所有者の恩恵によるものか、そうでなければ稼方入会（所有者の土地に立入って入会利用するいわば地役入会）であって単に産物採取の権利を有するだけで土地の共有権を有するものではない、と主張しました。

第二審判決は乙ら旧戸の主張をみとめ、この山林は、乙ら六五名の共有地であって、甲ら新戸は共有の性質を有しない入会権を有するにすぎず、土地の共有権を有するものでない、と判示しました。

〔68〕仙台高裁昭和五五年五月三〇日判決

「明治九年この山林の払下により、当時の中沢郷住民の全員である六七名は入会地の地盤を共有するに至り、本件山林につき共有の性質を有する入会権を有するに至ったものというべきである。このことは、旧戸六七名の共有持分権は常にその相続人の一人に限って相続承継され、これらのものが中沢郷の住民でなくなったときは、権利を放棄するが、他の共有権者もしくは部落の住民の一人に権利を譲渡している事実や、払下後まもなくの明治二一年から明治四五年までの間に部落内に分家した一四名の者が郷会への加入を認められ、本件山林の管理収益に参画してきたこと、その後も引続き同様に二三名の者が加入を認められたことからも裏付けられる。したがって、郷会への加入を認められた、いわゆる新加入の者は本件山林につき共有の性質を有しない入会権を有するものといわなければならない。

甲らは、加入金を支払い又は物品を提供して郷会に加入することにより本件山林の共有者の一員となったと主張するけれども、本件山林については明治三八年三月三〇日乙ら六七名のために共有による所有権保存登記がなされたが、右登記のなされる以前の明治二一年から明治三七年までの間に郷会に加入した甲（先代）ほか九名の者は右の登記を受けていないことが認められる。この事実からすれば、右所有権保存登記のなされた明治三八年においては、新加入者が本件山林の地盤の共有権を取得したものとは理解されていなかったといわなければならない。

前認定のとおり大正の初期において、旧加入者の乙（先代）が明治年代に加入した者一五名（甲ら九名をふくむ）に対し、立木売却代金の配当金一五円を加入金として納めれば旧権利者と同じ内容にし、共有の登記をしてやる旨の提案をしたので、右一五名は配当金一五円を加入金として郷会に提供し、同郷会代表者丙名義の預り証が発行された事実があるが、そのような登記は現在まで行われていないのであり、郷会の総会においてそのような議決がなされたことを認めるに足りる証拠はないから、右事実によって当時の旧加入者六七名の全員が本件山林地盤についての各自の持分六七分の一から五四九四分の一五宛を割いて右一五名にそれぞれ移転すべき旨を約したものと認めるには十分でない。右預り証の文言も、必ずしも本件山林の地盤の共有持分権までを新加入者に取得せしめる旨を約したものとは認め難いし、右は、本件立木の売却代金の配当金につき、旧加入者と新加入者について差があったのを将来はなくするか、或いは差を少なくすることを合意したものと解するのが合理的である。

更に、大正、昭和にかけて二三名のものが昭和一四年までは加入金一五円、昭和二〇年には加入金三〇円、昭和二九年以降は加入金未定として郷会に加入を認められた事実についても、加入によって本件山林の地盤の共有権を取得したものと認めるべき証拠はない。」

まずこの土地は旧戸乙ら六七名の共有地であって甲ら新戸は土地の共有権を有しない、というのですが、その理由づけが、明治三八年にこの土地所有権の保存登記がされたとき、当時郷民は旧戸（明治九年に売払をうけた）六七名のほか一〇名（甲ほか九名）の合計七七名であり、これが入会権者であったが、所有権登記をされたのは乙ら六七名だけで甲ら一〇名は登記されていない（のみならずその後加入を認められた新戸も一部の例外を除いて共有権の登記がされていない）から、これは乙ら六七名のみに土地の共有権を認め、甲らには入会利用権を認めるが土地の共有権を認めない趣旨であった、というのです。これは、登記法というものを全く知らない云い分だといわなければなりません。なぜなら、所有権の保存登記というものは土地台帳（現在では表題部）に記載されている者（又はその相続人）しかすることができないのです。したがって、明治九年に乙ら六七名で地券の交付をうけ、それらの者が明治二二年以後土地台帳に所有者として記載されますから、明治三八年当時土地の実質上の共有者が何名いようと、保存登記は土地台帳に記載された六七名でしかできないのです。それを、甲ら一〇名は所有権登記がされていないから甲らは共有権が認められなかった、というのはしろうとならばともかく法律の専門家である裁判官の言とは思われません。もっとも、甲ら一〇名に土地の共有権を認めるならば六七名共有名義で保存登記をして直ちに甲ら一〇名を含む七七名共有名義に共有持分権移転登記をすべきだ、ということになるかも知れませんが、実際は前述のとおり、昭和一五年まで相続登記を含む一切の登記が行なわれていないのです。そしてこの間に二〇余名の者がいわゆる新戸として権利を認められているのですから、中沢郷の人々は郷山について登記を問題にしなかったものと思われます。もっとも、大正初期に、旧戸の側から当時の新戸にたいし各自一五円出金すれば旧戸と同じ取扱にし共有持分登記をしてやる、といわれて新戸の者は出金していますから登記に全く無関心であったとはいえないかも知れませんが、しかし共有持分移転登記は行なわれていません。このことを見ると新戸の要求は旧戸との配分金、そして権利の差をなくすかあるいは少なくすることであったと思われます。判決もこの出金が旧戸新戸の権利の格差をなくす目的であったことを認めています。入会権者の中で権利に格差がなければ当然その入会権は共有の性質を有する入会権であるはずであるのに、この判決は登記の有無にのみ目をうばわれて入会権の性質を見失っている、不当なものといわざるをえません。

〔事実〕これは長野県八ヶ岳山麓小海町稲子共有林にかんするもので、この共有林は明治初年稲子村（町村制施行後稲子部落）名義でしたが、明治四四年共有林の一部を村有（当時北牧村）に統一し、一部を部落財産として残すため、公売手続をとり乙の先代を含む七六名の記名共有地としました。この六七名は当時の全世帯（一時寄留者や転入直後の者を除く）のほか近く分家予定の者も含まれていました。それ以後、新たに分家した者も転入者も一戸前としての義務を果せば共有林にたいする権利が認められ（ただし共有権の登記は行なわれていない）、終戦ころまでこの共有林は部落の人々の薪や秣草、山菜取り等に利用されてきましたが、戦後、部落内の小組ごとに植林が行なわれる一方立木の売却処分が行なわれ、その収益金は一部共益費に充てられ、一部は個人に分配されました。しかし分配金は、共有権登記名義の有無、登記名義のない者については一戸前と認められてからの期間によって差がつけられていました。昭和五三年、大手の開発業者西武から共有林を観光用地として買受けたい旨の申入れがあり、その一部を、登記上の共有者乙ら七七名（ほとんど明治四四年登記上共有権者となったいわゆる旧戸ですが、ごく少数、新戸で登記上共有持分取得者が含まれている）だけの協議で売却し、その売却代金が七七名のみに配分されました。これに対して新戸（登記上の非名義人）甲らが異議を唱え残地の売却に反対し、また乙ら七七名中にも残地の売却に賛成しない者が出てきました。そこで甲ら登記上の共有名義を有しないいわゆる新戸四五名は乙ら七七名（登記上の共有権者全員）を相手として、残された共有地につき、新戸と旧戸とが持分平等の共有の性質を有する入会権を有することの確認を求める訴を提起しました。裁判所はその土地が稲子住民の入会地であることを認め、共有権登記名義の有無について次のように判示しました。

〔72〕長野地裁上田支部昭和五八年五月二八日判決

「稲子部落では、所定の要件を備えた分家・寄留者は、かつて寄留者に入山料が課されたり、立木売却代金の配分において配分方法・配分額の点で名義人と差異がある、ということはあるものの、他は稲子地区に居住する名義人と平等に、本件土地・西武売却地を使用収益する一方、労役提供の義務を負担してきたこと等からすると、一応、その取得する権利は右名義人と同一の権利即ち共有の性質をする入会権であるかのように見える。

しかし、登記名義人と非名義人の権利に差があることをうかがわせる、次の事実がある。すなわち、稲子部落では名義人から非名義人に対し、売買・贈与による持分の譲渡がなされ、迅速にその旨の登記がなされているところ、これによると、分家・寄留者は前記要件を満せば当然に入会権を取得しうるにも拘らず、中には更に売買・贈与により持分を取得した者がいることになるが、新規取得者と更に売買・贈与により持分を取得した者との権利が同一であるとするのは合理的でないし、また部落住民相互間でも持分の譲渡がなされているが、譲渡人及び譲受人が譲渡前と同一の権利を有するとするのも不合理である。名義人と非名義人とで、立木売却代金の配分方法・配分額に差があり配分において、名義人であっても持分を譲渡したときは以後非名義人として配分され、非名義人であっても持分を取得すると、以後名義人として配分されることが認められ、また寄留者は大正一二年頃まで義務金と称する本件土地等への入山料を払っており、これらのことからすると、稲子部落住民であっても、名義人と非名義人とではその権利に差があることが窺われる。昭和一四年二月、転出者丙が本件土地・西武売却地に対する権利を部落全体又は名義人らに売渡したが、その際の領収書の宛先は区長ではなく共有財産管理人であったことからすると、買主は部落全体というよりもむしろ名義人らである可能性が大きく、そうすると、同時期、丙以外の三名からなされた右権利の譲渡の譲受人も同様に解される。また、非名義人の一部の者は、その先代が「非名義人も一戸を構え義務を果して三〇年経てば同等の権利になって名をのせてもらえる（登記名義を与えられるという意味）。」と言っていた、旨述べているが、このことは、分家し又は他より転入し稲子地区内に一戸を構えるの要件を備えただけでは、名義人と同一の権利（共有入会権）にはならないことを推測させる。

以上の事実によると、分家・寄留者は、所定の要件を具備することにより、共有の性質を有する入会権を取得するとは認め難く、共有の性質を有しない入会権を取得したと解するのが相当である。尤もこのように解すると、一つの入会団体の中に共有入会権を有する者と地役入会権を有する者とが併存するという事態になるが、元来、入会地の利用形態の変遷、記名共有登記（しかも本件では当時の入会権者及び将来の入会権者全員の共有登記）の経由及びその後の入会団体構成員の意識の変化等により、慣習は変化するものであるし、入会団体の権利関係も当該団体の慣習規範により決まるものであるから、法理論上ありえないとはいえない。そして、入会地の管理処分は右の入会権者全員の同意を要することであるから、実際上も不都合は生じない。」

この判決は、要約すると、(1)登記名義人と非名義人との間に山林からの収益金配分等につきその権利に差があること、(2)同じ入会権者でありながら、共有持分権（登記上）の売買、贈与が行なわれていること、(3)転出者が登記上の持分を、部落＝全入会権者にではなく名義人（代表）に売却していること、を理由として、登記名義人は共有の性質を有する入会権を有するが、非名義人は共有の性質を有しない入会権（＝地役入会権）を有する、というのです。結論の是非はあとにして、まず右の理由について検討してみます。(1)の、入会権者（集団構成員）の権利や持分に差があってもそのことは何ら権利の性格までが異なることを意味するものではありません。登記名義人の入会持分は非名義人の入会持分よりもその割合が大きく、したがって配分金も高額で比喩的にいえば配当金の多い株ですから、その株が限られているとするならば、配分金の少ない株の持主（非名義人）が配当金の大きい株（登記上の共有権）を手に入れたいと考えるのは当然であり、したがって入会権者中の登記名義人と非名義人との間で登記上共有権の売買、贈与（この贈与はすべて父から子、兄から弟など親族間の贈与ですので世帯単位でみると実質上の権利の移転ではありません）が行なわれるのは何ら不思議でなく、したがって(2)もまた権利の性格が異なることの理由になりません。つぎに(3)ですが、転出者が入会持分権を失うことにより自分の登記上の共有持分権を抹消することは、登記上その共有持分権（七分の一）を他の共有権者に（売買・贈与等により）移転登記することになるので、買主はその当時における共有名義人だけにならざるをえないのです。それを、買受人が入会権者全員でなかったから非名義人は土地の共有権を有するものでなかった、というのは、これもまた登記手続にたいする理解が不十分だ、といわざるをえません。もっとも非名義人も同じ入会権者ならばその折（転出者からの共有持分権移転登記のとき）に、非名義人にも共有持分権取得の登記をすべきではなかったか、という議論も成立ちますが、この部落でも明治四五年七六名の共有名義で登記されて以来、判決中に示された売買、贈与（その前提としての相続）による移転登記以外、この土地の売却が問題となるまではとんど登記が行なわれていないことからみて、この入会集団では登記についてはそれほど問題にしなかったものと思われます（登記が問題となったのは、戦後、立木売却代金が登記の有無によって差がつけられるようになってからです）。したがって、右の(1)(2)(3)とも、この入会地が登記名義人のみの共有入会地であって非名義人は地役入会権しか有しないことの理由になりません。

このように、右の判決は二つとも、登記上の共有名義人（旧戸）は共有の性質を有する入会権を、非名義人（新戸）は共有の性質を有しない（地役）入会権を有する、と云っています。つまり、一つの入会集団が共有入会権と地役権を有する、というのですが、これは入会権の本質に反し、〔72〕判決のいうこととは逆に、法理論上ありえないことです。なぜなら、一つの入会集団は一つの土地に一つの入会権しかもつことができないからです。ある入会集団にとって甲入会山は住民共有地であるが乙入会山は他人（市町村を含む）の所有地である、というように入会林野の所有権者がちがう場合には、その入会集団は甲山に共有入会権、乙山に地役入会権をもつことになりますが、同一の土地に一つの入会集団が共有入会権をもつと同時に地役入会権をもつということはその入会地が住民共有であると同時に他人の所有地だ、という矛盾したことになるのです。云うならば、この土地は自分の所有地であると同時に他人の所有地（他人との共有地ではない）というのと同じくわけの分らないことなのです。この二つの判決の場合、いずれも住民の共有入会地ですから、共有登記名義の有無をとわず、住民（入会集団構成員）の権利はすべて共有入会権です。

前に、特別な事情がある場合には共有入会権を有する者と地役入会権を有する者とがいる場合があるように云いましたが、それはつぎのような場合です。第一は、一つの部落（地域集団）といっても分家などの新戸が、旧戸から構成されている本村《もとむら》から分れて、新しい組（新村）をつくり、旧戸が本村、新戸が新村というような関係にあり、実質上二つの組がある場合、第二は、地域的に一しょで本村《もとむら》の中に旧戸と新戸（登記名義人と非名義人――以下同じ意味につかいます）とが一しょに住んでいても、旧戸なかまと新戸なかまとが分かれていて、新戸なかまと旧戸なかまとの間にはっきり入会利用契約が結ばれ、旧戸なかまだけが公租公課を負担し（通常はこれに対して新戸なかまが入山利用料を支払う）ていることが明らかである場合です。どちらの場合も、地域的あるいは農村共同体として一つの集団であるとしても入会については実質上二つの集団があると見るべきですから、本村の旧戸、登記名義人集団は共有入会権、新村の新戸、非名義人集団は地役入会権ということになるでしょう。

ところがこの二つの判決とも、そのような事実は認定されていないばかりか、どちらの集団とも、入会集団は一つで、公租公課は集団（部落）の会計から支払われ、旧戸新戸とも共同に入会地の管理利用をしており、ただ、入会地からの収益金の配分に差があるだけです。ということはその集団のもつ入会権は共有の性質を有する入会権、したがってその集団の構成員のもつ権利も共有の性質を有する入会権の持分権ということです。どちらの場合もその管理運営の実態からみて、旧戸、新戸ひとしく共有の性質を有する入会権者であるというべきですが、しかしそのことは旧戸、新戸の持分がつねに平等だということを意味するとはかぎりません。旧戸あるいはきわめて古い時期、この例でいうと保存登記する前に分家した新戸と、終戦後分家した新戸との間にある程度持分の差があるのはやむをえないことでしょう。ただその差が著るしい場合にはその取扱が不当だということになります。

㈡　入会権者が登記名義人よりも少なく入会権者以外の者も所有者として登記されている場合。

前述のように、入会林野が三〇名の記名共有で登記されているが部落に居住する入会権者は二〇名しかいない、という場合や、あるいは三〇名中大多数が部落に居住する入会権者であるが、ごく少数部落に居住しない者が含まれている、という場合がこの㈡に相当します。

このような入会林野にたいして、現に部落に居住している入会権者が共有入会権を有することについては問題がありません。問題はそれ以外の、土地所有者として登記されているけれども現に部落に居住していない者がその入会林野に共有権あるいは共有入会権をもつかどうかです。

部落外の居住者が入会権者とともに入会林野の所有者として登記されている場合、これらの部落外居住者がどんな権利をもつかは、部落＝入会集団の慣習によってちがってきます。部落＝入会集団によっては、それらの者を、入会権者ないし入会林野の土地所有者（共有者）と考えているところもあるようですが、前述のように（一五六ページ参照）部落からとおくはなれた所に住む者を入会権者としては認めるべきではなく、あくまでもその林野の土地の共有者としてしか認めるべきでありません。このように、入会集団が部落外の居住者を土地共有者として認めるならば、その入会林野は入会権者＝入会集団構成員だけの共同所有ではなく、第三話で説明したように入会権者（集団）と部落外の居住者との共有地となります。

部落＝入会集団が、部落外の者に対しては一切の権利を認めない、という慣習のもとでは、部落から転出すれば一切の権利を失なうということ、ならびに、入会権（持分権）を部落外の者に売ることができない、という慣習がはっきりしているはずです（部落外に転出すれば権利がなくなるけれども、部落外の者に権利を売ることができる、というのは全く矛盾しており実際にはありえないことです）。

その入会林野の共有者として登記されている部落外の居住者には、(1)もともと入会権者ではあったが部落外に転出した者（いわゆる転出者）やその転出者から共有持分を買いうけた者と、(2)現に入会権者である者から共有持分権を買いうけたもともと入会権者ではない者とがあり、一応この両者を区別して考える必要があります。

(1)　部落から転出すれば一切の権利を失なうという慣習がある場合、もともと入会権者ではあったが部落外に転出した者（いわゆる転出者）、およびそれらの転出者から共有持分を買受けて移転登記をすませて登記簿上共有権者となった部落外居住者は、第三話で述べた（また〔49〕判決も明言している）とおり、いかなる権利をもつものではありません。したがってこれらの者が入会林野の共有者となっていてもそれは単に登記簿上の所有名義人にすぎず、実質上の所有（共有）権者ではありませんから、その入会林野は現に部落に居住する入会権者だけの共同所有（共有入会）地です。

(2) 入会集団が部落外の者にその権利を売ったりゆずったりすることを禁止しているにもかかわらず、部落の入会権者から共有持分を買受けて移転登記をすませた村外の居住者は入会林野に権利を有するでしょうか。以下この問題を検討することにします。

入会権の共有持分権（住民権）を部落外の者に売ったりゆずったりすることを一切認めない、という慣習がある場合、仮に入会権者であり入会林野の記名共有者の一人である甲が入会集団の慣習に反して自分の共有持分権を部落外の第三者乙に売り、乙が共有持分権の移転登記をすませた場合、その第三者乙は本当に土地の共有権者となるかどうか。甲は、少なくとも乙にその共有持分を売るまでは共有入会権者でその入会林野の所有権（共有権）をもっているのですから、甲から持分を買受けることとは、部落から転出して入会権を失なった登記名義人から名義を買受けるのとは事情がちがいます。乙は、現に甲がもっている共有持分権を買受け、その移転登記をすませたのですから、土地の共有権はあるのだと考えられないでもありません。しかし、入会集団が慣習として部落外の者を入会権者として認めず、かつ入会権（住民権、持分権）の部落外への売買やゆずりわたしを禁止している以上、果してその部落外の者が持分権を買受けることができるのか、買受けたとしても入会権者となることができるかは、やはり問題があります。

〔判決〕 ここでもまずこのような事件を取扱った判決をみることにします。

このような事件を取扱った判決は前に掲げた〔38〕判決のほかに一つあります。どちらも、入会集団の規約（慣習）に反して共有入会権者がその持分権を部落外の第三者に売り、その持分を買受けて移転登記をすませた第三者がその林野に権利をもつかどうか、その第三者（登記簿上の共有者）と入会集団との間で争われた事件です。（なお、どちらも共有入会地でその林野に権利を有する者は部落住民中限られた人々です）

〔事実〕この事件は、前にあげた新潟県下条村取上部落の事件です。前に述べたように（三八ページ参照）第一審新潟地裁判決、第二審東京高裁判決も、共有入会権者甲から持分を買受けた部落外の第三者乙は、林野の共有権をもつけれどもその林野を使用する権利をもたない、といっております。すなわち東京高裁判決は次のように判示しております。

(38) 東京高裁昭和二九年六月二六日判決

「この共有山林については取上部落およびその近くにおいて行なわれる慣習にしたがい、共有の性質を有する入会権があり、たとえこの山林の共有者であっても、他部落に居住するものはこの地方において名付けられる売山分け地はもちろん、柴山については山林に立入立木を伐採する権利を有しないという慣習があることが認められる。」

この判決は、「他部落に居住する山林の共有者」といって、権利を買受けた他部落の住民がその入会林野の共有者であることを認めております。しかし、共有者ではあるが入会権者ではなく、その入会林野の利用権は有しない、と判示しています。

ところで、前述のように林野の利用権を認められなかった買受人乙はこの判決を不服として上告しましたが、最高裁判所はこの林野を入会林野であるとはいえない、といって（最高裁昭和三二年九月一三日判決）、東京高等裁判所に裁判のやりなおしを命じたのですが、結局裁判上の和解によって、ほぼ前の東京高裁の判決と同じように、入会集団の側は買受人乙を林野の共有者として認めるが、林野の使用収益権は認めない、ということで解決をしております（三九ページ参照）。

この判決（東京高裁判決）は、前述のように、その村外者を「他部落に居住する山林の共有者」といって、その者が入会林野の共有者であることを認めていますが、これは、この事件において「他部落に居住する山林の共有者」が入会林野の利用権を有するかどうか、が争われているからなのです。すなわち、入会集団は、共有入会権者の共有持分をゆずりうけて登記をすませて共有持分権を取得して土地共有者となった者でも、部落外の居住者は慣習により入会林野の利用権を有しない、と主張しているのですから、入会集団は、その村外者が林野の共有持分権を有すること、すなわち「他部落に居住する山林の共有者」であることを認めているわけです。したがって裁判所は、「他部落に居住する山林の共有者」が入会林野の利用権を有するかどうかを判断すればよく、またそれ以上のことを判断できるものでもありませんから、裁判所は、「他部落に居住する山林の共有者」は入会林野の利用権を有しない、と判決した（そして最終的な調停の結果もそうなった）のです。

このように、この判決は、部落外の者が共有入会権、すなわち入会林野の土地共有権ならびに利用権をもつかどうかについての争いを取扱ったものではありません。ですから、この判決が、部落外の者は入会林野の土地共有権をもつけれども利用権を有しない、と判示しているといっても、この判決が部落外の者にたいしてつねにあてはまるとはかぎらないのです。仮に、入会集団が、部落外の者は共有入会権者からその共有持分をゆずりうけて移転登記をすませても、慣習により一切の権利すなわち入会林野の土地利用権はもちろんその土地共有権も有しないのだ、と主張していたらどうなっていたでしょうか。つぎの判決はこの点について判示しています。

〔事実〕愛知県豊田市御立部落の入会林野は、明治四一年に、当時の区長および区長代理合計三名の、いわゆる代表者名義で所有権の保存登記がされました。その後、三名の代表者中二名は死亡しましたが、その中の一名の相続人（当時の家督相続人で、かつ入会権者であった）甲は、代表名義人である父から自分の名前に相続登記をしました。甲は入会権者でしたが、どういう理由からか、この入会林野が甲を含めた三人の共有名義になっているのを理由に、自分には三分の一の共有持分があるといって、部落には関係のない乙ほか二名に対して、その持分の一部を売り、一部を借金の担保として抵当権を設定し、所有権移転と抵当権設定の登記をしました。ところが御立部落の入会権者たちは、この林野は部落住民共有（総有）の入会林野であって、甲ら三名はその代表名義人にすぎず、甲は三分の一の共有持分をもつものではなく、またその共有持分があるとしても部落外の者に売ったり、これを抵当に入れたりすることは慣習によって禁止されているから、所有権移転や抵当権設定は無効である、という理由で、乙ら三名を相手にその登記が無効であると主張して訴を起しました。

第一審名古屋地方裁判所岡崎支部は、御立部落住民の主張を認めたので、乙らは控訴して次のように主張しました。(1)乙らは本件山林を甲ら三名の共有地と思い登記簿を信用して甲から持分を買受けあるいは抵当権を設定したのであり、全く善意の第三者であるから保護されるべきである。(2)民法第九四条第二項には、お互に通じあってするいつわりの行為（通謀虚偽表示という――八二ページ参照）は、これを善意の第三者にそれが無効であると主張することができない（たとえば甲がある土地を表面上乙に売ったことにしても、甲と乙との間ではそれが本当の売買でないからいつでも取消すことができるが、事情を知らない丙が乙のものと信じてその土地を買った場合に、甲はその土地を本当に乙に売ったのではないという理由で乙から丙への売買は無効であるということができない）、と規定しているが、部落住民共同所有の林野を甲の父ら三人に売ったことにして所有権を登記したのは、民法にいう、お互に通じあってするいつわりの行為であるから、部落住民が甲の父ら三名に売ったことが無効であると主張することはできない。したがって本件林野は甲ら三名の所有であるから、甲から乙への所有権移転登記は無効でない。

（56）名古屋高裁昭和四二年一月二七日判決

「乙らは、いずれも善意の第三者であるから民法第九四条第二項にもとづき甲から乙らに対する本件土地所有権の持分の移転ないし抵当権の設定を部落（入会集団）の人々に対抗することができる、と主張する。しかしながら、本件土地は前述のようにいわゆる村持入会地として大字御立の部落住民全員に帰属し、各部落住民は共有のように独立した持分権を有するものではないから、登記簿上は前記三名のいわゆる名目的個人持名義となっているとはいえ、同人らは本件土地につき何ら持分を有しないのである。したがってまた、本件各土地は、ことの性質上その持分を移転するというようなことは有り得ないところであって、そこには、旧来の慣習ないしは部落の規範にもとづく部落住民としての共同体的利用があるだけである。いいかえれば、個々の部落住民の本件土地に対する権利の得喪や変更は、専ら部落の住民としての資格の取得や喪失にかかっているのであり、部落住民としての資格を得ればその権利を当然取得し、その資格を失なえば当然これを失なうのであり、その間、何人でもその権利を承継して取得することはできないのである。したがって、本件においては、甲ないし乙らが取得したという本件土地の持分というものは存在せず、また甲や乙らはいかなる意味においても本件土地の持分を取得することはできないのであるから民法第九四条第二項の適用はない」

この判決は、部落住民共有入会地の代表者である登記簿上の所有権者といえども、その土地について何の持分も有しないのであるから、その持分を売ることができず、したがって甲から乙への持分売買はありえない、と判示しています。本件では、乙が甲から所有権持分移転の登記をしたにもかかわらず、部落の入会権者たちは、乙に土地所有権が移転したことすなわち乙が土地の共有者であることを認めず(この点が前の〔38〕とはちがっています)、乙はいかなる権利――入会地の利用権はもとより土地所有権――も取得していない、と主張しています。そのような主張には、もちろん本件林野にたいする権利は御立部落住民だけがもつものであり部落住民でなくなれば権利を失なうという慣習があることがその理由となっています。裁判所はこのような慣習を認め、かつ入会権(住民権、持分権)はほんらい自由にゆずりわたすことができない、という原則に立って、甲乙間の売買は無効であり乙はいかなる権利をも取得しない、と判示しています。なお、この判決は〔56〕最高裁昭和四三年一一月一五日判決によって支持されました(八三ページ参照)。

しかし、甲はこの部落の入会権者の一人で本件林野に共有入会権を有するのですから、この判決のように「本件各土地につき何らの持分を有しない」といってしまうのは多少問題があります。なぜなら共有入会地すなわち入会的共有の場合に全く持分がないとは必ずしもいえないからです（一〇〇ページ参照）。ただ判決は、その前提として、入会権者である部落住民は「共有のように独立した持分を有するものではない」といっているので、ここにいう持分とは個人的共有におけるような、自由にゆずったり分割を請求することができるような持分という意味で用いているように解されます。そうであるとすれば、たしかに甲は自由に他人にゆずることのできるような持分をもっていないのですから、判決のいうことは全く正しいわけです。このことをはっきりさせずに、ただ共有入会権者が入会林野に持分を有しない、というのは正しくありません。むしろ、甲は共有入会権者として入会林野について持分を有するがその持分は個人的共有の場合のようにほんらい他人にゆずったり分割を請求することができない性質のものである、という方が正確ではないでしょうか。甲は入会権者でかつその土地の所有者として登記されているのですから、甲は単なる登記名義人ではなくやはり入会林野の所有権者であるとみるべきでしょう。ただ三人の記名共有者の一人であり、入会的共有の持分があるからといってその持分は三分の一ではなく特別の証拠がないかぎり持分は部落の全入会権者と平等です。

このように、この判決は、部落外の者が共有入会権者の一人である登記名義人から共有持分の移転登記をすませても、その者はいかなる権利を取得しない、と判示しています。右に述べたように、この判決には多少疑問を招きやすい点がないではありませんが、入会の実態に即した、すぐれた判決だといわなければなりません。

（要約） したがって、入会林野における持分権（住民権）を部落外の者に売ることができない、という慣習がある場合、その慣習に反して共有入会権者（入会権者であり所有権者として登記されている者）が自分の持分権を部落外の第三者に売り、その第三者が共有持分権の移転登記をすませても、その第三者は所有権も入会権も取得せず、したがって入会林野の所有権者ではなく、単なる所有名義人にすぎません。

ところがそれにもかかわらず、共有入会権者の一人が入会集団の慣習に反してその持分を部落外の者に売りわたし、それを買受けた者が共有分権の移転登記をした場合に、その者は少なくとも入会林野の土地共有権を取得した、という考え方がかなりあるようです。したがって、入会集団としては、その者を入会林野の共有者の一人としては認めるけれども、入会林野の利用権は認めない、すなわち、入会権者としては認めない、という取扱をしているところも稀ではありません。〔38〕の判決のあった入会集団でもおそらくそうではないかと推測されます。そこで、この問題についてもう少し考えることにします。

共有入会権の持分（住民権）を部落外の者にゆずりわたすことができない、ということは、入会林野の利用権だけではなくその土地所有権も含めて部落外の者にゆずりわたすことができない、ということです。ですから、そのような慣習がある場合に入会林野の所有権だけが移転したと考えるのは事実にも反するし、解釈としても正しくないわけです。それにもかかわらずなぜ入会林野の土地所有権だけが部落外の第三者に移転したと考えるのでしょうか。また、その村外者が入会林野の土地所有権をもつことを認めるならば、なぜ入会林野の利用権をもたない、ということができるのでしょうか。

それは、おそらく、第一に、買受けた者が土地所有権の移転登記をしている以上、その者に所有権が移ってしまったのだからこれを認めないわけにはいかない、ということ、第二に、しかしながら入会集団の慣習として部落住民でないかぎり入会権者となることはできないのだから、その者に対して入会林野の利用権を認めることはできない、ということが理由になっていると思われます。しかし、右の二つとも理由にはならず、正しくありません。

第一に、部落外の者が土地所有権の登記をした以上、所有権はその者に移ってしまった、という考え方は、登記を信用しすぎた登記にまどわされた考え方です。前述のように登記には公信力がなく必らずしも真実の権利関係を反映しているとはかぎりませんから、所有権の移転登記をしたからその者に所有権があるとはいえないわけです。重要なことは、その部落外の者に入会林野の土地所有権が有効に——法律上何ら問題なく——ゆずりわたされ、その者が本当に所有権を取得したかどうか、ということであって、登記がされているかどうかではありません。所有権の登記がされていても必らずしも真実の所有権をもっていると限らないことは、〔49〕判決および〔56〕判決が示すとおりです。

第二に、入会権を部落外の者に売ることは認めないが、入会林野の土地所有権だけ売ることは致し方ない、あるいは認めざるをえない、という考え方には、入会権とは入会林野を利用する権利であって、入会林野の土地所有権とは別個の権利だ、という考え方がひそんでいるように思われます。ですから、入会林野の土地所有権を部落外の者に売ってもそれは仕方がないからその者を所有者の一人として認めるとしてもその者を入会権者としては絶対に認めないから入会林野を利用させない、という場合の入会権は、入会林野の利用権を指しているのです。このように入会権は単に入会林野の利用権であるという考え方はかなり強いようで、右の〔38〕判決のあった部落でもそのような考え方をもっていたのではないかと推測されますし、〔48〕判決は「入会権は所有権を制限する他物権である」といっております。

地役的入会権ならばたしかに右のとおりですが、共有入会権を右のように考えることが誤っていることはいうまでもありません。前述のように、共有入会地の入会権すなわち共有入会権とは、土地の共同所有権の一種であり、土地所有権と利用権とを含み、しかもその両者が密接に結びつき、そしてはなれることができない関係にある権利です。ですから、部落から転出すれば入会権を失なうという慣習があれば、入会林野の利用権だけでなくその土地所有権をも失なうのは当然であるし、また全く同様の理由によって、入会権を部落外の者にゆずってはならないという慣習があれば、入会林野の利用権も土地所有権も売ることもゆずることもできないのです。ほんらい、共有入会権は土地所有権と利用権とを別々に切りはなすことができない権利ですから、その中で土地所有権だけを他人にゆずったりすることはできない性質のものです。このことは次の事実をみればはっきりします。

全国的に、共有入会権の持分を入会集団の内部あるいは入会権者ではないけれどもその部落の住民にたいしてゆずったり売ったりすることが認められている場合がかなりありますが、（この意味については第二話七〇ページ参照）その場合でも、かならず土地所有権と利用権との両方を含めた入会権の持分をゆずるのでなければならないのであって、入会林野の土地共有権だけをゆずるとかあるいは利用権だけをゆずることは通常認められません。また、共有入会地において村入りした者とか分家などを新らしく入会権者として認めるということは、その者に共有入会権の持分すなわち入会林野の共有権と利用権とを認めることを意味します。新たに入会権を認めるにあたり、「お前には入会林野の所有権だけ認めてやるが利用権は認めてやらない」とかあるいはその逆ということは原則としてありません。（原則として、というのは二二一ページに掲げた特別な事情がある場合を除くからです）。

このように共有入会権は土地共有権と共同利用権とが一体となって結びついている権利ですから、入会権のうち土地共有権だけ切りはなしてこれをゆずりわたすということはほんらいできない性質のものなのです。もし土地共有権と共同利用権がはなれることになればその権利は共有入会権ではありません。入会権者でない者が土地共有権をもつのであればその土地は地役入会地か個人共有地あるいは入会集団とその土地共有者との共有地（一五七ページ参照）となります。ですから、共有入会権のうち土地共有権だけのゆずりわたしを認めることは共有入会権そのものを否定することになります。したがって、共有入会地において、入会権を部落外の者にゆずったり売ったりすることができないという慣習があるかぎり、共有入会権者の一人から部落外の者が持分をゆずりうけてその持分の移転登記しても、もともとゆずり渡すべきものがないのですから、その部落外の者は何の権利も取得しません。まことに〔56〕判決のいうとおりであり、この部落外の者は入会権者でも入会林野の所有者でもなく、単なる登記名義人にすぎません、したがって、このような部落外の者が入会林野の記名共有者の一人になっていてもその入会林野は部落の入会権者だけの共有入会地です。

(5) 単なる共有、記名のない共有

不動産登記簿の甲区欄にはありませんが、表題部（したがって土地台帳）には、入会林野の所有者に、「共有」「人民共有」「村共有」あるいは「〇〇名共有」などと記載されているものがしばしばあります。すべて個人名が記載されず、たとえばただ「二〇名共有」とあってその二〇名の記名がなく、また「何某他一九名」とだけ記載されて他の一九名の記名がないのです。

まず、「共有」「人民共有」は部落住民共有（正確には入会集団の共同所有）を意味するものですから、文字通り現在の入会権者の共有入会地であると解すべきです。

つぎに、「〇〇名共有」あるいは「何某他〇〇名」という場合、たとえばその共有者が二〇名であると仮定すると、現在の入会権者が二〇名であるならば問題なく二〇名の入会権者の共有入会地ですが、現在の入会権者が三〇名ある場合はどうなるでしょうか。このように二〇名と記載されたのは、おそらく土地台帳記載の当時（あるいは地券交付の時期）にその部落の入会権者が二〇名であったからであり、したがってこの二〇名とは部落の入会権者全員、すなわち入会集団を指したものと解すべきです。ですから入会権者が増えて三〇名になったのであれば当然三〇名の入会権者の共有入会地です。仮りに、二〇名がいずれも古くからの在村者すなわち旧戸であって部落の中でその二〇名がだれであるか確認することができる場合でも二〇名だけの共有地ではありません。これは二〇名の記名共有名義の入会林野において三〇名の入会権者がいる場合と同じように考えるべきであり、したがって現在の入会権者三〇名の共有入会地です。

このような記名のない共有名義の林野についてふれた判決はありませんが、ややこれに近い判決として〔47〕長野地裁昭和三九年二月二一日判決があります。争いになった林野は登記簿上は四部落共有として登記されていますが、四部落間の協定書（昭和四年）に各部落何戸合計三八四戸と持分が定められました（ただし何戸とあるだけでその氏名は記載されていません）。それが、四部落の共有入会地かそれとも四部落三八四戸だけの共有地であるが、争われたのですが、裁判所は、協定書の各部落何戸という表示は入会林野の費用の分担、収益の配当の基準を決めたものにすぎず、実際には戸数の変動にかかわりなく共同利用しているから四部落住民の共有入会地である、と判示しています（三三五ページ参照）。

(6) 神社、寺院

神社やお寺の所有名義になっている入会林野は少なくありません。いわゆる社寺有地といわれているものですが、これらはつねに文字通り神社やお寺の所有地であるとは限りません。

一定規模の拝殿や本堂があってその管理運営がはっきりしており、専任の宮司や住職がいる神社、寺院もあれば、ただほこらや仏堂があるだけという神社やお寺などもあります。とくに神社にはただ拝殿があるだけで宮司もおらず、部落が管理しているものがかなりあって、鎮守様とか産土神《うぶすな》とよばれているお宮にはこのようなものが多いようです。前者のような神社、寺院はふつう宗教法人とされ、その建物や土地は法人の財産とされています。したがってこのような神社、寺院の所有名義の林野は、いちおう、それらの神社や寺院の所有地、したがって住民の地役入会地であると考えてよいと思われます。

他方、後者のような神社やお寺は宗教法人ではなく、特別の管理者がいない場合が多く、その神社やお寺所有名義の林野を部落の人々が実質的に管理運営しており、とくに神社には部落が管理運営していて実質上部落有の神社といって差支えない場合が多く、この場合はその名義いかんをとわず実質的に部落住民の共有入会地であると解して差支えありません。したがって、神社、寺院所有名義の入会林野は、部落以外に宗教法人としてはっきりした管理運営機構がある場合は神社、寺院の所有地で住民の地役入会地、そうでない場合は部落住民の共有入会地であるといってよいと思います。

しかしながら、神社や寺院の所有名義となっている林野は古くから社領、寺領であったところを除き、実際上部落有であるものが少なくないのです。というのは、部落は法人格をもたないため部落の名で登記することができないので神社やお寺の名を借りて部落有入会林野の所有権登記をすることが少なくなったからです。このことは、部落有のまま（土地台帳上）おいておくと市町村有林にとられる（部落有統一）という心配に対する当時の部落の人々が考えた一つの対応策でもあったわけです。

このように、部落有林野が神社、寺院の名を借りる場合でも、登記上の形式は、部落から神社、寺院に贈与したことになっています。ですから、部落の人々から贈与をうけて入会林野が神社や寺院の所有地となっている場合でも、実際に部落の人々が神社や寺院の財産としてその林野を積極的に寄進した場合はともかく、そうでない場合には単に名を借りただけで、実質上部落住民の共有入会地である、というべきです。

神社や寺院の所有となっている林野が実質上部落住民の共有入会地であるかそれとも神社あるいは寺院の所有地であるかを取扱った判決が、それぞれ神社有、お寺の所有とされている土地についてありますので、次にそれを紹介します。

（事実）はじめは神社有名義の土地にかんするもので、山梨県山中湖町の浅間神社名義となっている土地が地元山中部落住民の共有入会地か否かが争われたものです。この土地は明治初年に国有となり、その後、県、村を経て地元山中部落に売払われましたが山中部落にある浅間神社の所有地として登記され、そのため入会権の存在が争われたもので、事実関係は第四話**四**（二九四ページ）に述べてあります。そしてまた、この判決の上告審（最高裁昭和五七年七月一日判決二九六ページ）も、神社所有名義の登記が実態と相異するものであるが民法九四条二項に反するものではない、と判示しております。

(70) 甲府地裁昭和四三年七月一九日判決

「本件土地所有の帰属について考えると、本件払い下げ運動はもっぱら山中部落としてなされ、その払い下げ代金も当時の山中部落住民全員の平等な拠出金によってまかなわれたこと、払い下げの後、本件土地の所有名義をどうするかが議論され、結局所有名義は浅間神社名義とし部落住民の従前からの集団的な草の採取等の利用行為を確実かつ容易に継続することができるようにしてわざわざ共有名義を避けたこと、浅間神社は払い下げには何らの貢献もしていないこと、また、後日神社の費用、公共物建築の費用捻出のため本件土地上の建物を処分した際、その処分の決定権は神社以外の部落内の諸機関にあること、などの各事実を併せ考えると、本件土地が浅間神社所有名義とされたのは、本件土地が官有地に編入されたことによってその利用に苦しんだ山中部落住民が、本件土地を官有地編入前と同様に確実かつ容易に利用してゆく為に考えた一つの便法にすぎないというべきであって、従って本件土地自体の真の所有者は実在的総合人としての山中部落であるといわなければならない。」

（事実）つぎはお寺の所有地にかんするもので、岐阜県養老町鷲巣部落のいわゆる共有入会地は、明治二二年当時部落代表者個人名義で登記されましたが、昭和一八年その相続人から、寄附を原因として乙寺名義に所有権移転登記が行なわれました。その後も一定の管理規定のもとに部落住民に入会利用されてきましたが昭和三六年乙寺はその土地および地上立木を丙に売却し（所有権移転登記をし）たので、部落住民甲ほか八〇名が乙寺と丙を相手として、その土地上に甲らが共有の性質を有する入会権を有すること、乙寺から丙への土地および立木売買の無効の確認と、土地所有権移転登記の抹消を求める訴を提起しました。

第一審は、この山林が甲らの共有の性質を有する入会地であることと売買の無効を確認し、抹消登記請求を認めたので、乙寺と丙らは、第一審判決の取消を求め、部落代表者から乙寺へ移転登記をしたのは虚偽表示であり、乙寺の登記を信用した丙らは善意の第三者であるから民法九四条二項により、甲らは丙らに対して登記の無効を主張できない、と主張しました。

〔57〕名古屋高裁昭和四六年一一月三〇日判決

「入会権の内容は慣行上から来ていて種々様々で権利者の出入りもありその凡てを公示するのが不適当、かつ不可能でないかと考えられるのと入会権というのは取引も余り頻繁でない地方農村にあるものが多く、地域も広大なものが多いから、かかるものを取引せんとする第三者が取引に当りよく注意すれば不測の損害を免れる場合が多いしその程度の注意をこの第三者に要求することはそれ程酷でないと考えられるので登記なくして第三者に対抗できるという取扱いは必ずしも不合理ではない。このことは通謀虚偽表示の無効を善意の第三者に対抗できないと規定した民法九四条二項はこの場合に適用がない。甲ら又はその先代が入会権という権利の実体の表現とは異る普通の所有権の移転登記を部落の代表者、従ってその相続人或は乙寺のためにしたことは一種の通謀虚偽表示とならないとはいえないが入会権の取引は今でもそれ程頻繁でない特殊事情に鑑み、本件のような登記が広く行われている登記面上のことでなく、現地等においてより積極的に通謀虚偽表示を作為した場合に限り民法九四条二項を適用すべきであり、本件の場合にはそのような事実は認められない」

この二判決とも神社やお寺の名を借りた部落の所有地だと判示しておりますが、二つとも民法九四条二項を理由に争っているのも注目されます、なお〔66〕は部落が神社に土地を寄附したことを認め神社有地であることを前提として入会権の存在いかんが争われております。結局、神社やお寺の名義にした事情がその実質所有者を決定するかぎになるといえます。

三　公有（市町村・財産区有）林野における入会権

ある林野に入会権が存在するかどうかは、その土地の所有権がだれにあろうと関係がありませんから、市町村や財産区の所有に属する林野にも入会権は存在するはずです。ただ市町村有、財産区有の林野は地方自治法上「公有財産」とされて、一定の制約がありますが、しかし公有財産に入会権が存在してはならない旨の規定はありません。したがって市町村有、財産区有の林野（以下「公有林野」という）にも入会権は存在し、その入会権は地役入会権です。

ところが、このあたりまえのことにたいして、以前から、公有林野には入会権は存在しない、という見解があります。すなわち、部落の住民が公有林野を共同で利用する権利をもっていても、その権利は民法に定める入会権ではなく、地方自治法上の旧慣使用権である、というのです。このような考え方は、少なくとも戦前は大きな力をもっていたし、現在でもまったく無視することはできません。（ちなみに、いわゆる入会林野近代化法には旧慣使用権ということばが使われています。第六話参照）。

そこで、旧慣使用権とはどんな権利であって入会権とはどのような関係にあるか、の問題を含め公有林野において入会権が存在するかどうかを検討することにします。なお、市町村有、財産区有名義となっていても実質上市町村有、財産区有の林野であるかどうか疑わしい場合が少なくありませんので、それに先立ってこの問題を取上げることにします。ただ、財産区についてはすでに取上げたので、ここでは市町村有林野にかぎることにし、まず⑴市町村有林野ができるに至った経過、⑵実質上市町村有林野であるかどうかを判断する基準、について説明をしたのちに、⑶公有林野における入会権の問題を検討することにします。

1 市町村有林野は明治以後できたものである

現在の市町村有林野は、少なくとも明治初期まではありませんでした。現在の市町村が地方公共団体とよばれるようになったのは昭和二二年の地方自治法施行以後ですが、それ以前市町村は地方自治体とよばれており、地方自治体としての市町村は明治二二年市制、町村制の施行（北海道、沖縄県および伊豆諸島、隠岐島、対馬、奄美諸島などの離島では施行がおくれました）により、それまでのいくつかの村を合併して生れました。前述のとおり（一六五ページ参照）政府は、このとき、それまでの村がもっていた財産、主に林野を、新しく生れた市町村所有にしようとした（そして一部ではそれが行なわれた）のですが、それを強行することができなかったので、それまでの村すなわち部落がそのまま林野を所有することを認めました。

しかし、政府はこの部落有林を何とか規制しようと考え、市町村有に統一されなかった旧村持＝部落有の財産に対して、「市町村ノ一部ニシテ財産ヲ有シ又ハ営造物ヲ設ケタルモノ」と規定し、独立した権利の主体としての地位をみとめました。これが前に述べた「旧財産区」です。そして旧財産区である部落有林にたいする入会権に対しても、市町村有となった林野にたいする入会権に対しても同じように、「旧来ノ慣行ニ依リ財産又ハ営造物ヲ使用スル権利」(すなわち前述のいわゆる旧慣使用権ですが、当時から旧慣使用権ということばやそれがどのような権利であるというはっきりした考え方があったわけではありません)と規定づけました。

町村制施行後しばらくは、政府も旧村持=部落有林野を新しくできた市や町村の所有に移転することをすすめはしたものの、強制はしませんでした。しかし、明治四〇年頃になると、部落有林野を市町村有に移転させる方針をはっきりさせ、全国的にこれを指示し、半ば強制するようになりました。すなわち、明治四三年から全国的に行なわれた「部落有林野統一」政策がそれです。

明治四三年に、農商務内務両次官から各府県知事にたいして「公有林野整理開発に関する件」という通牒を発し、部落有林野の市町村有への統一を推進するよう指示しました。これは、部落有林野を市町村有に統一移転して、市町村有財産とせよ、ということです。しかもそれが無償無条件、すなわち無償で部落から市町村に寄附し、しかも入会慣習などをみとめるというような条件は一切つけない、という方針でした。これは農民から入会地をとりあげよということですから、当然農民の抵抗が強く、部落有林野統一事業はすすまなかったので、大正八年にふたたび農商務内務両次官から通牒を発し、有償条件付の統一をみとめることにしました。つまり市町村が部落有林野を有償で買受けたり、住民の入会慣習をみとめたまま市町村に寄附統一させてもよろしい、ということにしたわけです。それ以後全国的に部落有林野統一事業がすすめられ、大体昭和一二、三年ごろまでつづけられました。ですから全国的には大正末期から昭和初期にできた市町村有林野が多いようです。
ただ、ここで特に注意しなければならないのは、この部落有林野統一事業は全く法律上の根拠なしに行なわれた、ということです。部落で林野などの財産をもつことを禁止したり、部落有の林野を市町村有にすることを強制する法律は何もなかったのです。中には、部落で財産をもってはいけないという法律が出されたとか、部落有林野を市町村に寄附しなければ処罰されることになっていたとか考える人がありますが、それは全くの誤りです。法律も命令もなく、ただ部落有財産を市町村財産に統一移転させるよう努力精進すべし、という次官通牒があっただけです。この次官通牒をうけた知事は県の職員や市町村長を督励したのですが、その督励をうけた人々の中には、部落で林野をもつことができないとか、この命令にしたがわなければ処罰されるとか、おどかしの文句をつかった人があったかも知れません。

政府が部落有林野統一を行なったのは、第一に、市町村財政を強化するために部落の財産を市町村に統一し、その基本財産とする。第二に、部落有林野には育林が行なわれず荒廃しているものが多いがこれは部落に造林能力がないためであるから、これを市町村の所有に移転して造林を振興する（そのことが市町村財政の強化に結びつく）、ことが理由になっています。そして、このように部落有林野統一は、部落から市町村への林野所有権の移転だけではなく、市町村が直轄利用——主に造林——することにあったわけですから、従来の住民の入会権を部分的にせよ否定することを目的としたものでした。そこで、これをおしすすめるために次の二点が法律上の根拠となっています。

①　部落有林野はほんらい市町村の一部の財産であるから、これを市町村有にするのが当然である。

②　市町村や市町村の一部が所有する林野には旧慣使用権は存在するが民法上の入会権は存在しない。旧慣使用権は公権であって市町村議会の議決で廃止することができるから、議会の議決によってこれを廃止し、市町村がその林野を直営する。

したがって、旧村持林野を市町村の一部が有する財産である、と規定したのはこれを市町村有林野に統一するための準備だったとみることができます。また市町村や市町村の一部にある住民の権利が旧慣使用権という公権であるという見解（すなわち入会公権論）は、部落有林野統一をおしすすめ、公有地上における住民の入会権を否定するための議論である、ということができます。

ともかく右のようにして市町村有林は形成されたわけですが、中には部落有林野の統一がずい分強引にやられたところもあるようです。部落有林野の統一は、土地台帳上あるいは登記簿上大字有、部落有と記載されたものだけでなく、住民共有名義のものまでも含まれています。前者の林野については一応旧財産区の財産であって市町村長がその管理者であると推定することもできますから、市町村長の発議でこれを市町村有に移転することもみとめられますが、後者の林野は住民共有の私有財産ですから、所有者である住民の意思にもとづかないかぎり市町村有への移転はできないはずですが、それを市町村長の発議でしているところもあります。それも有償ならばともかく、無償であればその統一移転自体が有効であるかどうかが疑われます。

また、部落有林野がすべて市町村有林に統一されたわけでなく、統一されていない、いわゆる部落有林が現在全国に非常に多いことはいうまでもありません。ところで、統一された林野には条件付統一のもの——すなわち、住民の入会権あるいは入会慣行をみとめるという条件で市町村有にしたもの——が圧倒的に多く、その条件は、市町村において統一条件として文書にされています。無条件統一が行なわれた市町村といえども、住民の入会慣行を全くみとめないという例はほとんどないのではないでしょうか。おそらく部落有入会林野を統一した市町村有林野においては何らかのかたちで住民の入会利用の権利がみとめられているといえます。その条件なり、権利をどう考えるか、それを入会権とみるかどうかが問題となるわけです。

2 市町村有林野であるかどうかは実質的に判断しなければならない

市町村有林は右のように、部落有林野（部落住民共有の林野を含む）を統一移転してできたのですが、その範囲がはっきりしなかったりあるいは土地台帳や登記簿上の記載が明瞭でないため、あるいはただ市町村の名を借りて登記したという場合があるなどのために、ある林野が市町村有であるのかどうか問題となる場合があります。ここで、市町村有林野であるかどうかが問題となる場合の判断の基準を述べておきます。この基準は前に述べた財産区の場合とほぼ同様で、次のどれかにあたるものは市町村有と考えてよいでしょう。

① 土地台帳又は不動産登記簿上市町村有と記載又は登記されているもの（ただし、この市町村名は明治二二年市制町村制施行以後の市町村にかぎる）。

② その林野につき市町村へ統一する旨の協定又は市町村に寄附する旨の決議等のあることが確認されるもの。

③ その林野が市町村の財産台帳に記載され、市町村有財産であることを理由として固定資産税およびその財産から生ずる収益に対する市町村民税が賦課されていないもの。

④ その林野の管理処分について市町村の条例や規則が制定され、その林野についての予決算が市町村議会の議決によって実行されているもの。

市町村有であるかどうかを判断する基準

つぎに、市町村有地であるかどうかを具体的に判断する基準をあげることにします。

(イ) 土地台帳又は不動産登記簿の表題部に（権利登記にはほとんどありません）町村制施行以前の旧「村」の所有名義で記載されている林野がしばしばあります。このような林野でも新市町村へ統一または寄附したという協定書または決議書によって新市町村有とされたことが確認されないかぎり、現在その市町村所有の林野ではありません。これについては次のような判決があります。

〔21〕京都地裁舞鶴支部昭和八年一二月二三日判決

「町村制施行以前の町村が合併して新市町村を組織する場合において旧町村の権利義務が当然新町村に移転するかどうかについては別に規定がない。したがって旧村の入会権について何等の協議がなかったとすればその入会権は依然として旧町村に属するものと認めなければならない。

そして町村制施行以前においても町村は権利義務の主体になることができたのであって町村制施行により合併して一つの新町村を組織し旧町村は自治体としての資格を失なった場合といえどもなお依然として権利義務

の主体となることができる。」

このように旧町村持の林野は新町村に合併又は統一の協議がないかぎり新町村有の林野ではありません。旧町村の地域は町村制施行以後大字又は部落となったのですから、このような林野はいわゆる部落有林野となったわけです。ただその部落有林野が財産区有の林野であるかそれとも部落住民共有の林野であるかは、前に並べた基準によって判断するほかはありません。したがって、町村制以前の甲村と乙村とが合併して新しい丙村が組織された場合、甲村名義で土地台帳に記載されている林野は、丙村に統一又は寄附した旨が確認されないかぎり丙村有林ではありません。

それにもかかわらず、経過がはっきりしないがともかく現に町村が管理しているから町村有林である、と解する向きがないでもありません。

つぎの判決は財産区有地かそれとも住民の共有入会地かにかんするものですが、この財産区は、戦後の町村合併により合併前の町有財産をもってつくられたいわゆる新財産区にかんするもので、もともと町有財産であったか否かが問題となったものですのでここで取上げます。

（事実）これは、島根県伯太町母里財産区有とされている山林に住民が入会権を有するか否かにかんするものです。この山林は昭和二七年伯太町に合併される以前は母里町の財産とされていたのですが、もともと明治二二年に母里町（当時母里村）が生れる前三つの旧村（三大字）の共有入会地であり、大正年間に母里村有名義で所有権保存登記が行なわれました。その後入会利用に変化を生じ住民と財産区との間で、旧母里町の財産となったかそれとも三大字住民の共有の性質を有する入会地かが争われました。

〔55〕松江地裁昭和四三年二月七日判決

「町村制の施行が従来の村を制度的に否定するものであることはいうまでもない。しかし、旧村の生活協同体としての実体は町村制施行后も部落或は大字として存続し得た。当時の政府の方針が町村制施行に伴い、従来の部落有財産を町村有財産に統一するものであったことは疑いないが、町村制施行により、直ちに、旧村の総有に属した財産が町村の公有財産に編入されたものと考えるのは妥当でない。このことは、明治二一年六月一三日内務省訓令が町村に統合されなかった旧村持林野をほぼ従来の形態で所有することを承認していたことからも明らかである。

ただ、この時期における部落有財産に対する理解は不充分であったからその取扱いも曖昧で、町村に統一されたもの、一部落有財産（財産区）として町村長の管理におかれたもの、部落の私有財産と異らない形態で存続したものなどその内容はさまざまである。

従って、本件山林における右の区別は結局、町村制施行后の入会慣行の態様、山林の管理用形態によって決する他ない。してみると、本件山林は町村制施行の際、その取扱いについて論議があった形跡はなく、もとより、当時既に制度化した財産区を設立したわけでもなく、大正年間に至り、村名で保存登記をしたこと、村は前認定のとおり明治三四年以来、村有財産として管理し、造林しており、山林の賃貸し、処分をいずれも村会の議決により行い、これら山林の使用方法について、村民に異議はなかったこと、又村民らにおいては、本件山林を公有のものとして認識していたとも推認でき、斯様な事実を考慮すると、本件山林は母里村発足の際同村有財産に編入されたものと考えるのが相当である。

以上要するに、本件山林は町村制施行までは生活協同体としての旧三村の住民全体が利用収益し且管理していた共有的入会地であったが、明治二二年母里村発足により同村有財産に統一され、以来地役たる入会地になったものといい得る」

この判決は、旧村持財産を町村制上の（地方公共団体たる）町村の財産とする、という取りきめがあった事実は認められない、といいながら、村が登記したこと（旧村＝部落の名では登記できない）村が管理したこと、それについて村民に異議がなかったことを理由に新しい村有となった、といわば村のよこどりに近い論理を認めております。なおこの判決は入会権の存否についても判示していますが（三五三ページ）、入会地の帰属といい、入会権の存在といい、すべて〔53〕判決そのままといってよいでしょう。ともかく本判決のように経過を明かにしないで町村有だといいのは不当だといわなければなりません。

つぎに問題となるのは、町村制以前の一村の地域をもって新しい町村ができた場合、たとえば旧丁村がそのまま新しい丁村となった場合、旧丁村所有の林野（明治二一年以前に土地台帳に村有と記載されている林野はすべて旧村の所有です）は果して新しい丁村の林野であるかどうか、です。これも、新丁村が旧丁村から林野をひきつぐという協定書でもあれば問題はありませんが、数ヵ村が合併して新しい町村を組織するのとはちょっとちがいますのでそのような協定も行なわれず、判断の困難な場合が多いと思われます。

この問題について次のような注目される判決があります。

（事実）これは、東京都新島（伊豆七島の一つ）に、国がミサイル試射場を設置するため新島本村からその村有林の一部を買受けたところ、試射場設置に反対する村住民の一部からその山林は新島本村の所有地ではなく住民総有の入会地であるという理由で、国および新島本村を相手として共有入会権を有することの確認と、山林の返還を求めた事件です。

この山林は、古くから「村山」とよばれ新島本村村民が入会利用していましたが明治初年官有地に編入されました。しかし新島本村の名主年寄らが払下を申請し、明治一九年に「一島又は一村の共有として」当時の新島本村に払下げられました。新島は当時新島本村一ヵ村であり、しかも明治二二年に町村制は施行されず、大正一二年に島嶼町村制が施行され、昭和一五年に一般の町村制が施行されました。したがって一般の町村よりも非常におくれて地方自治体としての新島本村となったのですが、旧村の地域がそのまま地方自治体としての村になっています。

(67) 東京地裁昭和四一年四月二七日判決

「本件山林の下渡し当時の新島本村の法的性格を検討すると、新島には大正一二年一〇月一日島嶼町村制が施行されるまでは町村制が施行されず、……一村一部落を形成し、一つの団体が行政村としての性格と部落としての性格を兼ね備えていたこと、各村の住民は家（世帯）を単位として部落共同体を構成し、本件山林等のいわゆる村山の利用等の権利は家を単位として世帯主の権利として認められていたこと、新島では明治一三年から十数年後の明治二八年に至って徳川時代の村の自治機関と同じ名称の村寄合の規約が定められた……これ等の諸事情をあわせ考えると、本件山林下渡し当時の新島本村の性格は本質的に藩制時代の村と同じく「家」（世帯）を単位として構成された村民の総体でいわゆる実在的総合人であったものとみるべきである。

本件山林は当時の新島本村に「一島又ハ一村共有」として下渡されたのであるが、「一村共有」とは、村という団体の所有であると同時にその内容が村民各自に分れて帰属し、各自の特別個人権として表現するところの権利すなわち一村の「総有」を意味したことを推認できる。そうであるとすれば、本件山林は前記下渡しによって実在的総合人としての新島本村の総有に帰し、新島本村村民は、共有の性質を有する入会権を行使する権利を取得したものというべきである。

島嶼町村制の施行される直前の大正一一年一月三〇日東京府知事の認可を得て村有椿林貸付規則が制定され、大正一二年九月一日より前記部分林の割当てを受けた村民が新島本村名主から右村有椿林貸付規則により貸付を受けるという形式がとられ、貸付料として若干の金額が支払われるようになり、満二〇年の貸付期間というものが設けられたこと、その後前記村有椿林貸付規則は若干の改正を経て新島本村部分林貸付規則となり、さらに新島本村山林条例（昭和三四年）となって今日に及んでいること、この間本件山林は新島本村の村有財産台帳には新島本村の村有財産として記載され、部分林使用料は行政村である新島本村の歳入に組み入れられてきたことがそれぞれ認められる。

しかしながら、右部分林の設定、割当てについては入会権者たる部落住民全員がこれを異議なく承認したものと推認されるけれども、右貸付規則等の内容が、本件山林が行政村の所有であることを前提とし、これを村有財産として貸付をする形式をとっているとはいえ、入会権者たる部落住民全員が部落共同体としての村の所有と行政村としての村の所有との区別を明確に認識して部落住民の有する本件山林の地盤に対する総有権を放棄し行政村たる村の所有とすることを認めて右規則等にもとづきその貸付を受けたものとは到底認められず、むしろ、そのようなことを認めて貸付を受けたり割当てを受けたものでないことが認められるから、他に入会権者たる部落住民全員による権利の放棄または村の機関に対する放棄の権限の委任ないし村の機関のした放棄行為の承認等のあったことが認められない以上、部落住民はまだ本件山林の地盤の総有権を失なっておらず、したがって行政村としての村の所有財産の貸付を受けている関係にはないものといわなければならない」

第一審で敗訴した国および新島本村は、新島には本土におけるような入会権が成立しうるような基盤がないからこの土地は住民の共有入会権ではない、という理由で控訴したところ、第二審は第一審を取消し、土地は住民共有ではなく行政体としての新島本村の所有でありまた住民は入会権を有しな

い、と判示しました（入会権の有無については二六八ページ参照）

〔67〕東京高裁昭和五三年三月二二日判決

「新島本村の名主及び年寄は明治一六年四月六日連名で、東京府知事に対し『官有地御下附願』と題する書面を提出し、本件山林を含む山林原野の下渡を申請したところ、東京府知事は同一九年九月二四日新島本村に対し『一島又ハ一村ノ共有トシテ』右土地を下渡したことが認められる。

そもそも明治初年諸藩の直轄地を政府の所有とし、そのころ始まる地租改正、山林原野官民有区分により多くの山林原野を官有に編入し、爾来山林原野につき近代的権利関係の樹立を目途とした時代にあって、東京府知事がことさら部落共同体としての新島本村に対し、山林原野の下渡をする理由は考えられない。下渡された本件山林を含む山林原野は、行政村たる新島本村の執行機関である名主によって管理され、明治二八年五月二一日村寄合規約が施行されてからは、その管理は村寄合の議決事項とされ、大正一二年一〇月一日島嶼町村制が施行されるに及んで、行政村たる新島本村の基本財産としてその管理は村会の議決事項となり、昭和二九年一〇月一日若郷村と合併して後は、合併後の新島本村の村有地とされ、爾来役場備付の帳簿に村有財産または基本財産として、記載されていることが認められる。

以上の事実を総合判断すると、入会団体としての部落共同体の存在はこれを認めるに由なく、従って本件山林を含む山林原野の下渡は、部落共同体としての新島本村に対しなされたものではなく、かえって当時法人化の発展途上にあった、いうならば権利能力なき社団としての新島本村に対しなされたものであって、その後新島本村が行政村として法人格を取得すると同時に、右山林原野の所有権は同村に帰属するに至ったものと認められる。」

詭弁といわれても仕方のないような、奇妙かつ強引な理くつ（理論とはいい難い）を述べて、土地が部落住民共有ではなく村有に属する、と云っていますが、この判決はこの土地が部落住民の共有入会権ではないことの前提として、あるいはそれと関連づけて村有地であると判示しています。住民が入会権を有しないということの理由づけもきわめて問題ですが、それは入会権の有無（第五話）のところで検討することにして、ここでは土地の帰属（村有か住民共有か）のみを問題にします。まず、「一村又は一島の共有として」売渡された土地は、一村住民共有となったと解すべきであって、行政体である村有となったと考えることが不当である（行政体である一つの村の共有ということはありえない）ことは〔53〕で述べたとおりです（一九五ページ）。つぎに、このこととも関連しますが、当時新島本村という地域には入会団体としての部落共同体が存在したと認められないから、土地の売渡を受けたのは村落共同体ではなく、法人化の発展途上にあった、行政体としての新島本村であった、というのです。明治初年に新島本村地域に入会地を管理しうるような村落共同体が存在しなかったといえるかはあとまわしにして、旧村（＝生活共同体）としての新島本村も、行政村としての新島本村も地域的には全く同一（つまり旧一村が町村制上の一村となった）ですから、そのような生活共同体が存在しなかったとするならば、法人化への発展途上にある、つまり近代的社団としての性格をそなえうる行政団体が別個に存在するはずがありません。むしろ法人化への途がおくれたからこそ新島では明治二二年に町村制が施行されず、昭和一五年に町村制が施行されたのです。このような一見してわかるような矛盾を述べているのは全く不当というよりほかはありません。（部落住民たちはこの判決を不当として上告しましたが、最高裁は昭和五七年三月二三日上告を棄却しました。）

また、次に掲げるのはやや特殊な例で、もと「学区」の財産とされていた林野が学区制の廃止（昭和一六年）によって村有となったかどうかについての判決です。この学区は、小学校の設置主体で、財産区と似た公法人でしたが、法律上の規定もはっきりしていませんでした。

〔事実〕これは、青森県倉石村大字又重にある、もと学区所有の財産とされ現在村有となっている林野にたいし、大字住民（全部ではない）が、この林野はもと村中持住民総有の林野であって、その学区財産編入ならびに村有移転は住民の意向を無視したものであるから現在も村有でなく住民共有である、という理由で所有権の移転登記を求めた事件です。第一審青森地方裁判所は、本件林野が明治四二年に又重学区財産に編入され、昭和一六年学区制の廃止により倉石村の所有に帰した、と判断して住民の請求を認めませんでした。（ただ、学区財産に編入した後も住民が入会利用していたことを認めています。二六六ページ参照）住民は、本件山林が土地台帳上一筆は又重部落有、他の一筆は甲の個人名義と記載されており、又重部落住民総有の財産であって、住民は本件山林を学区の所有に移転したこともなく、学区有になったことがない以上村有に編入されるいわれはない、という理由で控訴しました。

（52）仙台高裁昭和三三年一二月一六日判決

「明治四〇年一一月六日倉石村役場がつくった又重尋常高等小学校基本財産台帳には、本件山林三筆がいずれも又重学区の基本財産として記載されてあること、右記載は明治四二年一〇月三〇日旧帳から転記されたものであること、右旧帳はこれを見つけることができないので、右二筆がいつどのような原因で学区有になったものであるかは、これを明らかにすることはできないが、右台帳は明治四三年から大正一三年まではほとんど毎年村係員の検閲を経たが、右二筆の原野が又重学区の基本財産であるのに疑を抱く者はなく、小学校令廃止の昭和一六年まで区会、倉石村議会、倉石村長らがこれを右基本財産として処理してきたことが認められる。

さらに右二筆の原野が又重学区有とされていたことは、又重区会は、又重学区有原野約四〇〇町歩のうち約二〇〇町歩は村財産に統合し、残りの財産は財産区を設けて、その管理は倉石村長にまかせることにしたいとの意見を記載した答申書を昭和一六年三月一八日青森県知事に提出したが、本件山林には右二筆の原野も含まれているはずであることからしても明らかであるといわなければならない。

以上の次第で本件山林がいつごろ、どんな原因で又重学区有となったかはこれを明らかにすることはできない。しかし、明治二五年ごろすでに又重学区のあったことが認められ、また、馬種改良共同申合規約書によると前記二筆の原野は「地主倉石村、大字又重持」となっており、甲ら一二名の又重部落住民が右二筆をその管理人である倉石村長から明治三四年六月から同五四年六月まで二〇ヵ年、使用料一ヵ年一二円の定めで使用許可を得た事実を認めることができる。右の「地主倉石村、大字又重」の意味は必ずしも明らかではないが、当時すでに又重学区があったこと、学区はその基本財産を設けることができたこと、村長は村立小学校を管理するものであること、甲らが管理人である倉石村長から使用許可を得たことなどを考えあわせると、右二筆の原野は明治三四年当時すでに又重学区の基本財産とされていたものと認定するのが相当である。もし本件山林が大字又重有であり、あるいは甲所有であるとすれば、倉石村長はその管理人となるはずがなく、甲らが同村長から右原野の使用許可を得る必要はないはずだからである。

その後、国民学校令の制定に伴い、学区は昭和一六年三月三一日限り廃止されることになり、右廃止に伴い、学区の財産を処分することになったので、県知事にたいし又重学区はさきに述べたような意見を答申し、倉石村は、学区の財産全部を村財産として編入することを望む旨の意見を答申したが、同県知事は、当時施行されていた大正三年法律第一三号学事通則第四条「学区を廃止する場合においては学区の財産の処分に付ては関係ある市町村および学区の区会又は区総会の意見を聞き府県参事会の議決を経て府県知事がこれを決める。府県知事の処分に不服がある場合市町村又は学区は文部大臣に訴願することができる」という規定にしたがい、昭和一六年四月二八日又重学区の財産全部を倉石村に帰属するものときめたことが明らかであり、本件山林は又重学区の財産であったのであるから、右知事の処分によって倉石村の所有となったものといわなければならない。」

そこで部落住民たちは、本件原野に共有の性質を有する入会権を有することの確認と、仮に本件原野が村有地であるとしても時効によってその土地所有権を取得した、という理由でその土地所有権を有することの確認を求めて上告しました。しかし、最高裁判所は、入会権を有することの確認を求める訴訟は必ず入会権を有する者全員で起さなければならない（これを固有の必要的共同訴訟といいます）のに、本件で訴訟を起こしたのが入会権者である部落住民の全員ではないから、この訴訟自体が適法でない、という訴訟法上の理由で、原判決を破棄し、時効による所有権の取得については次のように判示しました。

〔52〕最高裁昭和四一年一一月二五日判決

「又重部落住民らが時効取得の基礎として主張する占有は、又重部落住民全員ないし又重部落としての団体的占有であることもその主張自体により明らかであるが、このような団体的占有によって個人的色彩の強い民法上の共有権が時効取得されるとは認められない。」

このように時効による土地所有権の取得もみとめられなかったのですが、結果においてこの土地が学区財産であったか、またそれが村有財産に編入されることに問題がなかったか、したがって村有財産であるか、住民が共有の性質を有する入会権を有するかどうか、については結果的に何とも判断されていないのです。

3 市町村・財産区有林野にも入会権が存在する

市町村有や財産区有の林野にも入会権は存在するはずなのですが、現に、公有林野を使用する権利は旧慣使用権であって入会権ではない、という、公有林野に入会権が存在することを否定する見解があるので、はじめにその見解をきくことにします。

いわゆる旧慣使用権について

地方自治法第二三八条の六に「旧来の慣行により市町村の住民中特に公有財産を使用する権利を有する者があるときは、その旧慣による。その旧慣を変更し、又は廃止しようとするときは、市町村議会の議決を経なければならない」(同条一項)という規定があり、この規定の「旧来の慣行により公有財産を使用する権利」を旧慣使用権とよんでいるのです(なお、財産区有財産についても地方自治法第二九四条により右の規定が適用されます)。この、旧慣使用権の規定を根拠に公有林野に入会権が存在することを否定するのですが、それは要約すれば次の二点が理由になっています。

① 旧慣により公有財産を使用する権利は、市町村の住民であることによって認められる権利であり、市町村の住民でなくなれば当然その権利を失なうのであるから、入会権などの私権とは性格を異にする公権である。

② 公有財産はほんらい公共の用に供すべきものであるから原則として特定の者にのみ使用させるような私権の設定を認めるべきではないが、ただ旧慣による入会利用の権利は否定することができないのでこれを旧慣使用権という公有物の使用権すなわち公権として認めたのであり、したがってその

権利は市町村議会の議決によって廃止することができるのである（もしその権利が私権であるならば議会の議決によって廃止することはできない）。

右のような理由が、公有地上入会権の存在を否定する理由として成立つかどうかはしばらくおくことにして、この理由の根拠となっている地方自治法第二三八条の六の規定は、旧市制、町村制（ともに法律の名称）の規定をひきついだものです。旧町村制には「旧来ノ慣行ニ依リ町村住民中特ニ財産又ハ営造物ヲ使用スル権利ヲ有スル者アルトキハ其ノ旧慣ニ依ル　旧慣ヲ変更又ハ廃止セントスルトキハ町村会ノ議決ヲ経ベシ」（町村制九〇条、市制一一〇条――上記の条文中町村を市とよみかえるほかはすべて同じ）という規定があり、いまの地方自治法の規定とほとんどかわりません。この規定を根拠に前述のような理由で市町村有地に民法上の入会権は存在しない、あるのは公権である旧慣使用権だけだ、という見解が戦前内務省や農林省などによって強く主張されました。このような見解をふつう入会公権論とよんでいます。

これにたいして入会権は土地所有権には左右されない権利であるから、市町村有林野であっても私権である入会権は存在する、という見解を入会私権論とよんでいます。後述のように裁判所はこの見解をとっており、また学者もこの見解を支持しています。このように、公有地上の入会権についてはこれをみとめる私権論とこれを否定する公権論とが戦前から対立しており、現在でもなお対立があります。だが、要は、公権論の根拠となっている前記の理由が成立つかどうかです。また、裁判所の判決に反するような見解がなぜ出るのか、ということも問題ですが、公権論については、後に検討します。

公有地上の入会権を否定する見解は法治主義に反する

〔判決〕まず公有林野に入会権が存在するか否かを取扱った判決をみてゆくことにします。

（事実）はじめにこの問題が争われたのは、三重県鈴鹿郡白川村大字白木の大字有林です。この山林に大字白木の住民は古くから柴草立木等を採取し入会利用してきましたが、大字（管理者村長）が鈴鹿郡（当時は郡も地方自治団体でした）のために造林の目的で地上権を設定したので、大字住民は柴草立木等の採取が困難になりました。そこで大字住民は大字と郡とを相手として、大字有林に入会権を有することを確認せよ、という訴訟を起しました。これに対して大字と郡とは、大字住民が大字有林に入会稼ぎをする権利があるとしてもそれは町村制にいう公権（旧慣使用権）であって民法上の入会権ではない、と反論しました。第一審安濃津地方裁判所は大字と郡の主張を認め、第二審名古屋控訴院も同じように、町村の住民が他の「町村有の山林に対する入会稼ぎの権利は多く入会権であるが、その町村有の山林に対する入会稼ぎの権利は入会権ではない。なぜなら町村の住民がその町村の所有する財産を使用する権利は町村制で認められている使用権（旧慣使用権）だからである。」と判示して大字住民の主張を認めなかったので、大字住民はその権利が公権ではなく入会権であると主張して上告しました。大審院は次のように判示して大字住民の主張を認めて原判決を破棄しました。

〔8〕大審院明治三九年二月五日判決

「およそ町村の住民が各自山林原野の樹木柴草等を収益する権利すなわち民法上の入会権はその山林原野が

他の町村の所有であるか自分の住んでいる町村の所有であるかをとわず有することができ、昔から他村の山林あるいは自村の山林に対して入会ってきたもので自村の山林といえども入会権を設定することができる。そして町村制に規定する町村又は区の営造物その他の財産に対する行政法上の共用又は使用の権利に関する規定中には住民がその山林の天産物すなわち樹木柴草等を各自採取する権利を含まない。したがって大字白木住民は入会権を有するというべきであり、町村制の規定によってその入会権を失うものではない。」

右の判決中「行政法上の共用又は使用の権利」というのは、いわゆる旧慣使用権です。なお、いうまでもないことですが、ここで大字有地とは、市町村の一部である大字（すなわち旧財産区）の所有する土地として取扱われています。本判決は、要するに「大字住民は大字有地上に入会権を有する」といっており、大字（財産区）有地に民法上の入会権が存在していることを認めています。

ここで注目されるのは、市制、町村制に規定する公権（旧慣使用権）には住民が天産物を採取する権利を含まない、といっていることです。この「天産物を採取する権利」が入会権を指していることは明らかですが、そうすると、住民が天然産物を採取する権利は入会権であって旧慣使用権ではないが、住民が人工造林などのために市町村有林野を共同利用する権利は旧慣使用権である、というように考えられないでもありませんが、そう考えるべきではありません。というのは、この事件においては住民が現に天産物を採取している権利は入会権か旧慣使用権であるか、が争われているのであって、裁判所は、天産物を採取する権利は旧慣使用権に含まれない、といっているだけなのです。もっとも当時の入会林野の利用といえばほとんど天産物の採取であって人工利用は少なかったので、裁判所が入会権は天産物を採取する権利だと考えても（現在の法律学者でさえ真面目にそう考えている人があるのですから）やむをえないでしょう。しかし、人工利用の権利は入会権ではない、とこの判決はいっていません。このことは後にはっきりしてきます。

なお、この事件の原判決が住民の権利は入会権ではなく町村制上の公権すなわち旧慣使用権だといった理由が興味をひきます。つまり、「町村の住民が他町村有の山林を共同利用するのは入会権であるが、自分の町村有の山林を共同利用するのは入会権ではない。それは何かというと町村制の使用権だ」といっているのですが、これはおそらく、入会とは他村持の山林を利用することをいうのであって、自村持の山林を利用するのは入会とはいわない、という考え方にとらわれたものと思います。この考え方は、山林の土地共有者が共同で収益するのは入会権によるものではなく共有権にもとづくものである、という判決〔7〕と相共通したところがあるようです。本件の林野はいわば自村持なのですからこの土地が住民共有であれば入会権ではなく共有権であるといったと思いますが、市町村の一部である大字の所有であるために町村制上の使用権であるといったものと思われます。

ともあれ、右の判決の趣旨はその後裁判所の判決にひきつがれます。

前述のように大正期から昭和初期にかけて部落有林野統一が行なわれましたが、部落有（財産区有）や市町村有林には入会権はなく、旧慣使用権はあるけれども、これは市町村議会の議決で廃止できるといって、市町村は、議会の議決でこれを廃止し自ら施業を行ない、住民の入会権を否定したので、住民は自ら入会権を守るために、部落有林や市町村有林に入会権を有することの確認を求めて各地で訴訟を起しました。これに対して裁判所は、右の判決の趣旨によって、市町村有地や部落有地において住民が入会利用する権利は入会権であって旧慣使用権ではないと判決しています。大正中期から昭和初期にこの趣旨の判決はかなりありますが、その中で次の判決が注目されます。

〔15〕長野地裁松本支部大正七年一二月二五日判決

「わが国古来から公法上の入会権というものは法規上も慣習上も認められたことはなく、町村制の規定により西穂高村柏原住民の権利が公共の営造物を使用する権利であるというけれども、山林は営造物ということができないから公法上の権利ということはできない。その権利は西穂高村柏原の住民が各自本件山林に入山する権利であるから民法上の入会権だといわなければならない。」

この判決は、前の大審院判決〔8〕にそのままましたがったまでで、別に目新しいことをいっているわけではありません。しかしこの判決が注目されるのは、部落有林野統一をおしすすめる政府のやり玉にあがったからです。大正八年に当時の内務次官から司法次官にたいして要旨次のような照会が行なわれています。

「部落有林野の統一については公益上の必要から各県においても奨励中であるが、この統一事業に密接な関係がある入会権の意義につき、裁判所の解釈としばしばくいちがって支障を感じている。一例をあげれば、大正七年一二月二五日長野地方裁判所松本支部判決がその例である。判決の当否はもとより口をさしはさむべきではないとは思うが、もし住民が旧来の慣行により部落有林野において採草採薪等をする権利をみな民法上の入会権であるとし、町村制九〇条に規定する公法上の使用権でないという趣旨をとるならば、町村制の規定は空文に帰することとなり事態穏当をかくばかりでなく部落有財産統一事業に大きな影響を及ぼすと思われる。ついてはこれについての御意見をうけたまわりたい。」

これに対する司法次官からの回答は、

「部落住民が旧来の慣行により部落有林野において採草採薪等を行う権利について、明治三九年に大審院は入会権である旨判決し、その後今日に至るまでこの判例を変更していないが、大審院判例を不当だとはいい難くまた判例の変更を望むことも困難であると思われる。したがって公益上住民の権利を解消させるには別に立法手段による以外はないと考える。」

というものでした。問題なのは、内務次官からの照会で、判決の当否には口をさしはさむべきではないと思うが、といいながら実際は判決が自分のところの解釈とちがうから何とかしてくれ、といっているのです。戦前の裁判所と戦後の裁判所とはその地位役割もちがうので当時はこのようなことが行なわれたのでしょうが、今日では許されることではありません。しかし後で述べるように、今日行政庁にこのような考え方が全くないとはいえません。

その後、大審院が市町村有地上にも入会権が存在するといったのは次の判決がはじめてです。

〔22〕大審院昭和九年二月三日判決

「本件山林は元治田村地内七部落の共有であったが町村制の施行後治田村の所有となりその基本財産となったものであって、治田村の住民は古くから各自本件山林に立入り薪炭用雑木秣および石灰石を採取し、多年の慣習により治田村の所有する本件山林に入会権を有し、その入会権は住民らの共有に属しない山林を目的とするもの、すなわち共有の性質を有しない入会権であることは明らかである。そして町村制に規定する町村又は町村の一部一区の有する営造物その他の財産に対する行政法上の使用権に関する規定中には町村の住民が山林の天産物すなわち雑木秣石灰石などを各自採取する権利を含まないと解するのが正当である。」

この事件のいきさつは分りませんが、要するに住民が村有地に入会権を有することの訴訟を起したところ、第一審、第二審ともこれをみとめたので、村がその権利は町村制上の使用権である、といって上告したのを、大審院が棄却したものです。この判決の述べるところと〔8〕はほとんど同一であるといってよいでしょう。

なおこの種の判決をあげましょう。次の二件はいずれも大字（旧財産区）有地上の権利についての判決です。

〔23〕大審院昭和一一年一月二一日判決

「大字住民のいう惣村入会の場合に必ずしも入会権が町村又は部落其者に属する、とはいい難く、又村民の入会地を利用する関係を公法上の関係とはいい難い。大字住民は多年の慣習により現在大字の所有する本件山林に於て柴草等を採取して来たものであるから、共有の性質を有しない入会権を有することはもちろんであって、この権利は大字住民が住民たる資格を失なわないかぎりもつことができる私権である。そして民法の条文はこの権利に適用されるべき法規を定めその権利関係を整理したのであって新たにつくったのではない。入会権は民法施行以前から私権として認められてきたことはいうまでもないことであって、町村制に規定する町村又は町村の一部が有する営造物その他の財産に対する行政法上の使用権は本件入会権のように町村有山林の天産物をその住民が各自採取する権利を含まないと解すべきであるから、町村制の施行によってそのような入会権が性質をかえることはない。」

〔30〕大審院昭和一九年六月二二日判決

「町村制九十条にいう旧来の慣行により町村住民中特に財産又は営造物を使用する権利とは町村有財産を使用する行政法上の権利を指し、本件のように毛上物草木の採取伐採植林等のため土地を使用収益するような町村の私有財産を目的とする純然たる民法上の権利は同条の規定には含まれないと解すべきである。」

右の二判決とも前の判決とほとんど同じ趣旨ですが〔30〕にはちょっと注目すべき点があります。

それは、町村住民が町村有林において草木の採取伐採「植林」等のために土地を使用する民法上の権利は旧慣使用権にふくまれない、といっている点です。ここでいう「民法上の権利」が入会権を指していることは明らかですが、判決がこのようにいっているのは、すでにこのころは入会林野に植林することが多くなっていることを反映しているものといえます。したがって〔8〕の判決のところで述べたように、裁判所は、町村制にいう使用権すなわち旧慣使用権に「天産物を採取する権利」だけではなく、入会権が含まれないのだといっていることが明らかでしょう。

このように、戦前の裁判所は一貫して市町村有地・財産区有地に入会権の存在することをみとめており、市町村有地や財産区有地であることを理由として入会権が存在することを否定した判決は一つもありません。その理由もまた一貫しており、「部落住民が市町村有林、財産区有林において採草、採薪、採石、植林などを共同で行なう権利は入会権であって、町村制上の旧慣使用権ではない。なぜなら旧慣使用権の中には入会権は含まれない」からといっています。

いわゆる旧慣使用権の中に入会権が含まれないのか、旧慣使用権と入会権とはどのような関係に立つのか、はかなり問題のあるところであり、その点は後でまた取上げますが、右にあげた判決がすべて、住民が有する権利は入会権であって旧慣使用権ではない、といっているのは、これらの裁判において、すべて市町村有地又は財産区有地における権利が入会権であるかそれとも旧慣使用権であるか、が正面から問題とされているからです。このことは、部落有林野統一と市町村の施業＝入会権の整理が背景になっていることを示すものですが、しかし、旧慣使用権のことにはふれず、ただ市町村有林にも住民の入会権が存在する、と判示した判決もあります。

（事実）この事件は、長野県洗馬村の小曽部山において部落住民が入会権を有するかどうかが、部落住民と洗馬村との間で争われた事件で、第一、二審とも部落住民が入会権を有することを認めたので、洗馬村は、㈠原審判決は、住民は天然生木を採取する権利を有するが堅炭焼用立木は採取できないと判示しているが、これでは採取できる物の範囲が不明確で入会権の性質に反した判断をしていることになる。㈡住民が本件山林の立木を村から買受けているが、住民が入会権を有するなら立木を買受けるわけがなく、また、村は本件山林の一部を住民に貸し付けて開こんさせ小作料を徴収しているが、このように山林の一部を個人に貸付けているのは住民の入会権を侵害するものであるにもかかわらず住民がこれに異議を申立てないのは、住民が入会権を有しないことの証拠である、という理由で上告しました。

〔26〕大審院昭和一五年五月一〇日判決

「住民は本件山林において薪を採取する権利を有するが堅炭焼をする権利を有しないのであるから天然生のなら、くぬぎを住民の入会権の範囲において薪用として採取することができるのは勿論あり、本件山林に対する洗馬村の有する所有権と住民の有する入会権との限界ははっきりしている。

そして洗馬村が本件山林の一部を村民に貸し付け開こんを許し小作料を徴収している事実があり村民も之に異議を述べなかったとしても、そのことだけで住民が入会権を有することを否定することはできない。また洗馬村は、部落住民が本件山林の立木を買受けた事実のあることをもって住民が入会権を有しない証拠であるというけれども、これもまた部落住民が入会権者であることを否定するものではない。」

この判決では、住民の権利が入会権であるか旧慣使用権であるかは全く問題にされていない（村も、住民の権利が入会権でなく旧慣使用権であるとはいっていない）ので、判決も、ただ住民は村有地上に入会権を有する、といっているだけです。判示中、住民が村有入会地の立木を村から買受けたり、村有地の一部の貸付けを受けて開こんし小作料を支払ったりしている事実があっても、住民が入会権を有する事実にかわりない、といっているところがありますが、それは、右のような事実があってもそれはきわめて部分的なことにすぎないから住民が入会権者であることにかわりない、といっているのか、それとも、右のような事実は入会権行使の一つの形態だから住民は入会権を有する、といっているのか、どちらかはっきりしませんが、いずれにせよこのような事実をもって住民が入会権を有しないといえない、ということだけは間違いありません。

戦後にも、市町村有地、財産区有地に入会権の存在をみとめた判決はいくつもあります。

まず、いくつかの判決をあげましょう。

〔33〕秋田地裁昭和三〇年八月九日判決

「本件山林は元秋田県北秋田郡釈迦内村（後に大館市に合併）沼館部落、同県同郡下川沿村字片山部落及び同郡大館町（後に大館市となる）東大館部落の持分平等の共有地で右三部落民の入会地であることは当事者間に争がなく、本件入会権はいわゆる共有の性質を有する入会権というべく、このことは後に部落有財産の統一により各共有持分がその所属する町村に帰することになっても、特別の事情が認められない本件では右の性質に変更をきたすものではない。」

〔40〕東京高裁昭和三三年一〇月二四日判決

「長窪古町が昭和三一年九月三〇日長窪新町、大門町と合併して長門町大字古町地区に本件山林を対象とする財産区が設置されたことは当事者間に争がないので本件山林は古町財産区の所有並に管理に帰したものというべきである。

しからば、和田村青原部落の住民が、本件山林につき、秣薪採取の入会権を有するにかかわらず、古町財産区はこれを否認し、その権利の行使をみとめない態度に出ている以上、青原部落の住民が古町財産区に対し、右入会権にもとづく権利行使を妨害してはならないという請求は正当である。」

この判決は右のように財産区のある町村外の部落住民集団が、財産区有地に入会権を有することを認めています。

〔45〕大阪高裁昭和三七年九月二五日判決

「村長が桃俣区共有山地管理規約に従い区有財産に管理処分をなしうることはいうまでもなく、村長が右規約に従って処分する場合に、入会権者に対し、新たに損害を蒙らせるような事情のない限り、入会権者の同意を要しないといわなければならないから、村長は本件山林に対し地上権を設定する権限を有する。」

この判決には多少問題がありますが、しかし、財産区有地上にその区の住民が入会権を有することをはっきりみとめております。市町村有林野において入会利用が行なわれている場合によく貸付地とか部分林とかよばれることがありますが、そのような形式をとっている場合に入会があるといえるのかどうかが問題となることがあります。次の二判決はこの点を明らかにした、きわめて重要な判決です。

（事実）これは、秋田県西明寺村（現西木町）西明寺部落の旧住民共有の入会林野について、旧戸八八名と新戸四五名との間で、新戸が現在入会権を有するかどうかが争われた事件です。この林野はもと旧戸八八名の共有名義でしたが大正一二年に村有地に統一され、部落住民八八名に賃貸されました。その後西明寺村から住民八八名の共有名義に払下げられました（したがって現在は住民共有地）が、右林野に入会権を有すると主張する新戸に対し、旧戸は、㈠本件山林はもともと八八名の共有地であって入会地ではない。㈡本件山林は村有になってから八八名に賃貸されたのであるから入会権が存在するはずはない、と反論しました。㈠は、このような林野が共有地であるか入会権であるかにかんする重要な問題を含んでいますが、これについては第五話で取上げることにします。本判決は、これについては入会林野であった、と判断し、㈡の村有地になったあと賃貸地とされてからも入会権が存在するか否かの点について次のように判示しています。

〔42〕秋田地裁大曲支部昭和三六年四月一二日判決

「本件山林が部落有財産統一事業の一環として大正一二年八月一〇日に村有化され、部落住民八八名に賃貸されたことは当事者間に争いがない。そこで問題となるのは、この措置により従前の入会権が消滅したか否かである。近代法的観点から見れば、これによって入会的利用関係は賃貸借による利用関係に切りかえられ、入会権は消滅したものと見られるであろう。しかしもともと封建時代の遺物である入会権の問題をかかる近代法的観念によってのみ割り切ることは許されない。民法第二六三条及び第二九四条が、入会権に関する第一次的規制を「各地方の慣習」に一任したのはこのためである。

したがって、この場合入会権が消滅したかどうかは法律上の概念の操作によって決定されるべきではなく、部落内において承認された入会の慣習が消滅したかどうかという判断によって決定されるべきである。

そして、次の理由により入会権は消滅しなかったものと認められる。西明寺部落財産統一条件第二項によれば「日用の薪炭材秣および副産物の採取ならびに放牧其他旧来の慣行はこれを認め、各部落相侵されないよう使用させること」と定められているところから見ても、部落有財産統一の措置がただちに入会の廃止を意味しなかったことは明らかである。

つぎに、西明寺部落総会報告書によれば昭和二五年当時「既存権利者」（賃借名義人となった八八人）以外の者も平等に無料で本件山林に入会していた状況が認められる。しかもその状態は、少なくとも昭和三〇年本件紛争が起る直前までつづいたことは明らかである。そうすると、部落有財産統一により本件山林の賃借人となった者八八名は、要するに部落住民全体のための賃借名義人となったのであり、その賃借権なるものの実体は部落住民全体の入会権であったと認めるのが相当であって、もともと部落住民全体のものであった本件山林について、右の八八名の独占的な使用権が設定されたものとは到底認められない。かりに、右八八名が賃料を支払ったというような事実があったとしても、それは右の認定を左右するものではない。なぜならば前述のとおり、入会の問題は、その法的外観をこえて社会的実体に即して考えなければならないからである。

しかし、右の八八名は名義だけの賃借人とは言っても、とも角賃借権という名義の保持者であるから、入会地利用関係において、次第に他の住民に対して優位の立場に立つ傾向が生じたことは自然の勢である。そこに、部落で言う「有権者、無権者」の区別が発生する理由があり、また、一部の住民が米や金銭等を部落に寄附し、或いは有権者に金を払って入山させてもらうような現象も起ってくる原因があると思われる。しかしそれらの現象が、社会的事実として入会権の全面的崩壊の程度に達していたものとは認められない。

以上の考察により、本件山林に対する入会権は、村有となった後も地役の性質を有する入会権として存続したものと認められる。」

（事実）次は入会集団構成員の範囲が争われた熊本県阿蘇南小国町黒川部落の紛争にかんするもので紛争の対象となった土地が南小国町有で、その土地上に入会権が存在することは町も認めておりますが、その入会権の性格について次のように判示しております。

〔69〕熊本地裁宮地支部昭和五六年三月三〇日判決

「本件入会地は、政府の部落有林統一政策に基づき南小国町の所有となったが、従来の入会慣行はそのまま持続するという条件が附されて黒川部落民の入会権が確認され、その際さらに、入会地上の天然木、人工造林木を伐採した場合には、伐採収益を入会集団七割、南小国町三割の割合で分収する旨の統一条件も附けられた。南小国町では、右の統一条件にそって、南小国町町有林野部分林設定条例を制定して、造林組合の結成を促し、造林組合との間で分収契約を締結することによって、天然木の保護撫育、人工造林を奨励してきた。そして、分収権の確保を図るために、伐採に当っては、造林組合長から南小国町へ部分林伐採申請をさせ、森林組合に委託して入札によって売却し、分収してきた。

ところで、本件入会地は、元来、黒川部落有財産として、黒川部落民に総有的に帰属する私有財産たる共有の性質を有する入会権の客体であったことは、本件入会権の歴史に照らして、明白である。そこでは、観念的には、黒川部落民の地盤所有権に対する総有権と地上産物に対する使用、収益、処分の総手的権能が一体となっていたといえる。そして政府の部落有林統一政策に基づき、黒川部落民のこの権利内容のうちから、地盤所有権が奪われて、南小国町の所有に帰したが、残りが黒川部落民の権利として留保され、この結果、黒川部落民の入会権は地役的入会権に変化したものである。つまり、黒川部落民の入会権、これに基づく地上立木その他の産物の使用、収益、処分の権能は、元来黒川部落民の総手的権利であったものであり、統一条件によって与えられたものではないのである。」

つまり、もともと部落有であったときは部落住民の共有入会地であったが、部落有林野統一によって土地が町村有となることにより部落住民の入会権は地役的入会権になった、というのですが、この判決で注目すべきは、もと部落有入会地が市町村有となって条例や規則等によって産物を採取したり分収契約により造林することがあってもそれらの採取や造林等の利用行為は住民の固有の入会権にもとづくものであって、決して統一条件や規則等によって認められたものではない、という点です。

戦後の市町村有地、財産区有地上の入会権の裁判では、戦前のように地方自治法上の権利（いわゆる旧慣使用権）ということばはほとんどでてきません。ただわずかにこれにふれた判決がありますが、それもいわゆる旧慣使用権ではない、といっています。

（事実）これは〔43〕によく似た事件で、山形県西村山郡西川町（もと西山村）水沢区の横岫《よこぐき》部落において横岫部落と水沢区の他部落の住民甲との間で甲が同町有林上に権利を有するかどうかが争われました。横岫部落は、㈠この山林はもと水沢区有であって全区民が入会的に共同使用してきたもので、昭和四年に部落有林野統一が行なわれて町村有になったがその後水沢区が管理し、各部落が区から借受けて使用しているのであるから横岫部落が賃借権を有するのであって個人が真接土地使用の権利を有するものではない。㈡仮に権利を有したとしても、昭和二五年制定の水沢区村有借受地運営規則によりその権利は消滅した、と主張しましたが、甲は、㈠自分の父が本件土地上の手入山（分け地のこと）に慣習にしたがって植林し、自分が相続によってその立木を承継して引きつづき育成しているのだから地上権を取得している。㈡地方自治法（第二三八条の六）には、「旧慣を変更し又は廃止しようとするときには市町村議会の議決を経なければならない」と規定しているが、本件山林における手入山の権利を変更する旨の町村議会の議決もないからこの権利は消滅せず、また区が制定した水沢区村有借受地運営規則もこの権利を消滅させるものではない、と反論しました。

要するに、区ないし部落が管理する町村有地上に甲が分け地の使用権を有するかどうかの争いで、甲はその権利が地上権であること、さらにそれは地方自治法上の権利（いわゆる旧慣使用権）であるから、町村議会の議決もなしにこれを消滅させることはできない、と主張しているのです。甲が、その分け地の使用権をなぜ入会権であると主張せず地上権であると主張したのか、またその地上権が地方自治法上の権利であると主張したのかそれともその権利は地上権であるが仮に地上権でなくとも地方自治法上の権利すなわち旧慣使用権であると主張したのか、この点は明らかではありません。

裁判所は、甲が地上権を有することを認め運営規則との関係と地方自治法上の権利については次のように判示しました。

〔44〕山形地裁昭和三七年九月三日判決

「甲が父から承継した本件土地に対する「手入権」「地上権」「共有地手入場」等と称する権利の性質について考察すると……地上権と推定される公算がきわめて強く、この権利のゆずりわたしについて本件土地の所有者である水沢区の承諾を求めた形跡がなくゆずりうけた者が存続期間の制限を受けずに長期にわたって使用できる点を考えれば甲の権利は地上権であると認めるのが相当である。

横岫部落は、甲がもし本件土地に地上権を有するとしても、それは昭和二五年一月制定の「水沢区村有借受地運営規則」によって終了したと主張するけれども、この運営規則が甲の地上権に適用されるか否かははなはだ疑問のあるところである。すなわち、本件土地の所有権は昭和四年に水沢区より西山村に移転しているので、その後において地上権設定者の地位にない水沢区が従来の権利を制限するような規則を制定することができるかどうかは疑わしく、仮に水沢区が西山村の事務を代行する立場にあり、水沢区の行為がすなわち西山村の行為であると解釈しても、「西山村部落有財産整理統一協定」および前記運営規則を詳細に検討すると、これらが従来すでに設定されていた村有地に対する部落住民の既得権を制限する趣旨のものとは考えられず、かえって従来の既得権はそのまま旧慣として存置し、以後の借地関係を整理する趣旨に出たものと考えられるばかりでなく、地上権の存続期間を設定者側の一存で制限できるものかどうかも疑わしい次第であるから、甲の地上権は前記運営規則によって何等拘束されず、甲の地上権は尚存続していると認めるべきである。

右のとおり、甲の地上権は消滅していないので、甲の地方自治法二三八条の六に関する主張に対しては判断の必要がなくなった訳であるが、念のため右の主張について一言すると、同条にいう「旧来の慣行による使用権」とは、市町村の住民であることにより認められる権利であってその性質は公法上の権利であり、その市町村の住民でなくなれば当然その権利を失なうもので私権とはその性質を異にするものであるから、この点からしても右主張は本件には関係がない。」

以上のように、戦後も裁判所は市町村有地、財産区有地に、部落住民が入会権を有することを認めております。林野が市町村有、財産区有であることを理由として入会権の存在することを認めない判決は原則としてない、と云ってよいでしょう。原則として、というのはややそれに近い判示をした判決があるからです。

それは住民の共有入会地かそれとも町村有地かの紛争にかんする〔52〕と〔67〕です。〔52〕はもと「学区」有とされた林野であり、〔67〕は町村制の施行がおくれた離島（新島本村）の林野で、部落住民の共同所有地ではなく村有地であると判示しているのですが、村有地であっても住民の入会権は存在しうる（地役的入会権）にもかかわらず、ともに村有に帰した沿革ないし歴史的事情から判断して入会権は存在しない、と云っています。

〔52〕は学区の財産とされたものが学区の廃止により村有財産とされたもので、この事件では、第一

審判決においては「本件原野が又重学区の所有に編入されて以後も、慣例により、又重部落民が本件原野を放牧地又は採草放牧地等として使用することを認められ、右目的のために部落住民によって使用収益されてきた」と、住民が入会権を有していたことを認めております。しかし、第二審仙台高等裁判所は次のように判示してこれを否定しました。

(52) 仙台高裁昭和三三年一二月一六日判決

「学区の基本財産を設けるわけは、その収入で、その学区の小学校維持に関する費用にあてようとすることにあるのだから無償で無制限に使用収益することを内容とする入会権の付いている原野を学区の基本財産とすることは、全く意味のないことである。それゆえ本件原野を又重学区の基本財産とするとき又重部落住民全員は右原野に対する入会権を廃止したものと認めるべきであり、これによって住民の入会権は消滅したものといわなければならない。もっとも、青森県当局は昭和一六年五月一〇日倉石村長に対する通牒で、倉石村の学区の財産は村に帰属するものとしたが、「この財産の使用収益については原則として旧学区域の部落住民に従来通りなさしめる」といっているので、これを一読すれば、又重部落住民は、本件原野が又重学区の財産であったときもこれを使用収益することができたし、これが倉石村の財産に編入されても、これまでどおり又重部落住民に使用収益させなければならないというように解されないでもないので、あるいは又重部落住民は本件山林が学区の財産であったときもなおこれについて入会権を有していたのではなかろうかと考えさせる余地がないでもない。しかし右通牒がこれに引きつづき、「収入は旧学区学校経費に充当し……」といっているところからみると、これまで本件原野を有償で使用させたり、地上の草木などを売却するときは、その相手方を部落住民にかぎっていたのであるから、それが村有財産になった後も従来どおり原則として部落住民に優先的に使用させたり売却したりしなればならないとしたものと解されるから、右通牒は、又重部落住民が本件原野について入会権を有することの資料とはしがたく、他に部落住民らが現在なお入会権を有するものと確認させるに足りる証拠がない。」

これを不服とした住民たちは上告しましたが、前述のように、最高裁判所は、入会権を有することの確認を求める訴訟は入会権者全員が起さなければならない、という訴訟法上の理由で、右の判決を却下しました。したがって結果的には本件原野に住民の入会権があるかどうかは、裁判上明らかにされていないわけです。学区は現在ありませんが、旧財産区に近い存在（公法人）でしたから、右の判決のいうところを少し検討してみましょう。学区の基本財産はそれからの収入を学校の維持運営の費用にあてることを目的として設けられるものですから、「無償で無制限に使用収益することを内容とする入会権の付いている原野を学区の基本財産とすることは」、判決のいうとおり全く意味のないことであるかも知れません。しかし、入会権は無償、無制限である必要はひとつもなく、地役入会の場合はむしろ有償、制限付の方が多いともいえるでしょう。もと部落有入会林野を市町村有に統一したのちに、部落住民が有償、制限的に利用するようになった例はいくらでもあり、それによって入会権が消滅するものでないことは疑う余地はありません。本判決の裁判官は、入会権は無償無条件でなければならないという勝手なりくつをつくりあげて、住民の入会権は消滅した、といっているようです。そして、本件原野を「学区の基本財産とするとき部落住民全員は本件原野に対する入会権を廃止したものと認めるべきであり」といっていますが、前（二四五ページ）でみたように、「本件原野がいつごろ、どんな原因で又重学区有となったかはこれを明らかにすること ができない」といっているのです。そのいきさつが分らないのに、「部落住民全員が入会権を廃止したものと認めるべき」だというのは全く根拠のない、独断だといわなければなりません。さらに、本件原野が村有に編入されたのちも、部落住民が有償で使用したり草木を採取している事実を認めています。それもかならず又重部落住民にかぎり、従来どおり部落住民に優先的に使用させたり売却したりしなければならないものであることを認めているのです。もし部落住民の入会権が消滅したのであれば、その原野はだれに使用させても差支ないはずであり、その産物などを部落住民に売却しなければならない、などということはないはずです。村有財産とされたのちにおいてもその使用収益の方法が右のように制約されていたということは、部落住民の入会権があるからにほかなりません。それを、入会権が存在しない、と判断した右の判決は、入会権は無償、無制限でなければならないという全く誤ったひとりよがりの考え方にとらわれたものといわればなりません。

つぎの〔67〕は新島ミサイル基地にかんする事件で、住民が薪やかやを採取していた山林は村の所有であって、もともと住民の入会権が存在しなかった、と云っています。

〔67〕東京高裁昭和五三年三月二二日判決

「本件山林を含む山林原野は、東京府知事により下渡される以前から村山と称せられ、新島本村の村民が薪や椿の実の採取等に利用していたことが認められるが、しかしその当時右土地が村民全体の総有に属し、その結果村民が右山林を右のように利用していたものであった事実は、これを認めるに足りる証拠はない。

村民は古くから下渡にかかる本件山林を含む山林原野に立入って薪を採取していたが、それには村が予め一戸あて一定数の札を渡しておき、村民は右山林原野で札の数と同数の薪束を作るが、薪束の大きさには制限がなかったこと、村民は春の定められた日に採取した薪を搬出することになっていたところ、その際交付した札は回収され、その札と同数の薪束の搬出が許可されたが、それは村の監視の下に行われたこと、そして薪の搬出が春に行われたために春の薪と呼ばれたこと、大正一二年九月部分林が設定されるに及んで、各戸の薪の需要は私有地及び部分林でまかなえるようになったため、村の決定によって春の薪は廃止されるに至ったこと、現在村民は石油、プロパンガス等の普及により、薪の需要は激減し、薪を採るために部分林に赴くことも少くなり、時折村により枯木や欠損木等が薪として払下げられるに止まることが認められる。右認定事実によると、新島本村は下渡された本件山林を含む山林原野の薪の採取を管理していることが認められる。

村民は自由に村有地に立入り、枯枝を採取していたが、それは村民がその私有地と春の薪で薪の需要の大部分をみたし、従って採取する枯枝の量も少く、利害の対立を来すことがなかったため、村もこれを放任し、何らの措置を講じなかったことが認められる。従って村有地での枯枝の採取は権利とみるべきものではなく、無害のため自由に採取できたに過ぎないものである。

以上の事実を総合判断すると、入会団体として部落共同体の存在は認められず、それ故に、新島の部落共同体が共有の性質を有しない入会権を有することが認められないのもまた当然である。」

この判決は新島本村という村落共同体が古くから存在し、かつ山林を利用してきた事実を認めながら、もともと新島に入会団体は存在しなかった、というのです。裁判官は法律の専門家でありますが歴史の専門家ではありません。ただ、入会の裁判には歴史的な知識が必要なことが多く、この判決を書かれた裁判官は歴史的教養を十分お持ちなのでしょうが、それなら、何を根拠に「新島にもともと入会団体が存在しなかった」かを、判決中に説明しなければなりません。にもかかわらず、何の説明もしていません。離島である新島は本土と比べて発展がおくれたのは事実でしょうが、江戸時代から島民が自給農業生活を営み、そのため村山とよばれる山林で薪やか丶や等を採っていたことはまぎれもない事実です。そのような村山が入会地とよばれ、その権利が入会権とされる（この際入会地の所有権は問わないことにします）のに、新島ではそれが入会権とされない理由はありません。理由がないから説明できないのは当然ですが、新島にはもともと入会団体が存在しない、とはずいぶん島民を蔑視したものといわざるをえません。

判決の後半で、明治以降、村民が村山で薪取りや植林してきたことを認めていますが、そのような村民の利用も村の許可や監視のもとに行なわれた、いわば村の許可あるいは黙認、恩恵による行為であるから入会権ではない、と云っています。

どうも、何としてでもこの土地に入会権を認めたくない、という立場が本判決の裁判官にあったのではないかと思われます。この土地は村有であったものを国が買受けて、国有となりその大部分がミサイル基地その他関連施設用の土地となっているので、現に村有地上に入会権が存在するか否かを取扱った判決だとはいえませんが、ここでとくに注意しておきたいのは、住民の入会利用があったにもかかわらず村の監視のもとで、あるいは村の許可を得た上でのことであるから、住民の入会利用は権利にもとづくものでなく、住民は入会権を有するものではない、という論理です。これは後にみられるように入会権を否定する論理としてときどきつかわれます。

（要約） ここで、戦前から戦後にかけての、市町村有、財産区有地における入会権にかんする判決を整理しますと、裁判所は特殊な場合を除き市町村有地、財産区有地に、入会権が存在することをみとめております。特殊な場合とは、現に国有となった基地、もと学区有財産等で一般の市町村財産区有地ではなく、林野が市町村有や財産区有であることを理由として入会権が存在しないといった判決も、また住民が利用する権利は旧慣使用権であるといった判決もまったくありません。およそ市町村有地や財産区有地に旧慣使用権の存在をみとめた判決もありません。

ただ、前述のように戦前の判決と戦後の判決とでは大きなちがいがあります。それは、戦前の判決では、住民の有する権利は旧慣使用権ではなく入会権である、そして旧慣使用権の規定の中には入会権は含まれない、といっているのにたいし、戦後の判決では旧慣使用権は問題とせずただ市町村有、財産区有地にも入会権が存在する、とだけいっていることです。これは、戦前の事件が多くは部落住民と市町村または財産区（管理者は市町村長）との間の紛争であって、住民が林野に入会権を有するという主張にたいして、市町村または市町村長がそれは入会権ではなく旧慣使用権という公権だと反論し、住民の権利が入会権であるか旧慣使用権であるかが正面から争われたため、裁判所がそれは旧慣使用権ではなく入会権だと判断したのです。一方、戦後の事件では部落住民と市町村又は財産区との間の紛争もありますが、部落住民内部や外部の第三者との間の紛争が多く、部落住民の入会権を否定しようとする者も、それは入会権でなく旧慣使用権だという主張もしていません。ですから、戦後の判決には旧慣使用権が全くでてこないのでしょうが、これは、裁判所がみとめていない旧慣使用権をいまさら裁判上主張しても勝つ見込がないから主張しないのだろうと考えられます。いずれにしても、市町村有、財産区有地上にある住民の権利が旧慣使用権であって入会権ではない、という考え方は、すでに戦前にはっきり否定されたわけで、戦後の憲法のもとでは生れてくる思想ではないはずのものです。

戦前に否定されたはずの旧慣使用権の考え方が戦後なお生き残っているのは、前述のように、戦後の地方自治法が、旧市制、町村制の旧慣による使用権にかんする条文をほぼそのままひきついだことによるものです。行政官庁、とくに自治省などでは、地方自治法のこの規定があるから、市町村有地や財産区有地にある住民の入会利用の権利は旧慣使用権であって入会権ではないという、戦前の旧内務省の考え方をまだとっているようです。しかし裁判所は戦前から戦後にかけ一貫して市町村有地や財産区有地に入会権が存在することを認めていますから、市町村有地や財産区有地に入会権が存在するかどうかについては裁判所の判決と行政官庁の解釈指導がちがうことになりますが、このこと自体がはなはだ奇妙であり、許されないことだといわなければなりません。

あることがらについて、行政官庁の解釈が裁判所の解釈とちがっているとき、行政官庁は裁判所の解釈にしたがわなければなりません。憲法第八一条に「最高裁判所は、一切の法律、命令、規則又は処分が憲法に適合するかしないかを決定する権限を有する終審裁判所である」と規定しているように、行政官庁の命令や処分が適法であるかどうかは裁判所が決定するのであり、行政官庁といえども裁判所の決定＝判決にしたがわなければなりません。それが法治国家の大原則です。

一つの例を申しましょう。たとえば甲さんが、自分の家族が自分の家の農林業に従事した日数に適当と思われる日当額をかけ、その総計を必要経費として収入から差引いたものを純収益として納税の申告をしたところ、税務署は、家族の労賃は必要経費とみとめず、甲さんの申告額よりも高い金額を収入とみて高い課税をしてきた、と仮定します。甲さんがそれは不当だといって異議申立をしたが税務署はそれを取上げなかった。そこで甲さんは税務署＝国を相手として課税は不当であるという訴訟を起したところ、裁判所は、甲さんの云い分をみとめ、家族の労賃は必要経費とみるべきだ、と判決した。税務署が逆にこれは不当だといって争い最高裁判所までいったが結局家族の労賃は必要経費とみるべきだ、ということが裁判で確定した。ところが税務署は、裁判所がそういっても自分のところはそうは考えない、自分はあくまでも家族の労賃は必要経費とみとめないという解釈で課税する、といったらどうなるでしょう。判決というのは具体的にはその事件だけを拘束するのですから、税務署も甲さんに対しては家族労賃を控除したものを収入として課税しなければなりませんが、他の乙や丙に対しては家族労賃を控除しないものを収入として課税してもただちに違法であるとはいえません。そうなると乙さんや丙さんは甲さんと同じように異議申立、裁判というてつづきをとらなければならなくなります。これは大へんなことであるばかりでなく、このようなことがあっては社会の秩序が保たれませんし、法治国家であるわが国において許されることではありません。

市町村有地、財産区有地上の入会権についても同じことがいえます。裁判所は市町村有地や財産区有地上にも入会権は存在する、といっているのに、行政官庁（自治省）が、いや自分の方はそういう解釈をしない、市町村有地や財産区有地には入会権はなく旧慣使用権しかみとめない、という態度をとることは法治主義、民主主義に反し許されないことです。

ただ、このように旧慣使用権にこだわる考え方の根拠は、現に地方自治法に条文として規定があるではないか、ということにあるようです。たしかに、地方自治法第二三八条の六に旧慣使用権の規定がある以上、この規定を全く無視することもできないでしょう。

前述のように、戦前の判決は、つきつめれば「いわゆる旧慣使用権に関する（市制町村制の）規定の中には入会権は含まれない」といっていることになります。このように解釈すれば、旧慣使用権は、入会林野を使用する権利には全く関係のない権利であり、入会権と旧慣使用権とは全く別の行為を目的とする権利であって入会権と旧慣使用権は相互に何の関係もない、ということで、きわめて明快に説明することができます。しかしそれでは、入会権以外の旧慣による権利とは何をいうのかが問題になるでしょう。およそ考えられるものは、温泉利用権、墓地使用権等ですが、この規定がこれらの権利のためにのみ設けられたとも考えられません。やはり入会林野の利用権すなわち入会権を含めたものと考えるのが、少なくともこの規定がおかれた趣旨からいえば妥当ではないでしょうか。

入会公権論のあやまり

ここで、公有林野を使用する権利は旧慣使用権であって入会権ではないという、公権論の根拠について検討しましょう。

第一に、公権論は、公有林野を旧慣によって使用するのは市町村住民としての権利である、ということを前提にしています。だから市町村住民ならばその権利をもつし、市町村住民でなくなればその権利を失なう、といっているのです。事実が示すように、これは全く誤りです。公有林野を慣習により集団的に、すなわち入会的に使用する権利は、その公有林野のある地域の市町村住民になれば当然あるものではなく、またその市町村住民でなくなれば必ず権利を失なうとはかぎりません。林野を入会的に使用する権利をもつかどうかは、その入会集団が決めることであって市町村住民の資格とは直接に結びつきません。したがって公有林野を入会的に使用する権利は市町村住民が固有にもつ権利であることを前提にした公権論はこの点からひっくりかえらざるをえません。また地方自治法上市町村住民とは個人をいう(第一〇条)のですが、林野を入会的に使用する権利をもつのは「世帯」又は「世帯主」で世帯をはなれた個人ではありませんから、この点でも、市町村住民がもつ権利であるとはいえず、この理論は全く成立たないわけです。

第二に、公権論は、公有林野を旧慣によって使用する権利は市町村議会の議決によって廃止することができるから公権だ、といっています。たしかに地方自治法は、その旧慣を廃止しようとするときは「市町村議会の議決を経なければならない」と規定していますが、この規定が果して旧慣による権利を市町村議会の議決だけで廃止できることを定めたものだ、といえるでしょうか。これも事実が示すように、市町村議会の議決だけで公有林野上の入会利用権を廃止し、また廃止することができた例は全くないといってよいでしょう。住民の入会利用権を廃止したところでも、それは議決したのちに住民の了解をうるか、そうでなければ住民の権利を無視して市町村が直営事業を行なうという事実があったからこそできたのであって、議決だけで廃止したところはないでしょう。したがって、住民が了解しなければ議会の議決にかかわらず依然として住民の入会権は存在し、また市町村が実力で住民の権利を無視して直営事業を行なうことに反対する住民は裁判を起して争っています。そして裁判の結果、すべて住民がその公有林野に民法上の入会権を有する旨確認されているのです。

そこで、この地方自治法の規定は、住民の入会利用権を議会の議決で廃止できる旨を定めたものではなく、ただ廃止の手続を定めたものと解すべきです。つまり、公有林野にも住民の入会権は存在し、その入会権の廃止には入会権者集団の総意のほかに、市町村議会の議決を必要とするのだ、と解すべきです。

右のように、いわゆる公権論は、判例に反しているばかりでなく、入会林野の実態を無視した議論で理論的にも成立ちません。したがって、当然公有林野にも民法上の入会権は存在するわけです。

入会権と地方自治法との関係

そうすると、なお入会権と地方自治法第二三八条の六との関係が問題として残ります。そこでこの旧来の慣行による公有財産を使用する権利に入会林野の利用権も含まれるという前提でこの関係を考えることにします。

第二三八条の六の条文をすなおに読んでみると次のように理解されます。

「市町村有林野は公有財産である。その公有財産を旧来の慣行により使用する権利すなわち入会権を有する者があるときは、その旧慣にしたがい、これを認めなければならない。この旧慣による入会権の廃止や変更は入会権者の総意によって決めるべきものであるが、その対象となる土地が公有財産であるために入会権者の総意のほか市町村議会の議決が必要である。」

このように考えたら別にそれほど矛盾はありません。つまり、旧来の慣行によって公有財産を使用する権利は、入会権であれ温泉利用権であれ墓地使用権であれ、これはすべて旧慣どおり尊重すべきであり、ただその土地が公有財産であるがためにその権利の変更や廃止には入会権者の総意のほか市町村議会の議決が必要だ、というのがこの条文の趣旨です。ですから、この条文は旧来からの慣行により公有財産を使用する権利は尊重せよ、といっているのです。それを旧慣使用権などという奇妙な、特別の権利を考えるから問題がややこしくなるのです。それでも旧慣使用権という用語を使いたければ次のように理解したらよいでしょう。

市町村有地にも民法上の入会権は存在する。ただその土地が公有財産であるためその権利が公法（地方自治法）の制約をうけ、その権利を廃止、変更するためには入会権者の総意のほか市町村議会の議決を必要とする。このように、入会権に地方自治法上の制約が加わった権利を旧慣使用権という。

ですから、市町村有地上の入会権（温泉利用権や墓地使用権等を含む）を旧慣使用権とよぶとしても、旧慣使用権は入会権と別の権利ではありません。入会権の変更廃止に市町村議会の議決を必要とするかどうか、がちがうだけです。したがって市町村有林野を住民が使用収益する権利を旧慣使用権とよんでも実質は入会権であり、旧慣使用権はあるが入会権は存在しないということはありえないわけです。

市町村、財産区有林野に入会権が存在するけれども、その林野が公有財産であるために、入会権に対して何らかの規制が加えられることが少なくないようです。たとえば、市町村の条例や規則で、立木伐採には許可願を出せ、とか、植林するには分収契約を締結せよ、とか定められている例が稀ではありません。入会権は民法上の物権ですから、条例や規則で一方的にこれを制限したりその権利行使を禁止することは許されませんが、しかし、公有財産管理のためにある程度の規制を加えることは認められるでしょう。林野に入山することが少なくなると管理も怠り勝ちになり荒廃を招き易いから立木の伐採につき統制を加えるとか、公有財産を使用して収益をあげているから使用料または地代相当金（分収金など）支払義務を課することなど、その例です。これらの条例や規則には、入会権者たちの十分な同意を得た上でつくられたものよりも、戦前の入会否認政策——部落有林野統一や入会公権論の立場——の時期につくられた（少なくともそれを原形とした）ものが多いため、住民の利用行為を認めながらも、市町村（長）にかなり強い管理権能（使用許可とか伐採願など）をもたせているものがあるようです。そのような条例や規則がつくられたときはそれほどでなかったにせよ、住民の入山利用が少なくなるに伴い、市町村の管理権能が次第に強くなり、住民は市町村（長）の許可を得て、あるいはその恩恵的措置により、市町村、財産区有地を使用している、また使用させている、という意識が市町村（長）の側にも、住民の側にもつよくなる傾向があるようです。それを理由に、入会権の存在を否定しないものでも入会権の消滅を来たす、と云っている判決があることに注意する必要があります。このことは第五話**二**でお話しします。

四　国有林野における入会権

国有林野に入会権があるかどうか、はかなり長い間問題にされてきました。国有林野は国有林野法という法律の適用をうけますが、その法律にも国有林野に入会権の存在を認めない旨の規定はありません。にもかかわらず国有林野上の入会権は政府が政策的にこれを否認し、また裁判所も長い間否定的態度をとってきました。現在では裁判所も態度を改め国有地上に入会権が存在することを認めておりますが、長い間国有地上入会権の存在が否定されてきたことは事実であり、そのことは国有林野の展開と密接な関係があります。そこで、はじめに国有林野の成立過程をごくかんたんに見ておくことにします。

1　国有林野も明治以後できたものである

国有林野も昔からあったわけでなく、明治以降つくられたものです。明治二年の版籍奉還により各藩の直轄林を明治新政府の所有に移したのがはじまりで、さらに明治七年から行なわれた土地官民有区分によって大量の入会林野が官有地に編入されました。この土地官民有区分とは、それまではっきりしなかった土地の所有者を明らかにする目的で行なわれたものですが、前述のとおり林野には所有権というものが余りはっきりしていなかったし、この官民有区分は民有であるという証拠の書類がないものは原則として官有に編入する、という方針で行なわれたものですから大量の入会林野が官有地に編入されました。この官民有区分における官有地か民有地かの判断の基準は地方によってかなりまちまちであったようですし、ところによってはずいぶん無理な土地取上げ＝官有地編入も行なわれたようです。一方、農民の方も、入会林野が民有地になるとその分の地租を負担しなければならなくなるし、ただでさえ地租の重いのに苦しんでいたので、地租の負担を免がれるために願い出て官有地にしてもらったところもあります。住民が入会林野を願い出て官有地にしてもらったのは、その土地が官有地となっても依然として自分たちに入会権があるという確信があったからです。たしかに、「土地は土地、毛上は毛上」というのが土地の権利に対する日本人の考え方であったし、それが現在入会権や地上権などの権利として認められているわけですからその考え方は全く正しかったわけです。事実、官民有区分は、さしあたり土地所有権がだれにあるかを決めることを目的とするものであったし、入会林野の官有地編入後も住民はその林野を利用しておりました。当時、政府や県庁から「秣刈取りは従来どおり」という通達を出して住民の利用をみとめております。ところが、明治二〇年代以降になると、官有林の管理がだんだんきびしくなり、住民の利用は次第に制限されてきます。しかし政府は官有林の産物売払などの制度によって住民の入会利用をみとめてきました。

明治三二年に国有林野法が制定され、国有林野特別経営事業がはじまると官有林の取締はきびしくなり、国の直営事業がすすむにつれ、住民の入会利用は次第に排除されてきます。もっとも部分林、委託林という制度で制限的に住民の入会利用をみとめ、国有土地森林原野下戻法（一般に「下戻法」

という）によって民有の証拠があるものについては民有への下戻しをみとめました（しかしこれで民有地となった林野はきわめてわずかです）。一方、国有林野として経営上余り適当でない土地を売払いました。これがいわゆる不要存置処分ですが、これによって再び民有となった入会林野は少なくありません。その反面国有林野として残った土地の入会利用はいよいよきびしく制限されてきました。しかし、国有林野しかない地方の住民は国有林野を使用しなければ生活できないありさまであり、国も国有林の入会利用を全く認めないわけにはいかなかったので、国有林野の貸付、委託林、部分林あるいは産物特売などの制度によって、制限的に利用することを認めてきました。したがって、国有地上における入会権であってこれらの形式をとるものが少なくないわけです。そして大正一〇年、国有財産法が制定され、国有林野は国有財産であることがはっきりされました。

戦後、昭和二六年に国有林野法が改正され、これに伴なって国有林野の部分的利用が、戦前よりはかなりひろく認められるようになりました。すなわち、部分林、共用林野等が地元施設とよばれ、その目的での利用ができるようになりました。また同じ二六年に国有林野整備臨時措置法が施行されて、ごく小部分の国有林が、原則として地元市町村に売払われました。その後昭和三九年に林業基本法が制定され、この法律では国有林野につき、その国有林野のある地方の農林業構造改善や住民の福祉向上のために積極的に活用を図る（第四条）こととなりました。それにもとづいて、昭和四六年「国有林野の活用に関する法律」（法一〇八号）が制定され、地元市町村の農林業構造改善や産業振興のために国有林野の貸付（一部売払）、部分林の設定等が推進されることになりました。

2 国有林野に入会権の存在を否定する法律はない

入会権は土地所有権に関係のない権利でその土地が国有であっても入会権は存在するわけですから、国有林野上に入会権が存在しない、というならばその根拠を示さなければなりません。

国有林野上に入会権が存在してはならないというはっきりした法律（条文）上の根拠はありません。ややそれに近い規定である、と考えられるのは国有財産法です。すなわち、同法第一八条には「行政財産は、これを貸し付け、交換し、売り払い、贈与し、若しくは出資の目的とし、又はこれに私権を設定することができない」（同条一項）と規定されています。国有財産は行政財産と普通財産とに分けられ、国有林野は行政財産のうちの企業用財産とされています（同法第三条）。行政財産は直接国の行政や公の目的に使用されている財産（たとえば国の庁舎やそれに伴う施設、道路、学校など）をいい、普通財産とはそれ以外の、直接行政に関係のない財産をいいます（もっともこの区別も絶対的な基準があるわけではありません）。国有林野が直接国の行政に関係があるかといえばはなはだ疑問があり（とくに部分林とか共用林野など地元住民に利用されている国有林野が国の行政に直接関係があるとはいえません）ますが、それについてはここで立入らないことにします（なお、国有林野すべてが行政財産であるわけではありません。売払が決定された不要存置林などは普通財産とされます）。

ともあれ、国有林野は行政財産ですから、右の国有財産法第一八条を理由に、行政財産には私権を設定することができないから、国有林野には私権である入会権の存在はみとめられないのだ、という議論があります。しかしこれは理論にはならず右の条文の解釈として正しくありません。なるほど、行政財産は行政目的、公共目的で使用されるのですから、私権（地上権、賃借権である借地、借家権など）を設定することは好ましくないので、これをみとめないのです。そのかわり、「用途又は目的を妨げない限度において、その使用又は収益を許可することができる」（同条三項）ことになっており、これにもとづいて行政財産を使用することができるわけです。この規定にもとづいて行政財産を使用する権利、すなわちこの使用権は公権です。直接行政目的に供されない国有林野に私権の設定をみとめていけないかどうか問題のあるところですが、ともかくこの規定により、国有林野に地元住民が造林する部分林契約において、国は造林者に地上権を設定させません。地上権を設定すれば私権を設定したことになり、右の規定に反することになるからです。

ところが、右の規定で禁止しているのは、「私権の設定」です。ですから、国有林野内に新たに入会権を設定することは禁止されている、といってよいでしょう。しかし、国有林野内における入会権は、一般に国有林野の成立以前からあったもの、存在しているものです。右の規定は、私権を新たに設定することを禁止してはいますが、すでに存在している私権まで否定し、排除しているのではありません。

つまり、この規定は少なくとも国有林野の成立以前から存在している入会権の存在を否定するものではありませんから、この規定は国有林野に入会権が存在しないことの根拠になりません。

3　国有林野にも入会権が存在する

国有林野に入会権が存在しない、という見解の根拠となったのは、戦前の裁判所の判決です。前述のように、明治中期以降、国は地元住民の国有林野の入会利用を次第にしめ出しました。これにたいして地元住民は、国有林野に入会権を有することの確認を求めて訴訟を起しましたが、裁判所は国有林野には入会権は存在しないといってこれを否定しました。それは後に述べるように大正初期の大審院判決ですが、その判決がいままで、国有林野に入会権は存在しないという見解の根拠となっていたのです。

〔判決〕そこで、国有林野における入会権の問題を扱った判決をみることにします。

明治前期には国有地上の入会権をみとめた判決はいくつかありますが、ここでは明治三〇年以降にかぎって問題にします。

〔事実〕これは、明治初年の土地官民有区分のさい、官有地に編入され、明治八年に払下げられた林野が入会秣場であるかどうかが争われた事件です。

〔1〕大審院明治三一年五月一八日判決

「本件の入会権が共有の性質を有するものでないことは本件原野が官有地であるという事実ですでに明らかであり、また古来の慣行により存在していることも明らかである。」

本件は国有地に入会権が存在するかどうかが中心的な論点ではないので、裁判所もその点ははっきりいわず、ただ、本件林野に入会権があるというだけでは不十分であり、その入会権が共有の性質を有するものであるかどうかを明らかにしなければならない、という上告理由にたいして右のように判示しているのです。これによって、裁判所は、林野が官有地に編入されても共有の性質を有しない入会権が存在することを認めたわけです。

その後の判決はみな、国有地上に入会権が存在することを否定しています。その中でもっとも重要で、国有地上に入会権が存在しないという説の根拠となっているのはつぎの大審院判決です。

（事実）これは、国有地上に入会権が存在するかどうかが正面から争われたもので、事件があったのは長野県東内村（現丸子町）で、東内村が国を相手として同村内にある国有林野に村民が入会権を有することの確認を求めた事件です。第一審長野地方裁判所は「国有林野は直接行政の目的として公用に供されるものではなく、もっぱら国家の収入を目的とする財政的資産であることは疑いない。国有林野は収益財産で民法を適用すべき財産であり、入会権がわが国古来認めた民法上の権利である以上、国有林野上に入会権の存在を認めなければならないことはいうまでもない。したがって、国有林野が国有財産であるという理由で当然民法の適用を排除すべきだという（国の）意見は正当ではない」と判示しました。これにたいして国は控訴しましたが、第二審の東京控訴院はこれをくつがえして、土地官民有区分によって官有地に編入されたときは入会権は消滅する、と判示しました。大審院はこれを支持して次のように判示しています。

〔13〕大審院大正四年三月一六日判決

「明治七年ないし明治九年の地租改正処分に関する諸法令によればその改租処分においては一般の土地を官

有と民有とに区分し、その区分を実行するため従来人民が土地を入会利用してきた状況を考慮し、民有とするのが適当であると認めるに足りる実績のあるものはすべてこれを民有地に編入し、そうでないものは慣習的に村民が入会利用してきた土地であっても官有地に編入し、官有地に編入したものについては従来慣習的に村民が入会利用してきた関係は官有地編入と同時に当然廃止し、入会のような私権関係の存続を全く認めない趣旨で地租改正処分が行なわれたことは明白である。

官民有区分に伴なう地租改正事務局の達しなどの規定をみるに、従来村民の入会利用の慣行があった土地もまたすべて之を官有民有に区分し、入会慣習の証拠に照らして実質上之を村の所有地と同視されるもの又は村民が立木を自由にすることができてその土地所有者とちがわないような関係があるものはみなこれを民有地と定め、村民がただ天然生草木などを伐採するだけの関係しかなかったものはみな官有地に定め、官有地に編入したときは従来その土地において慣習的に村民が草木等を伐採してきた関係は当然廃止されるので、そのため村民の生活にたちまち支障をきたし損害を及ぼすことを考慮し、とくにその村民に土地の払下げ又は貸渡し等を許す趣旨で地租改正が行なわれたことを知りうるし、この趣旨から考えると、官有に編入した土地に対し従来慣習的に村民が入会利用してきた関係は、入会権であると否とを問わず地租改正処分によって官有地編入と同時に当然消滅させ、以後一切入会のような私権関係の存続を認めないものであったと解すべきである。」

この判決にはいくつかの問題があります。第一に、官有地に編入された林野につき、「従来慣習的に村民が入会利用してきた関係は官有地編入と同時に当然廃止し、入会のような私権関係の存続を全く認めない趣旨で地租改正処分が行なわれたことは明白である」といっていますが、決して明白ではありません。地租改正、土地官民有区分は土地の所有者を明らかにするだけの目的で行なわれたのであって入会関係を左右するものではなかったのです。ですから入会林野の官有地編入後も村民は入会利用しておりましたし、また官有林の取締についての達しはありますが入会権を消滅させる旨の達しも法律も出されていません。つぎに、本判決は地租改正事務局の達しを根拠として官有地編入と同時に入会権は消滅した、といっていますが、地租改正事務局の達しは官民有区分を実際に行なう現地の官吏にたいする事務上の指針を示したものであって、法律としての価値をもつものではありません。かりに法律にひとしい価値をもつとしても、実際の官民有区分は必らずしもこの基準どおり行なわれていません。

このように、この判決には問題があり、学者はほとんどこの判決の判旨に反対しました。その理由は、やはり地租改正＝官民有区分が入会の廃止まで伴なうものではない、という点にあります。それはともかく、その後二、三国有地上の入会権にかんする大審院判決がありますが、いずれも右の判決と同じような理由をもって国有林野に入会権が存在することを否定しております。

戦後このような国有地上の入会権の存在を否定する見解が不合理であることはいちはやく指摘され、下級裁判所では前の大審院判決にしたがわず、国有地上に入会権が存在することを認めた判決が出されました。

一番最初に国有地上に入会権が存在することを認めたのが次の〔60〕判決で、この事件が最高裁まで争われ、最高裁はこれを認め国有地上に入会権が存在することをはっきりさせました。

〔事実〕事件があったのは青森県津軽半島木造町西海岸の屏風山とよばれる防風林ですが、地元部落住民は古くから自費で植栽し、明治以降国有林野に編入されたのちも植栽を行ない、植栽木は住民のものとされ（これを官地民木とよんでいます）、そのほか落枝をとるなど住民の入会利用が行なわれてきました。その地元の広岡部落で、古くから入会利用の権利をもっている旧戸と分家や入村者等の新戸との間で新戸が入会権をもっているかどうか争われ、新戸は、旧戸を相手として国有林野である屏風山に旧戸と同等の入会権を有することの確認を求めて訴を起しました。

第一審判決は、次のように新戸も旧戸も国有地上に入会権を有することを判示しました。

(60) 青森地裁鰺ヶ沢支部昭和三二年一月一八日判決

「本件山林は天和二年頃津軽藩主から広岡村に貸下げられ、広岡村民が農業経営上防風防砂の目的で森林を育成したものであって、以来広岡村の入会山として同村部落住民において右の目的を害しない範囲で薪炭材を採取してきたものであるが、その後も同部落住民において平等の割合をもって本件山林について補植、根払その他の管理の労務に服する反面、本件山林より生産される松、雑木等を薪炭材料として共同で収益し、その慣習は近年に至っても存続し、昭和二〇年、二三年にも本件山林から松の立木を伐採して部落住民に分配したことが認められる。

右のように部落住民一般に古くから本件山林に立入りその立木などの生産物を採取してきた事実があるときは入会権があるものと認めるべきであり、本件山林の地盤は国の所有であるからその入会権はいわゆる官有地入会にあたり地役権的な性質をもち、土地を利用する権利そのものは部落協同体に属し、部落の住民各自はその部落の一員であるかぎりにおいて収益する権利をもつと解するのが相当である。」

この事件は、国有林野において入会稼ぎをする地元住民と国との間で国有地上に入会権が存在するかどうかを争ったのではなく、入会集団内部で、新戸が入会稼ぎの権利を有するかどうかを争った事件です。裁判所は、新戸も旧戸と同じように国有地上に入会権を有する、と判示したわけですが、現に国有地上に入会権が存在することを認めたのは、この判決が戦後においてはじめてであり、この判決のもつ意義は大きいといわなければなりません。第一審判決はただ国有地上にも入会権は存在する、と判示しただけで大審院大正四年の判決については全くふれていません。この判決を不服とした旧戸の人々はこの点を指摘し、控訴して、㈠本件土地は藩制時代部落の入会地であったとしても、明治初期に国有地編入と同時に入会権は消滅した。旧戸は本件土地に入会権を有するのではなく、土地上の「民木」の共有権を有するのであって、その共有権は、民法上の共有（個人的共有）の関係ではなく、いわゆる総有の関係である。㈡大正末期に杉を植栽し、新戸にも参加させ、また土地の一部を新戸に使用させているが、それは恩恵的に認めているのであるから、新戸が入会権を有するとはいえない。と主張しました。第二審（仙台高裁秋田支部昭和四一年一〇月一二日判決）は、前記大審院判決を正面から批判し、㈠地租改正当時、官有地に編入された土地について入会権を消滅させる旨の法規がないこと、㈡民法が慣習による入会権の存在を認め、これについて民有地と国有地とを差別していないこと、を理由として旧戸の主張を認めませんでした。旧戸の人々は上告して、この判決は藩制時代および官地編入後の入会慣行の証明が不十分である、と主張しましたが、最高裁もついに国有地上に入会権の存在することを認め、上告をしりぞけ次のように判示しました。

〔60〕最高裁昭和四八年三月一三日判決

「明治初年の山林原野等官民有区分処分によって官有地に編入された土地につき、村民が従前慣行による入会権を有していたときは、その入会権は、右処分によって当然には消滅しなかったものと解すべきである。その理由は、つぎのとおりである。

明治七年太政官布告第一二〇号地所名称区別が制定されることによって、それまでの公有地の名称は廃止され、土地は、すべて官有地と民有地のいずれかに編入されることになり、ついで、明治八年六月地租改正事務局乙第三号達によって、官民有の区別は、証拠とすべき書類のある場合はそれによるが、村持山林、入会林野については、積年の慣行と比隣郡村の保証の二要件があれば、書類がなくても民有とすべきことが定められ、比較的大幅な民有化が意図され、この方針は、同年七月地租改正事務局議定地所処分仮規則に引き継がれたが、同年一二月地租改正事務局乙第一一号達によってこの方針は変更され、入会林野等については、従来の成跡上所有すべき道理のあるものを民有と定めるのであって、薪秣を刈伐し、秣永山永下草銭冥加永等を納入していたというだけでは民有とすべきではないと解釈すべき旨を明らかにし、さらにこれに基づき同九年一月地租改正事務局議定山林原野等官民所有区分処分派出官員心得書をもって具体的な区分の基準を示し、その三条として従前秣永山永下草銭冥加永等を納めていても、かつて培養の労費を負担することなく、全く自然生の草木を採取して来た者は地盤を所有する者とはいえないことを理由として官有地と定めるべき旨が明らかにされている。これらの規定によると、村民に入会慣行のある場合においても、所有すべき道理のない場合には、その地盤は官有地に編入されるべきものとなっているのであるが、その場合に、村民の有した入会権が当然に消滅するか否かに関する規定は置かれていなかった。右心得書三条但書の趣旨も、右入会権の当然消滅を規定したものとみることは困難である。そもそも、官民有区分処分は、従来地租が土地の年間収穫量を標準とした租税であったのを地価を標準とする租税に改め、民有地である耕宅地や山林原野に従前に引き続きまたは新たに課税するため、その課税の基礎となる地盤の所有権の帰属を明確にし、その租税負担者を確定する必要上、地租改正事業の基本政策として行なわれたもので、民有地に編入された土地上に従前入会慣行があった場合には、その入会権は、所有権の確定とは関係なく従前どおり存続することを当然の前提としていたのであるから、官有地に編入された土地についても、入会権の消滅が明文をもって規定されていないかぎり、その編入によって、入会権が当然に消滅したものと解することはできないというべきである。もっとも、その後官有地上の入会権を整理し、近代的な権利関係を樹立しようとする政策に基づいて、従前入会権を有していた村民の官有地への立入りを制限し、あるいは相当の借地料を支払わせて入山を認めることとした地域があり、このような地域については、従前の入会権が事実上消滅し、あるいはその形態を異にする権利関係に移行したとみられるが、一方、官有地に編入されたとはいえ、その地上に村民の植栽、培養を伴う明確な入会慣行があるため、これが尊重され、従前の慣行がそのまま容認されていた地域もあり、このような地域においては、その後も官有地上に入会権が存続していたものと解されるのである。以上の解釈と異なる大審院判例は、変更されるべきである。

そこで、本件において、官民有区分処分後入会権が消滅したか否かについてみるに、原審が適法に確定したところによれば、明治九年頃本件土地が官有地に編入されるにあたって、本件土地上に借地権は設定されなかったこと、明治一三年に屏風山に関係している地元六六か村の総代甲外数名より青森県令に対し、屏風山保護取締のために屏風山を永代無代価で拝借したい旨願い出ていること、その後明治二二年に屏風山の管理が郡長に委託されていること、そして、これは委託願委員甲外一一名が取締規約を作って県知事に願い出た結果、許可を受けたもので、以来、関係一一か村より総代、取締役を選び、屏風山の保護取締にあたっていたこと、右一一か村よりなる組合は明治四〇年過ぎに解散したこと、右は、屏風山に関係する地元一一か村よりなる組合ともいうべきものに対し、屏風山の保護取締を委託したものであった等の事実が認められるというのであり、この認定事実のもとにおいては、右委託のあったことをもって、従前の入会権が消滅し、あるいは入会権以外の権利関係に移行したものと解することはできない。しかも、本件土地が、官有地に編入されたのち、その地上の松立木は越水部落が労力を投じて植栽保護してきた功により部落有のものと認められこと、しかし、すでに越水部落は、右合併により行政村たる資格を失い単なる自然村として俗称されるにとどまったので、植林後に分家したため植林に参加していない分家の者も含めて当時の部落の戸主全員を仕立人とすることによって、対外的に村中仕立であり越水部落総有のものであることを表示するようにしたため、現在の屏風山官地民木林台帳には仕立人として記名共有の形式で記載されていること、右仕立人名義人となっている者は勿論、その後分家して同部落に一戸を構えるようになった者は、村山と呼ばれている本件土地の補植、根払、伐採等に参加するとともに当然本件土地の毛上物一切の収益に参与してきたもので、戸主あるいは世帯主は旧戸、分家を問わずその権利者となり、昭和七年の調停の際の紛争を除き、本件紛争に至るまで山委員の連絡により各戸一人ずつ本件土地に出て共同して松立木、新たに植栽した杉立木、風倒木、害虫木、老齢木、雑木等を伐採し、各戸ほぼ平等に分配していたが、時には学校、消防屯所、火の見櫓、防火用貯水池、神社、共同墓地の休憩所等の資材や農道、農道の橋等の改修、あるいは学校の薪炭材にあて、売却した代金を消防屯所等の建築費にあてたり消防ポンプやホース等を購入したりして部落の公共的事業等に使用して来たこと、前記台帳に共有名義人として記載されている者も他村に移転した場合には、権利者でなくなること、権利者は、本件土地上に伐採後も植栽できること、使用収益の範囲は松立木のみならず、雑木等毛上物一切に及んでいること等が認められるというのであり、これらの事実関係のもとにおいては、本件土地が官有地に編入されたのちにおいても、依然として従前どおりの入会権が存続していたものである。」

この事件の第一審判決から最高裁判決の言渡のときまで約一五年の期間があり、不当な大審院判決を否定し国有林野上に入会権の存在を認める判決が最高裁判所の判決として確定するまでに一五年の歳月を要したことになります。しかし、この最高裁判決の出される以前に、国有地上入会権の存在を取扱った下級審判決がいくつかありますが、そのすべてが、前の大審院判決に従わず、国有地上に入会権の存在することを認めております。

〔事実〕これは入会集団内部の、旧戸と分家入村者等の新戸との間で、新戸が入会権を有するかどうか争われた事件です。場所は青森市大字鶴ヶ坂支村部落の山林で、新戸が旧戸を相手として自分たちが同部落の山林に入会権を有することの確認を求めて訴訟を起したのですが、旧戸は、本件山林はもと官有地であり、明治三四年に当時の住民に払下げられたのであるから旧戸の共有地となった、と反論しました。本判決の次の部分は、この点に関する判示です。

〔39〕青森地裁昭和三三年二月二五日判決

「官有地については従来入会権が存在していたとしても明治初年の地租改正に伴う官民有所有区分のときの官地編入処分により消滅し、後の部落住民によるその土地の使用収益は、従来の入会権の継続ではなく、別個の新たな事実的法律的関係に基くものとして官有地に対する入会権の存在を否定する見解もないではないが右地租改正および官地編入処分の目的並びにその運営の実際を細かく検討するときは、右の見解は必ずしも理論的ないし実際的な根拠に乏しく、むしろ慣行により入会権利関係は官地編入後においてもそのまま存続する」

右の判示中、「官有地に対する入会権の存在を否定する見解」とは、具体的に示されていませんが、前の大審院の判決（およびそれに同調する見解）を指していることは疑いありません。したがって、この判決は、官有地に入会権が存在することを否定した大審院判決を、正面から批判したきわめて重要な、注目に値する判決だといわなければなりません。なお、本判決は本件山林が官有地に編入されてもその入会権は消滅しなかった、ということを前提として払下後部落有林野となった本件山林に旧戸、新戸を含めた住民が入会権を有する、と判示しています。

〔事実〕これは前掲の千葉県鴨川町の事件です。本件において和泉財産区は部落住民が本件山林に入会権を有しないという理由として、本件山林は一旦官有地に編入されたときに入会権は消滅した、と主張したのですが、次はその点に関する判示です。なお本判決は、前述（一八四ページ）のように、本件山林は一旦民有地と査定されたのだから、官有地に編入したことが元来無理で違法であったと述べており、それを前提としています。

〔41〕千葉地裁昭和三五年八月一八日判決

「和泉財産区は大審院大正四年三月一六日判決を引用して「入会林野が官有地に編入されると同時に旧来の慣習による入会関係は一旦切断され、払下げという全然別個の法律の事実によって何らの負担や権利の伴わない単純新鮮な所有権の対象となり、その使用収益は入会とは別個の新たな権利関係によって行われるものといわなければならない」と主張するが、右判決は入会林野が官有地に編入されて民法施行後も官有地として継続した場合の秣刈行為に関するものであって、本件の場合官有地であった期間はきわめて短かく、しかもその時期は民法施行の一〇年以上も前のことであるから、右の判決は本件の場合に適切ではない。」

この判決も、本件山林が官有地に編入されても入会権は消滅しなかったから、その払下の後も住民の入会権が存続していると判断しています。こうしてこの判決も官有地編入によって入会権は消滅していないといっているのですが、この判決は〔39〕のように、大審院判決を正面から批判せず、本件山林の、(1)官有地編入が無理で違法であったこと、(2)官有地編入の期間がきわめて短かったこと、(3)払下の時期が民法施行以前であったこと、を理由として右の大審院判決は本件の場合あてはまらないのだ、といっています。

〔事実〕これは、山梨県富士山麓山中湖町の事件です。この山林は明治初年官有地に編入され御料林(皇室有の山林)となり、その後山梨県有を経て県から地元に売払われ、地元山中部落では村内浅間神社所有名義で登記しました。浅間神社(代表者乙)がこの山林を町外の観光業者甲に使用させるため地上権設定契約を結びましたが、地元部落住民はこの山林が住民の入会地であり地上権設定は無効であると申立てたため、浅間神社は地上権設定登記をとりやめました。そこで甲と浅間神社と部落住民丙らとの間で、この山林が部落住民の入会地であるか、地上権設定が有効であるかが争われました。

この争で甲は、前述大正四年三月一六日大審院判決を理由に、この山林は官民有区分により官有地に編入されたから地元住民の入会権は消滅した、したがって丙らの入会地ではないから甲乙間の地上権設定契約は有効だと主張しました。以下は官有地編入によって入会権が消滅したかどうか、官有地編入後入会権が存在したかどうかについての判示です。

(70) 甲府地裁昭和四三年七月一九日判決

「大正四年三月一六日大審院判決は、当時の諸法令からすれば村民がその土地に対して「慣行や証拠に照らし」て「単に天然生草木等の伐採だけをするような軽い関係を有した」だけの場合でその土地が官有地に編入されたならば、村民の入会権は消滅することを判示したものと解すべきであって、右判決にいう「村の所有地と同視することができるもの又は村民がこれについて土地所有者と同じように樹木等を自由にすることができるような重い関係のある」土地が官有地に編入された場合については何らふれていないものと解すべきである。ところでまず本件土地に対して山中部落の有していた利用権限は、所有権に近い強い排他的支配権を包含していたものと認めるべきであるから、山中部落は本件土地に対し、右判決にいう「村の所有地と同視することができる」重い関係を有していたものというべきであり、山中部落住民もまた本件土地において古くから火入れをして、良質の草を継続的に採取できるように努め、その採取も独占的になしていたものと認められるから、その利用関係もやはり右判決にいう「土地の所有者と同じような」ものであったということができるのであって、従って、本件に前記大正四年の大審院判決を引用することは適当ではない。そこで次に、右のような利用対象の土地が官有地に編入された場合の部落住民の入会権の消長について考えると、当時の諸法令からすれば本来右のような利用関係にあった土地は民有地となるべきであるが、これを誤り官有地とした場合、その土地上の入会権の存廃について何らふれた法令がないこと、土地の利用権である入会権は本来土地所有権の有無、あるいは所有権者の変化とは直接関係がないこと、土地が官有となったとしても、その土地が特別な行政目的に使用されるため、私人の利用を排するものでないかぎり、その官有地上に私権である入会権の存続を許さないという合理的理由は見当らないこと、以上の諸点を併せ考えれば、山中部落の本件土地上の利用権は右官有地編入によっては影響を受けず、有効に存続したと解するのが妥当であり、また山中部落住民の有する入会権も消滅しなかったものと認めるのが適当である。もっとも本件土地が官有地とされていた間、県および御料局によって草木払い下げを規定されたが、右規定中には入会権者への払い下げについて種々言及されている個所が多くあり、かつ山中部落住民が官有地編入後も右規定に従って本件土地上で草の採取等の利用行為を続けていたことからすれば、それは土地が官有とされたのに、山中部落住民の入会権を無視できないため、事実上これを尊重せざるをえないので形式的規制を加えて、部落住民に権利の実質を得させたと解すべきである」

甲は控訴しましたが控訴中に前記最高裁判決〔60〕が出たため、山中部落の入会権は官地編入と同時にではなく、編入後入会慣行がなくなることによって消滅したと主張しました。第二審東京高等裁判所も山中部落住民の入会権を認めたので、甲は上告したものの部落住民の訴訟資格と登記の効力を争い、入会権の存在については格別争いませんでしたが、最高裁は入会権および地上権設定について次のように判示しています。

〔70〕 最高裁昭和五七年七月一日判決

「本件山林はその実質においては山中部落の総有であって浅間神社はなんらの処分権限を有しないものとして丙らの入会権の内容である使用収益権の確認請求を認容する限り、右地上権設定契約を有効なものと認めて甲の浅間神社に対する請求を認容することは、論理的に不可能であるといわなければならない。」

（要約）以上のように〔39〕〔41〕〔70〕と、それぞれ理由づけは多少異っていますが、いずれも前記大審院判決にしたがわず入会権の存在を認めております。ただしいずれもその土地は現在（＝裁判の当時）国有地ではなく民有地ですが、かつて国有地であった時期における入会権の存否が問題となったものです。それでも、あくまでも官地編入のときに入会権が消滅したという前記大審院判決にしたがうならば、現在地元住民の入会慣習があるのですから、それを無視して入会権は存在しない、というか、あるいは官有地から民有地になったときに入会権が復活したとか、いわざるをえません。そうすると官地編入にかかわらず一貫して入会稼ぎがつづいたという事実に反することをいうことになるので、これらの裁判所はみな事実を率直にみとめて官地編入によっても入会権は消滅しなかった、と判示しているのです。したがって、〔70〕をはじめとして戦後の裁判所ではすべて国有地上入会権の存在を認めており、前記大正四年の大審院判決はすでに判例としての価値を失っていたといってよく、〔70〕最高裁判決はこれを確認したものである、といってよいでしょう。

官民有区分に伴なう入会林野の官有地編入によって入会権は消滅しませんでしたが、その後の国有林野にたいして、国は前述のように国有林野の直営事業を行ない、これによって農民を入会地から閉め出し、入会権を消滅させる政策をとってきました。もちろんそれが入会権者である農民の納得の上で行なわれたものではなく、一方的、強権的に行なわれたものであるにせよ、農民が入会林野への立入りができなくなり、やむをえず入会利用をやめなければならない場合が沢山できました。後述（三二一ページ）のように、事情のいかんをとわず、入会権者が入会林野を利用することができずその林野に入会権を否定するような他の権利があらわれて入会権者も事実上これを承認するときは入会権は消滅しますので、国が行使する国有林野の管理権のもとに農民の入会権が消滅させられた場合が多いと思われます。したがって、現に入会権が存在する国有林野は余り多くはないでしょう。

いわゆる国有林野地元施設と入会権

国有林野上の入会権の問題として考えなければならないのは、部分林、共用林野、貸付等の契約あるいは産物特売制度による国有林野の入会的利用です。これらの国有林野利用――いわゆる国有林野地元施設――はもともと入会地に多く見られ、たとえば、入会権にもとづいて造林や薪取りなどをしていたが、土地が国有林野に編入され、国有林野法成立以後、部分林設定あるいは共用林野（以前は委託林）契約を結んだという例がきわめて多いようです。また、以前は採草地、放牧地として入会利用してきたが、部分林契約を結んで造林するようになったとか、その他の目的で貸付というかたちをとるようになった、という例もあります。これらのかたちでの入会利用はそれぞれ部分林設定契約、共用林野契約、貸付契約あるいは産物売払契約というような形式をとっていますが、それらの契約はすべて債権的な契約です。これらの入会利用はすべてそれぞれ契約によって行なわれるものでありその権利は契約にもとづく権利であるから入会権でない、とはいえないわけで、林野の使用に契約が結ばれることはその権利が入会権であることを否定するものではありません。それではこれらの入会利用が入会権にもとづくものであるか、というと一概にはいえません。少なくとも入会権の変化した形態である、とはいえますが、入会権である、というには、第一に、国が地元住民に対してその土地を利用させることを義務づけられていること、第二に、地元住民がその土地をどう利用するかの決定権をもっていること、が必要です。その土地を利用させるかどうか、契約を結ぶかどうかが国の方で自由に決定できるならばその利用は入会権にもとづくとはいえません。つぎに、国有林野上の入会権は地役入会権であって、地役入会地において入会権者がその土地を利用するのに土地所有者の意向を無視することはできないことがありますから、その利用に若干の制限があるのはやむをえないことです。ましてその林野は国有林野ですから、国有林野の管理の上から林野の使用に一定の制約をうけることは当然ですが、しかし、入会権である以上、林野をどのような目的で使用するか、その産物をどのように使用し処分するかは住民が決定するものでなければなりません。したがってその林野をどのように使用させるかを国が決定し、住民はそれに従がうだけという場合にはその使用の権利が入会権であるとはいえないでしょう。国有林野を現に入会的に利用している場合にその権利が入会権にもとづくものであるかどうかは、その林野の歴史的事情と右の二点とをあわせ考えて、具体的に判断するよりほかはありません。

第五話　入会権の発生と消滅

——入会林野であるかどうかを何によって判断するか——

ある林野が入会林野であるのかどうか、すなわち、以前はたしかに入会林野であったがいまは入会林野ではなくなったとか、あるいは、現在部落の住民が共同で利用しているが以前入会林野でなかったのだからいま入会林野だとはいえない、とかでしばしば争いになることがあります。入会林野であったものが入会林野でなくなったとすれば、その部落住民の入会権が消滅したことになり、入会林野でなかったものが入会林野になったとすれば新たに部落住民の入会権が発生したことになります。つまりある林野が入会林野であるかどうかは、その土地に部落住民＝入会集団の入会権すなわち集団権が存在するかどうかの問題です。ここで入会集団権の発生と消滅との問題を検討することにします。

一　入会権の発生

1　入会権を新しく発生させることができる

現在各地にある入会林野はほとんどが明治以前からあったものと推測されます。前述のように、入会林野は徳川時代の農民にとって欠くことができないものであり、それがなお現在までつづいているのであって古い歴史をもっています。しかし新らしく入会林野をつくることはできないのでしょうか。いいかえれば、入会権という権利を新らしく設定することができないのでしょうか。

この点について民法は「入会権については各地方の慣習にしたがう」といっているだけで、新らしくつくることができるともできないともいっていません。民法がこのような規定をおいたのは、法案作成当時の明治二〇年代に全国各地の入会林野を所有ないし利用する権利を入会権という権利として認めるためでした。ですから、この法律をつくった人々は、それまでにある入会林野にたいする所有ないし利用する権利を入会権としてみとめたのですが、今後新たに入会林野が生れたり、契約によって（地上権や抵当権のように）入会権を設定することまで積極的に考えたかどうかは疑問ですが、しかし入会権が新たに発生することを全く否定したともいえないのです。明治二六年の民法をつくるための法典調査会第三回で、次のような議論が行なわれています。

横田正臣委員　「（入会権を）是から後は作らせぬと云ふ事も言えまいと思ふ。物によっては其村の相談が整うたならば矢張りそうきつぱりは（入会権を）作らせぬとは言えぬと思う。それだからそうせねばならぬと思う」

高木豊三委員　「惟うに従来我国で斯様に山林若くは原野の入会権と云うものは、実際新たに殖えると云うこともあろうと云う考えを持っております」

民法で入会権の規定が設けられてのち、すなわち明治三〇年以後でも農民の生活がそれ以前とそれほど変ったわけではありませんから新しく入会地が生れる可能性はありました。まず、分村や移住によって新らしい村落集団（自給生活的な共同体）が生れ、農業生産や生活上必要な草木を採取するため山林原野を取得して一定の取きめ（慣習）のもとに入会利用をはじめた例はいくつかあります（その集団が土地所有権を取得した場合と、土地所有者と契約で山入りの権利のみを取得した場合とがあります）。これらの場合には新たに入会集団が生れ、その集団が新たに入会権を取得したことになりますので文字通り入会権が新たに発生したことになります。

しかし高度成長経済の発展した今日、新しく村落集団（自給生活的な共同体）が生れることはないでしょう。新しく生れる地域団体は団地か町会というべきもので入会集団ではありませんから、今後新しく入会集団が生れて入会権が発生することはないでしょう。

それでも、いままで存在する入会集団が新たに土地を取得する例は全国的にいくつでもあります。草肥に不足するから、あるいは造林地を拡大したいから、等の理由で、入会集団が個人や国から山林原野を取得し（買受け）てこれを従来の入会地同様、慣習のもとに管理利用している場合、集団（ならびにその構成員）のその土地に対する権利は明らかに入会権です。ですから、今日、新しく入会集団が生れる可能性はなくとも、入会地でなかつたところに新しく入会権が生れる可能性は十分あるわけです。このことは判決も認めております。

（事実）高知県東部にある奈半利町本村郷分（郷分は部落に相当する）は、昭和二一年に郷分管理の入会林野の一部が開拓地として国に買収されたため、その代替として国有林野の一部の売払をうけました。この林野は当時の住民（入会権者）一九六名共有名義で所有権登記がされましたが、買受け代金は郷分の貯金から支払われました。昭和三六年郷分の総会でこの山林の立木を売却することが決議され、競売の結果丙が落札しました。ところがこの総会に出席しなかった住民甲ら五名（いずれも登記上共有権者）は、この林野は一九六名の共有地であるのに、共有者以外の郷分住民の参加した総会の決議で、甲らが立木処分に反対であるのを知りながら売却を決定したのは無効である、と主張し郷分を相手に訴を提起しました。郷分側は、この山林は郷分入会地として他の入会地と同様に慣習のもとに運営されてきたのであり、一九六名のみの共有地ではないから手続的に違法な点はなく立木処分は有効である、と主張しました。

〔54〕高知地裁昭和四二年七月一九日判決

「本件山林は藩政時代一つの独立した村であった本村郷分の管理所有のもとに、住民の薪炭、肥料の採取に供せられていたところ、明治二六年と同三一年に、従来の慣習を成文化して本村旧郷分規約なるものが作成され、郷分居住者に共有権があること、滅家者は共有権を失うが、家を再興した時は共有権を回復すること、明治五年の住民者から分家した者は、当然に共有権を有すること、共有権を有していた者が他村他部落に転出したときは、直ちに共有権を失い、再び帰村した時は共有権を回復すること、旧郷分の住民でも、全戸寄留であったり、単なる同居者は共有権を有しないこと、他村他部落から新たに転入した者であっても、共有権を取得したいと希望するものは、加入金を納付すれば許可されること、が定められ、そして旧郷分は、相当多数の田畑、宅地、山林、原野を所有しており、右管理、収益、郷分の運営については、各部落から各一名の総代が選出され、それ等と毎年通常総会で選出された扱人（大総代）とが協議の上、総会の決議に従ってなされていた。昭和二一年頃、県から一二〇町歩を開拓地として提供するよう申込みを受け、その結果、郷分の山林中七一町歩位を県の開拓地として買収され、その交換として、五一町七畝二五歩の国有林（本件山林）を昭和二四年二月一日払下げて貰うことになったこと、そして郷分としては郷分持ということで登記したかったけれども、国の方ではそれでは登記の対象にならないから、権利者として構成員個人個人を選定するようにということで、総会を開いて甲外一九五名を選定した結果登記が完了し、払下げの条件として、払下げた山林は部落薪炭林として共有すること、定められた用途以外には利用しないこと、他に転貸を行なわないこと等であったこと、右の代金四七万余円の支払いは、郷分の貯金四一万円と乙ら保証のもとに、農業協同組合及び丙から計六万円を借り受け、これを合して充当したもので、当時の共有者各人は何等右支払いの負担はしていないこと、又本件山林については、その以前にも立木を総会の決議によって売却し、代金中から各構成員に対して配分がなされたこともあったが、これについては何等の異議もなかったことを認めることができる。そして右の事実から見れば、本村郷分という一つの住民の団体が山林等を所有管理し、その薪炭、肥料等の採取は、郷分の住民のみが慣習に基づいてこれをなし得る点から考えて右郷分とは入会であるということができる。

ところで、右認定の規約中に共有或は共有者という言葉があるけれども、ここにいう共有とは共有の性質を有する入会権（民法第二六三条）の意味の共有であって、民法上の単なる共有とはその性質が異なるものである。」

入会権が新たに発生するか、入会権を契約によって設定することができるか、について学者の意見は一般に否定的です。その理由は主として次の点にあります。

① 入会権は慣習による権利だから新らしく契約その他によってこれをつくることはできない。

② 入会権は封建的な権利で、封建社会からの慣習にもとづくものをやむをえず認めた権利であるから、近代的な所有権を中心とする権利関係が確立した現在（正確には民法施行以後）新らしくそのような封建的な入会権が生れることはない。

しかし、このような考え方はどちらも誤っています。

第一の、入会権は慣習にもとづく権利だから新らしくつくることができない、というのは完全に慣習ということはを誤解しています。民法が「入会権については各地方の慣習にしたがう」といっている意味は前に申しましたが、民法は「慣習にしたがう」といっているので、「旧慣にしたがう」とはいっていません。慣習と旧慣とはちがいます。旧慣とは旧来の慣習ですから、少なくともその法律制定以前からあった慣習でなければなりませんが、慣習はいつ生れたものでも差支ないわけです。入会権は慣習上の権利だから新しくつくることができない、というのは慣習と旧慣とを間違えた議論です。慣習は民法制定後はもちろん戦後生れたものでも差支ないわけです。現に、慣習上の権利といわれる水利権や温泉利用権が新たに発生することを認めた判決があります（温泉利用権につき最高裁昭和三三年七月一日判決、水利権につき宮地簡裁昭和四一年三月二九日判決）。

また契約によって入会権を設定することができない、などというのは全く根拠のない独断であって、たとえば、甲村が乙村持の山林に入会ういわゆる他村持地入会（共有の性質を有しない地役的入会権）は、ほとんどが甲村と乙村との間の契約によるものであり、「入会山契約書」などの文書が残されている例も少なくありません（甲村が乙村持山に無断で立入り、その立入りが長い間つづいたので慣習として入会権が認められた、などと考えるのは全くの見当ちがいです）。一方、共有入会地も部落集団の人々の合意でこれを取得するのですから、この合意を契約とよぶか否かは別として、話し合いによって入会権を設定することにはかわりありません。

第二の、入会権は封建的な権利だから近代的な所有権秩序のもとで新たにつくることはできない、というのは事実を認識しない甚だ観念的な議論です。たしかに入会権は封建時代からの慣習を権利として認めたものですが、入会権は完全に封建的な権利ではありません。入会権が民法上の権利である以上、所有権の理論にもとづいて新しく再編成された権利です。民法が入会権を共有の性質を有するものと、共有の性質を有しないものとに分けて規定したことはこのことを物語っています。共有の性質を有するもの、すなわち共有入会権は共有権の特殊なかたちであり、共有の性質を有しないもの、すなわち地役入会権は地役権の特殊なかたちであり、民法上の入会権は民法の土地所有権を基礎として編成された権利であって封建的そのものの権利ではありません。また、現実の部落において、ほかの権利関係は完全に近代的であるのに、入会林野にたいする権利関係だけが純粋に封建的だと考えるのはむしろこっけいでしょう。入会権は、たしかに近代的でない面をもちながらも現在の社会にあうようにそれなりに修正され近代化された権利なのです。しかもそれが現実の社会生活に必要な権利なのですから、必要がある以上新たにそのような入会権が生れるのは当然です。

入会権は新たに発生しないという見解のあやまり

入会権が新たに発生しない、という考え方をとると次のような矛盾がでてきます。

㈠　一般の林野を新たに入会集団が利用する場合、たとえば入会集団が共同で林野を買入れて薪山として共同利用したり、あるいは他人又は他の部落と契約して一定の使用料を払って共同利用する場合その林野は入会林野であるかどうか。これらの林野がかつて入会林野であったというならばともかく、そのような事実が全くない場合に、部落住民が入会的に共同利用をしていても、入会林野といえないことになります。

㈡　農地改革のときの未こん地買収により（未こん地買収は現在の農地法にもある）買収された入会林野を、部落住民が開拓不適地として買戻し、入会的に利用している場合それが入会林野であるかどうか問題になります。ある土地が未こん地として買収されると入会権は消滅することになっていますす（三一八ページ参照）。もっとも、国が未こん地として入会林野を買収したにもかかわらず全く開拓や耕作が行なわれずに入会地としての利用がつづけられ、それが地元住民に売払われた場合には入会権は消滅しない、というべきでしょう。しかし、買収ののち、開こんが行なわれ開拓農家によって耕作が行なわれる場合は、入会利用はできませんから理論上も実際上も入会権は消滅します。ところがその後、耕作放棄があったりしていわゆる成功検査の結果不合格となり、開こん不適地として再びもとの所有者である部落住民に売払われ、部落住民が入会的に利用している場合も、その林野は入会林野でないことになります。

入会権は新たに発生しないという見解をとると、右のどの場合においてもその林野は入会林野ではないことになります。仮に入会林野ではないとすると、入会集団が買受けた土地は共有地、他人や他部落の土地に立入り利用している場合は賃借地ということになり、したがって、前者の場合、持分の譲渡は自由ですから入会集団的な利用はできなくなるし、後者の場合、その土地所有者がかわれば、部落の人々はその権利を主張することができず、山入りができないという結果を生じます。

入会権を新たに設定し、発生させることができない、という議論はこのような反農民的な、同時に実情を無視した観念的な議論です。現に部落の人々が入会集団の統制のもとに林野を共同使用していればその林野を入会林野とよび、その権利を入会権とよんで差支ないわけです。入会権が他の権利とちがう大きな特徴は、その発生が古いということにあるのでなく、部落などの集団の人々が、その集団の統制のもとに権利を行使している点にあります。ですから入会集団がある以上、当然新らしく設定することも、新らしく発生させることもできる、といわなければなりません。

ところで新たに設定される入会権の発生の時期ですが、土地の売買（共有入会の場合）、入会契約の成立（地役入会の場合）にもとづいて新しい入会集団がその林野の管理をはじめたとき、といってよいでしょう。格別一定期間をおく必要もなく、またこの管理というのは前に述べたように必ずしも現実の山利用を伴うとは限りません。ほとんどないと思われますが、たとえば甲が自分の山林を入会地として乙入会集団に提供する一方、丙（入会集団でも個人でもよい）に売却したような場合、乙入会集団が自らの入会権を主張し丙の権利に対抗するためには、その山林に植林その他手入れをしてその山林が乙集団の管理下にあることを示すことが必要です。

二　入会権の消滅

1　入会権は入会集団による管理利用の事実があるかぎり消滅しない

入会権（集団権）は入会林野の集団的利用という事実の上に存在する権利ですから、入会集団が林野を共同で管理し、利用しているかぎり、入会権は消滅しません。したがって、入会林野の土地所有権に移動があってもそのことだけでは入会権は消滅しません。このことは、入会権は入会林野の土地所有権とは直接関係のない権利であることを考えれば当然のことでしょう。

これは、部落有地が第三者に売払われた場合に入会権がなお存在するかどうかに関する判決です。

〔27〕大審院昭和一六年一月一八日判決

「入会権はその地盤が第三者の所有に帰した場合においても入会権者が之を放棄しない以上依然としてその土地の上に存在するものであって、土地所有権を取得した者が村であろうと個人であろうと入会権が存続することにはかわりない。」

したがって、入会林野の土地が競売されてもその入会権には関係がありません。

〔16〕大審院大正一〇年一一月二八日判決

「山林が競売によって第三者の所有に帰しても入会権は消滅せず依然としてその山林の上に存在する。競落に必要な価格は競落人がつとめてこれを調査するほかはない。」

入会林野が国有地や市町村有地となっても後に述べるような入会権消滅や放棄の手つづきがとられ

ないかぎり、入会権は消滅しません。入会林野が市町村有地に編入されて、貸付地とか使用権設定地などの名称でよばれることがありますが、仮りにそのような名称でよばれてもそのことによって入会権が消滅したといえないことは、前に掲げた〔42〕判決が示すとおりです。

入会権は入会林野の集団的管理・利用という事実がなくなれば入会権は消滅します。そのほか、入会権も、他の権利と同じように、入会集団が入会権を放棄したり、土地収用などによって強制収用が行なわれた場合には入会権は消滅します。一般に入会権が消滅するといわれているのは次の場合です。

① 土地の水没などやその他の理由により入会地としての管理が不可能になった場合
② 土地収用や未こん地買収などのいわゆる強制収用が行なわれた場合
③ 入会権者（入会集団）が入会権を放棄した場合
④ 林野にたいする入会集団の統制がなくなった場合
⑤ 入会林野近代化法によって入会林野整備を行なった場合

右のうち、⑤については次の第六話で説明しますが、その他につき、具体的にどういう場合がそれに相当するのか、が問題となりますので、それぞれについて検討することにします。

2 入会的利用が不可能になった場合でも入会権は必ずしも消滅しない

入会林野である土地が水没したり、いわゆる天変地異で土地がなくなったために全く管理することができなくなった場合には、入会権という権利の対象がなくなるから、入会権は自然に消滅せざるをえません。しかし、それ以外の理由、たとえば、(イ)第三者が入会林野の草や木を伐って道路を作ったために、入会的に利用することができなくなった、という場合や、(ロ)入会林野に草や木がなくなったために利用することができなくなった、という場合など、入会権は消滅するでしょうか。

右の場合、いずれも入会林野としての利用が不可能となりますが、学者の中には、このような入会地としての収益が不可能になった場合、入会権が消滅する、という見解を述べる人があります。果たしてそうでしょうか。

(イ) 第三者が入会集団に了解をえず、したがって何の契約も権利もないのに、入会林野の草や木を伐って道路を作ったり建物をたてたりしたため入会集団が利用することができなくなった場合に、入会権が消滅するでしょうか。まず次の判決をみて下さい。

〔事実〕 これは東京都新島本村のミサイル基地をめぐる事件でその内容は前に述べたとおりです(二四一ページ)。本村住民は、新島本村と国とを相手として、村が国に基地として売渡した山林につき村住民が共有の性質を有する入会権を有することを確認し、村住民が右山林に立入って竹木の植栽や採草等入会権にもとづいて収益することを妨げてはならない、と請求しました。裁判所は、本件山林に対して村住民が共有の性質を有する入会権を有すること、部分林地区については住民の収益権を妨害してはならないことを認めましたが、国が買受けてミサイル基地とした分については、次のように判示しました。

(67) 東京地裁昭和四一年四月二七日判決

「この山林は「留山」で新島本村部落の直轄支配下にあるが、慣習として住民が立入って竹木の植栽、枯枝の採取、椿の実の採取、採草等を行なうことが許されていた。しかしながら、本件山林中右土地は国の買受け後ほとんど全面にわたり草木が伐採されて宅地または通路とされ、国のミサイル試射場関係要員の宿舎等が建設されており、住民はもはやその土地において従前のように竹木の植栽、椿の実の採取、採草等を行なうことができない状態にある。してみれば、右土地について住民らはもはや入会権の目的たる収益権を失ったというべきであるから、その収益権を行使することができず、したがって右土地についての竹木の植栽についての妨害禁止を求めることはできない。」

この判決は、国が、ミサイル基地をつくったため住民が竹木の植栽や草刈りをすることができなくなってしまった以上、もはや住民はその土地を入会林野として利用することはできないのだから、入会権は消滅した、といっているのです。

これは全くおかしな判決だといわなければありません。この判決は、第三者が何の権利もないのに入会林野に立入って入会権を妨害し、入会集団の利用を不可能にさせたら、入会集団のもつ入会権は消滅する、といっているのですから、土地の不法な取上げを正面から認めていることになります。したがってこの判旨にしたがえば、第三者が不法に他人の土地に建物などを建てた場合、土地所有者がその土地の明渡を求めても、土地所有者はもはやその土地を使用することができない以上使用権を失なったのだから、もはや明渡を請求することはできない、ということになります。この判旨は不法な土地の取上げを承認するものといわなければなりません（前述のとおりこの判決は第二審で取消されました）。

この判決は、おそらく、入会地としての使用収益が不可能になれば入会権は消滅する、という見解に無責任にしたがったものと思われます。第三者の侵害によって入会地としての利用が不可能となったにもかかわらず、入会集団がその侵害にたいして何の異議も述べずに事実とそれを承認している、というならばともかく、本件においては入会集団が、第三者である国の侵害を、不当である、といって争っているのですから、入会集団が国の使用を認めたわけでなく、もちろん入会権を放棄したともいっていないのです。入会集団としては、入会権を放棄していないからこそ、消滅したら困るからこそ、入会権をもっている、と主張しているのです。そのことが、入会集団が入会権をもつことの、入会権が消滅していないことの、何よりの証拠であるといえます。

したがって、入会林野にたいする第三者の侵害があっても、入会集団が異議を申立てたりあるいは実力でその侵害を排除――たとえば建物を取りのけたり植えた樹を引きぬいたり、正当防衛としての実力を行使――するかぎりは入会権は消滅しません。しかし、入会集団がこれらのことを何もせず、だまって認めてしまえば入会権を放棄したことになります。入会集団が入会権を放棄すれば入会権は当然消滅しますが、そうでないかぎり入会権は消滅しません。したがって、入会林野が第三者の妨害によって入会利用が不可能になっても、そのことだけでは入会権は消滅しません。

(ロ)　入会林野に草や木がなくなったため利用することができなくなり、全く山入りしなくなった場合も、(イ)の場合と同様に、入会権は消滅しません。入会集団が山入りをせず利用しないのは、単にその入会権の行使を停止しているにすぎないのであって、決して入会権を放棄したとはいえません。もっとも利用ができなくなったためその土地についての管理権を入会集団が放棄すれば別ですが、そうでないかぎり、入会集団が入会権を一〇年や二〇年行使しなくとも、入会権が消滅することはありません。

これにたいして、入会権も二〇年間行使しないと時効によって消滅する、という意見があるかも知れませんが、これは明らかに誤です。たしかに、民法には取得時効と並んで消滅時効の制度であり、債権は一〇年、地上権などの制限物権は二〇年間その権利を行使しないと、時効によって消滅する、と規定されています（民法第一六七条）。ただ、所有権は時効によって消滅することはありません（もっとも、自分の物にたいして他人が時効によって所有権を取得すればその反射として自分の所有権は事実上消滅します）。しかし、前述のように消滅時効も裁判上の制度であり、あることに利害関係をもつ者が、裁判上、もともと権利をもつ者にたいして二〇年以上権利を行使していないからその権利は消滅したと主張し、裁判所がこれを認めることによって、一定の時期にその権利が消滅したことになる、という制度です。したがって、ある権利を行使しないからといってそのことにより自動的に権利が消滅するものではありません。とくに、共有入会権は所有権の一種の共同形態ですから、時効によって消滅するはずがありません。

しかし、地役入会地において土地所有者と入会集団との間で入会権が時効によって消滅したかどうか、たとえば、市町村有入会地において、入会集団が二〇年以上も利用をせず放っているから、という理由で、その入会権は時効によって消滅したといえるかどうか、問題になることがあるようです。

地役入会権は制限物権で、民法の消滅時効には地役入会権を除外する旨の規定はありませんが、やはりこの場合、入会権が時効によって消滅したとはいえないでしょう。なぜなら、前述のように入会地を長期にわたって使用しないのは権利の行使を一時停止したにすぎず、入会集団がその管理権を放棄したのではないからです。土地所有者である市町村の直轄的使用に全く異議を述べない場合は、すでに入会権を放棄しているとみることができますから、入会権は消滅しているわけで、何も時効をもち出す必要はないわけです。したがって、入会権は消滅時効とは関係がない、ということができます。

右のように、いずれの場合でも、入会林野の利用が不可能になった、という理由だけでは入会権は消滅しません。入会林野としての利用ができなくなって、入会集団が（多くの場合、やむをえず）その土地にたいする管理権を放棄すれば、この管理権を放棄することによって入会権が消滅します。したがって、入会林野としての利用が不可能となっても、入会集団がその林野にたいする管理権を放棄しないかぎり入会権は消滅しません。

3　土地の強制収用が行なわれた場合原則として入会権は消滅する

前に述べたように、国民の財産権はこれを公共のために用いる場合にかぎって、正当な補償のもとに収用する（取りあげる、買取る）ことができます（憲法第二九条）。もちろんこの収用は法律にもとづいて行われなければなりませんが、そのもっとも代表的な例が土地収用法による土地の収用です。

土地収用法のほか、公共用地の取得に関する特別措置法、都市計画法、鉱業法などの法律にもとづいて土地が収用されることがありますが、重要なことは、その収用の目的がはっきりこれらの法律に定められているものであることです。単に観光施設をつくるとか自衛隊の演習地にする目的での土地収用はできません。

土地が収用されると、その土地の所有権はこれらの法律にもとづいて事業を行なう者が取得し、同時にその土地上にある一切の権利は消滅することになっているので、当然入会権も消滅します。したがって、これらの法律にもとづく、公共目的での強制収用（ふつうこれを公用収用という）があった場合、原則として入会権は消滅します。原則として、というのは強制収用があってもつねに入会権が消滅するとはかぎらないからです。以下、強制収用ないしそれに準ずる行政上の措置があった場合に入会権が消滅するかどうかを検討します。

(イ) 未こん地買収

未こん地買収とは、農地又は農業に利用するため必要な土地として、国が土地を買収することをいい、入会林野であったもので未こん地として買収された土地は少なくありません。

この未こん地買収は、以前は自作農創設特別措置法（以下「自創法」という）第三〇条にもとづいて行なわれましたが、現在では農地法第四四条にもとづいて行なわれます。ある土地が未こん地として買収されると、その土地の所有権を国が取得し、自創法においてはその土地にあるその他のすべての権利が、農地法では担保権以外の権利すなわち使用収益する権利が消滅することになっています。したがって、入会林野が未こん地として買収されれば入会権は消滅します。もちろん、この場合、入会権の消滅にたいして正当な補償が支払われなければならないことは、いうまでもありません。こうして、買収された土地は入会権のない土地として入植農家又は地元増反農家に売渡されます。

ところで、未こん地として買収されたにもかかわらず、入植者もなく耕作も行なわれず、そのまま入会集団＝部落住民が入会地としてひきつづき利用し、しかも、それがその後、いわゆる開拓不適地として地元＝入会集団に売払われ、売払後もずっと入会林野として利用している場合がしばしばあります。このように、いったん未こん地として買収されたにもかかわらず入会的利用がつづいている場合、入会権が消滅したといえるのか、それともその林野は入会林野であるといえるのか、が問題となります。

この場合、理論の上では買収によって入会権は消滅したことになっていますが、しかし入会的利用の事実は一貫してつづいているのですから、入会権は消滅せずに存在する、といわなければなりません。入会権は管理利用という事実がある以上入会権は消滅しません。買収により住民はその補償金を受取って入会権を消滅させることに同意はしていますが、またその土地を国から買受けるために代金を支払っているので、補償金を受取ったことは問題になりません。ほんらい、このような土地は開こん不適地で、もともと買収すべき土地ではなかったのです。もとの所有者に戻されれば買収の取消があったとみるべきであり、したがって、仮に買収によって入会権が消滅したとしても、その取消によって入会権は当然復活します。

入会林野が未こん地として買収され、開拓、耕作が行なわれればいったん入会権は消滅し、その後耕作放棄等によって再びもとの入会集団に売払われて、入会集団がまた入会的利用をしている場合は、前に述べたように入会権が再び発生した、といわなければありませんが、開拓、耕作が行なわれずに入会集団が引つづき利用している場合には、入会権は消滅しない、と考えるべきです。

(ロ) 牧野買収

牧野買収とは、自創法第四〇条の二によって小作牧野を買収することです。小作牧野とは余りはっきりした用語ではありませんが、小作地と同じように土地所有権を有しない者が賃借権等により使用している牧野のことで、地役入会の牧野がこれに相当します。小作牧野の買収は、小作地の買収と同じように、その牧野を現に使用している者の所有とするために、買収が行われるのですから、利用する権利にはかかわりありません。この制度は農地法になく、現在は行われません。

(ハ) 草地利用権、森林の土地使用権の設定

農地法には牧草地造成のため、土地の買収ではなく所有権をそのままにして草地の利用権を設定することを認めております(七五条の二)。これは市町村又は農業協同組合がその住民又は組合員の養畜事業に必要なため知事に申請し、知事がその土地に利用権設定を必要と裁定したときに、設定されます。これが設定されると、一定の限度で入会権の行使が制限されます。また、森林法には森林から伐採木搬出等のため必要なとき、知事の裁定により森林の土地使用権の設定を認めていますが(五〇条)、この場合も同様に入会権の行使が制限されます。

(ニ) 保安林への編入

森林が保安林に編入されると、樹木の伐採や下草、落枝等の採取あるいは開こん等が制限されます（森林法第三四条）。しかし、これら行為が禁止されるわけではありませんから、入会権は消滅しません。ただ入会権にもとづく利用行為が制限されるだけで、このことは判決もはっきり認めております。

〔6〕大審院明治三八年四月二六日判決

「森林が保安林に編入されたときは、皆伐や開こんは禁止されるけれども、芝草刈りや一部の伐木などは絶対に禁止されるものではないから、入会権の目的となっている森林が保安林に編入されたために入会権が直ちに消滅するものではない。」

4　入会集団が入会権を放棄・処分すれば入会権は消滅する

どんな権利でもそれを放棄すれば権利は消滅します。入会権も例外ではなく入会集団が入会権を放棄すれば入会権は消滅します。では、どんな場合に、入会集団が入会権を放棄した、といえるのかというと、これはかなり難しい問題です。

まず、共有入会権は土地の共同所有権ですから、土地所有権を放棄しないかぎり、その権利は消滅しません。共有入会地を開発用地や道路用地などにして売るのは土地の処分であって放棄ではありませんから、共有入会地の処分や個人所有地への分割はあっても共有入会権の放棄はないでしょう。入会権の放棄として考えられるのは、地役入会地において、①第三者の不法な侵害によって、入会的利用ができなくなったにもかかわらず、入会集団は別に異議も申立てず、それをそのまま承認した場合、と、②土地所有者が入会地を利用するために、入会集団に入会権の廃止、消滅についての同意を求め、入会集団がこれにたいして同意した場合、とです。

①は、ある部落の入会地に、権利をもたない第三者が無断で利用をはじめたのに、その入会集団は自ら入会地を利用せず、その第三者に異議の申立もせず、又土地使用の契約を結ぶよう申入れもせず、これを黙って認めている場合、あるいはまた、入会林野が国有地や市町村地に編入されたのちも部落住民が入会地として利用していたが、国や市町村が直営事業を始め、実力で住民の入会利用を閉め出したので、住民は仕方なく入会利用をやめてしまった場合、などがこれにあてはまるでしょう。

②は、たとえば部落有林野を市町村に統一するにあたり、あるいは統一後、市町村から一定の土地を市町村の直営林とするために、その部分につき住民の入会権を放棄してくれと同意を求められて、これに同意する場合や、入会林野を第三者に売る場合、入会権を消滅させ将来入会林野として利用しない旨を契約した場合などです。

①と②のちがいは、①は入会的利用ができなくなったため、事実上やむをえず入会権を放棄するのであり、②は入会集団の同意により入会権を放棄する、というちがいです（なお、入会林野を、建物用地とか道路用地など入会地以外のものとして売る場合も②に含めて考えてよいでしょう）。②の場合は、入会集団が入会権を放棄するという意思を決定し、これを表明するのですから、放棄があったかどうかは比較的に容易に分かりますが、①の場合は、事実上の問題ですので果して放棄があったかどうか、はっきりしない場合が少なくありません。それでも、次のような場合には入会集団が入会林

野の管理権を放棄したといえるでしょう。

(イ)　入会林野にその集団の有する入会権の行使を妨げ、または入会権の存在を否定するような土地所有者または第三者の行為あるいは権利があるにもかかわらず、入会集団がそれを排除するのでもなく、異議の申立てもせず、あるいは土地使用契約を結ぶ申入れもせず、また入会集団自らがその入会林野を使用もせずに放任している場合。

(ロ)　入会集団又はその構成員が現に林野を利用していても、入会集団がその林野についての管理権を失ない、土地所有者がその管理権を握り、利用が所有者との契約あるいは恩恵によって認められているにすぎず、その林野を使用させるかどうかを土地所有者が自由に決定することができる場合。

(イ)の場合でも、入会集団が、入会林野を現に使用することができないために入会権を行使しないことがあっても、それだけでは入会権を放棄したことにはなりません。単に入会権の行使ができないという事実だけでなく、入会権の行使、あるいはその存在を否定するような権利がその土地上に存在することを認めることが入会権を放棄することになるのです。ですから、入会権の存在を否定する他の権利が入会地に生れることによって入会権は消滅する、ということができるでしょう。したがって、入会林野にその集団の入会権の存在を否定しないような他の権利が成立しても入会権は消滅しません。たとえば甲入会集団が共同造林を行なっている入会林野に、乙部落（入会集団）が無断で落枝取りに入山をはじめ、甲集団がだまってこれを認めた場合に、乙部落の入会権が成立しますが、乙集団の入会権は落枝取りにかぎられ、甲集団の造林をする入会権の存在を否定するものではありませんから、甲入会集団は自らの入会権を放棄したことにはなりません。土地使用の契約の名称や内容はどうであれ、入会集団がその林野をどのように利用するかの決定権をもち、また土地所有者もそれを認めざるをえないのであれば、それは入会権を放棄したことになりません。

(1) **入会権の放棄・処分には入会集団構成員全員の同意が必要である**

入会地を第三者に売却する場合（これを入会地の処分という）、あるいは土地所有者の要求に応じて入会権を放棄する場合には、入会権者（入会集団構成員）全員の同意が必要です。共有入会地は集団構成員全員の共同所有財産ですから全員の同意がないかぎりこれを第三者に売却することができないのは当然であり、また地役入会地も同様に共同で利用権をもっているのですから、たとえば、市町村有地などで土地所有者である市町村が入会権者に入会権の放棄を求める場合も、つねに権利者全員の同意が必要です。以下これにかんする判決をあげておきます。

市町村有地などで入会権者に入会権を放棄してもらう場合、入会権の廃止、消滅の合意を求めますが、これにはつねに入会権者全員の合意が必要です（共有入会地でも同じです）。このことを示した判決を掲げます。

〔事実〕岡山県刑部町において部落有林野の統一を行ない、統一した町有林に町が施業をはじめたところ、ある部落の入会権者である住民四三名が、町の施業は住民の入会権を無視するものであるという理由で入会権を有することの確認の訴を起しました。この訴訟は裁判上の和解により調停が成立しました。ところがその和解に参加したのは三一名であって他の者は不服でこれに参加しなかったために、住民四三名が、入会権の制限や廃止をするためには入会権者全員の同意を必要とするのに町長との間に成立した入会権を制限する旨の和解は入会権者全員が参加していないから無効である、と改めて訴を起したところ、裁判所は次のように判示しました。

〔24〕岡山地裁昭和一一年三月六日判決

「本部落の住民が本件山林原野を利用してきたのは公法上の権利ではなく、部落の住民がその住民であることを要件として有する私法上の入会権にもとづくものであり、入会権の処分、変更、制限等については住民全員の同意を必要とする。住民の中三一名と町との間に成立した裁判上の和解は本件入会権の制限を内容とするものであることは明らかであるが、このような和解が有効に成立するためには入会権者全員の同意が必要である。」

〔39〕青森地裁昭和三三年二月二五日判決

「いったん確定した入会権は地盤所有権の移転により当然消滅しあるいは存続しないとはいえず、その廃止のためには入会権（持分権）を有する部落全員の合意にまたなければならない。」

つぎの判決は、前述の、炭鉱用地であっても入会権が存在すると判示したもので、土地の共有名義人乙たちの、登記上の共有者（だけ）が全員出席した総会の決議により入会権は消滅したという主張にたいするものです。

〔71〕福岡高裁昭和五八年三月二三日判決

「この土地の登記上の共有者である乙財産組合の組合長をはじめ組合運営に参与する主だった組合員は、臨時総会当時、入会地は登記簿上の共有名義人の共有物であるとする意識から、その共有名義を持たない者には恩恵的に利益配分をなしていたに過ぎないのではないかという考えにわざわいされて、殊更、共有名義を持たないものから入会権の放棄ないし入会権の消滅につき承諾を得るまでもないとして、餞別金の趣旨で寸志の名目のもとに五〇〇〇円ないし一万円を交付したものと認められるのであって、寸志名目の金員を甲らが受領したからといって、入会権の放棄ないし入会権の消滅の承諾とみることはできない。」

(2) 入会権の廃止や入会地の売却は多数決ではできない

このように入会権の廃止や処分（売却貸付など）については入会権者全員の同意が必要なのですが、各地の入会集団の入会林野についての規約の中には、議事を集団構成員または総会出席者の過半数または多数によって決定する、と規定しているものが少なくないようです。それでは入会林野の一部を、入会権を廃止して第三者に売却する場合、入会権者の多数でこれを決定することができるでしょうか。まずこれにかんする判決をみることにします。

〔事実〕岡山市に隣接する早島町矢尾の共有（入会）地は代表者七名共有名義で登記されていましたが、矢尾部落住民（構成員一〇四名）協議の上この土地の大部分を乙会社に売却し所有権移転登記をすませました。ところが同部落住民である甲（登記名義人ではない）が、甲ほか六名の者はこの売却に賛成していないと主張し、乙会社との間でこの売買が有効か無効かが争われました。

〔64〕岡山地裁倉敷支部昭和五一年九月二四日判決

「各地方の入会権に関する慣習上の一般原則によると、入会権の管理及び処分については、入会権者総員の同意を要するのであり、この要件を変更し、入会権者中一定の者（本件でいえば総会や管理委員会）の同意さえあれば利用形態を変更したり、入会権を処分したりすることができるものとするにも入会権者全員の同意を要することもちろんであり、本件入会権についても在来の慣習は同様であったと認められる。したがって、右会則の規定が入会権の処分についても、総会定足数を会員の三分の二以上とし、総会出席会員の三分の二以上の賛成によりこれを行なうことができる旨多数決の原則を採用するにあたっては、右会則につき入会権者全員の同意がなければならないというべきであるが、右会則にいう会員の範囲は、本件土地の入会権者全員を含める趣旨に解することができるばかりでなく、各組合員全員が入会して会員となっているから、右全員が入会した時点から右多数決の採用が本件入会権においては慣習になったということができる。」

この判決は、入会権の放棄や処分などは入会権者全員の同意を要するのが原則だが、入会権者全員の同意により入会地の変更に多数決の方式を採用することが決定されたならば、それ以降入会権について慣習が多数決原理によることに改められたことになるから、入会地の売却は多数決でよい、というのです。

果してそういえるでしょうか。仮にこの判決のいうところが正しいとすれば、たとえばある集団の入会権者が五〇人あり、そのうち三〇人が脱農化等の理由により林野を利用しなくなったところ、開発業者がその入会林野を買受けたい旨申入れてきたので、入会地の利用よりも売却代金収入を有利と考える三〇人は多数決でこの入会林野の売却を決定することができる、ということになります。現に入会林野を利用している二〇戸の入会権は完全に否定されてしまいます。またそこまでいかないとしても、入会権者中入会林野として現に利用しているのが五〇名中二、三名とごく少数にすぎない場合、この二、三名を除く他の全員すなわち圧倒的多数がその土地の売却を決定したならば、その二、三名も入会地を手放なさければならないことになります。仮にその二、三名が入会地の登記上の共有者であった場合、自分の意思に反して、土地売買の移転登記を強制されることになります。しかし、共同所有ではあっても、自分が所有する財産（入会持分）を、自分の意思に反して売却したり放棄させられることは、公共のために用いられるなど特別の事情がある場合を除いては許されないことです。

もともと多数決の原理は、その構成員とは別個に独立して存在する団体である社団（法人であると否とを問わない——九二ページ参照）の論理であって、構成員の総体が一つの団体である入会集団（いわゆる実在的総合人）には適合しない論理なのです。社団の運営、財産の処分などはすべて多数決ですることができますが、これは社団の財産はその社団構成員の共同所有財産ではないからです。

民法は、いわゆる個人的共有財産について、他の共同所有者の同意がなければその変更をすることができない、と規定しております（第二五一条）。この変更には、共有財産の売却や貸付けなどが含まれることはいうまでもありません。三人でもっている共有財産を二人だけの話合い売却できない（ただし個人的共有の共有持分の売却は自由）ことは明らかです。入会的共有の場合もこれと同様に考えるべきであって、入会林野の売却、貸付その他変更を加える行為については集団構成員全員の意思が必要である、といわなければなりません。したがって、入会集団に、多数決原理による規約がある場合、入会林野の売却や貸付その他変更にかんする事項以外のことがらについてだけ適用される、と考えるべきです。なお、各自がもっている入会持分権を放棄するのは自由で、これは個人的共有の場合も同じであり、放棄された持分は他の共同所有者のものとなります。

なお、放棄には関係ありませんが、右のように入会権の変更には構成員全員の同意が必要ですから、分収契約の締結や抵当権の設定に全員の同意が必要であることはいうまでもありません。このことを確認するため、入会地の賃貸について全員の同意を必要とする旨の判決をもう一度掲げておきます。

〔62〕東京高裁昭和五〇年九月一〇日判決

「本件賃貸借契約の締結につき入会権者全員の同意があつたことは認められず、臨時総会のみならず吉例においても一部の反対者があつたことが明らかであるから、本件賃貸借契約は無効である。」

(3)　入会権の廃止や入会地の売却の意思決定の形式は問わない

ところで、入会（集団）権の放棄や入会地の売却、貸付などに入会集団構成員全員の同意が必要であることは、理論的には分るが、二〇人、三〇人位の集団では全員が総会に出席して満場一致で議決することも可能であろうけれども、構成員が一〇〇人をこえ、数百人にもなる場合には全員が総会に出席することも難かしい、という意見があるかも知れません。ですが、入会権の放棄や入会地の売却などに全員の同意が必要である、といつているのであつて、総会で（全員）の議決が必要であるといつてはおりません。入会権者（構成員）の多い集団では、集団内の小組ごとに変更、売却、放棄等について相談し、各組構成員の同意を得て、組の代表者がその意見をもちより、役員会などでそれを決定する、という方法がとられるようですが、それで結構です。また必ずしも集会を開くという方法を必要としません。要は、集団構成員全員が、放棄や、変更に同意すればよいわけでその形式は問いません。この同意について次のような判決があります。

（事実）福島県会津若松市ほか一村にわたる五三部落共有の入会地について管理団体として乙組合があり、その管理のもとに入会権者九九六名が使用してきましたが、昭和三五年に各部落の総代をもって構成される乙組合の総代会の決定によりその土地の一部が丙らに売却されることになり、所有権移転登記が行なわれました。この売却処分に反対する入会権者甲ら六四名は、入会財産の処分は入会権者全員の同意が必要であるにもかかわらず、総代会だけでその決定ができるという組合の規定は無効であり、甲らはこの売却に反対であったから当然丙への売買は無効である。と主張し丙らに対して所有権移転登記の抹消を請求しました。

〔63〕福島地裁会津若松支部昭和五〇年一〇月二九日判決

「大野原組合においては総会は開催されず、組合規約に従い総会に代わる総代会において本件土地に関する処分を行う慣行が存していたものと認められる。

総有関係にある財産の処分については原則として権利者全員の同意を要することは民法二六三条により同法二五一条が準用されていることからも明らかである。

従って、財産の処分に際し権利者全員が一堂に会した上全員の同意を得ることが望ましいことは言うまでもないが、本件のように権利者が九九六名という多数にのぼる場合においては全権利者が一堂に会するいわゆる総会を開催することは社会的物理的に困難であり、また構成員全員の同意は必ずしも権利者が一堂に会した上でなされることを要しないものと考えられる。そうしてみると、次善の策として各権利者を代表する者による間接的な形で一定の意思決定について各権利者が事前又は事後に同意するという形式で各権利者の意思が自由にかつ確実に反映される限り権利者全体の意思決定があったものということができるから、これをもって、総会での決定でないとの一事だけでその効力を否定すべきものではないと解するのが相当である。従って、前記慣行が、少くとも右の要件を満している限りにおいてはその効力を否定すべきではない。
仮に甲らが土地の譲渡に同意する意思がなかったとするならば、乙らの案内で現地を見分した後手打式を行い、配分金を受取った行為は理解できない。むしろ、その時点で甲らは、乙に対して右の土地売買に同意したものと解するのが相当である。」

この判示のように、たとえばある入会権者が集団の総会や組の常会などで、入会地の放棄や変更に反対をしても、売却代会や補償金を受取ったり（まだ、入会地の放棄や変更に同意していないのであるから売買や貸付など法律上の効果は発生せず、したがって売却代金や補償分が支払われるはずはなく、支払われたとしても仮払金的なものでかなり政策的な性格をもっている）、あるいは、放棄や変更に賛成するような文書を書いたり、放棄、売却、貸付を認めるような行為があれば同意したことになるのです。したがって、同意の方法や場所、時期は余り問題でなく、同意したか否か、という事実が重要です。

最近、入会集団構成員の職業の多様化などの理由により集団の総会または組の常会などに全員出席することが困難である場合が少くありません。また、放棄や変更に反対のため、そのようなことがらが審議される会合に意識的に欠席する人もあるでしょう。総会に出席しなかった者は棄権とみなす、ということは、入会地の放棄、売却、貸付等の変更にかんするかぎりできません。このような場合に、入会地の放棄や変更をすすめる立場にある集団の役員が、総会欠席者のところに出むいて、（個別的に会って）事情を話し、同意してもらうよう説得するのがふつうです。総会などの欠席者ばかりでなく、出席して反対意見を述べた者にも会って同じように説得します。もとよりつねに同意が得られるとは限らないし、個々の入会権者はそれに応ずる義務はなく、あくまで同意を拒否してもよいのです。しかし、義理人情の気風の比較的つよい村落共同体では、集団の役員などをしている人から頼まれ、ときには若干の根まわしをされた上で話をされると、仲々断りにくい事情にあるため、心ならずも同意することもあるようです。この同意を求めるに強迫めいた強い圧力がかかれば同意が無効になりますが、とにもかくにもこのようにして同意が得られることも多く、つねに会合で満場一致で決まるものでもなく、必ずしもその必要はありません。

なお、前記〔62〕判決が部落の会議で反対があり、全員の賛成が得られなかったものを全員の賛成にもっていったいきさつについて、次のように判示しているのはきわめて参考になります。

〔62〕東京高裁昭和五〇年九月一〇日判決

「本件土地に隣接する部分を乙会社に賃貸した際も、昭和三二年二月一五日開催された吉例において賃貸の件を討議したが、なお一部の反対者があったところから、さらに説得を重ねて、これを納得してもらい、結局入会権者全員の同意を得ているのである。」

5　林野にたいする入会集団の統制がなくなれば入会権は消滅する

入会権は入会集団の管理統制のもとに、その集団の構成員である部落住民が林野を共同で使用する権利ですから、かりにある部落の住民が林野を共同で利用していても、その林野が入会集団の管理統制のもとになければ入会林野ではありません。したがって、個々の住民が林野を使用しあるいは所有する権利をもっていてもその権利は入会権ではないことになります。

入会集団の直接統制のもとに部落の住民全員（原則として）が共同で林野に山入りして、草刈りや薪取りのため、いわゆる古典的共同利用をしている場合は、その林野が入会林野であることに問題はありません。しかしながら、経済の発展や社会事情の変化に伴ない、入会林野の利用状態や権利関係もまた次第に変わってきます。具体的には次のような変化があらわれてきます。

① 団体直轄利用又は個人分轄利用が行なわれるようになると、入会権者が固定し部落住民の中でも権利をもつ者が特定してくるとともに、入会林野が金銭的価値をもつようになるから、権利（持分権、共有権）が部落の内外を問わず売買され、部落から転出してもなおその権利をもつようになる。

② 草や薪の必要がなくなることにより、入会権者が現実に利用しなくなって外部からは入会集団が管理しているかどうかはっきりしなくなることがある。とくに地役入会地においてはこのような状態がつづくに伴なって土地所有者の発言権が強まってくる。

①は主に共有入会地において、②は主に地役入会地においてみられる現象です。すなわち共有入会地において①のような現象がみられると、いったい共有入会地なのか個人的共有地であるかの判断がつきかねる場合がでてくるし、地役入会地において②の現象がみられると入会集団の管理権があるのかどうか分らなくなることがあります。したがって、このような林野においてなお入会林野であるか（入会権＝集団権が存在するか）どうかがしばしば問題になります。

いずれの場合においても、右のような現象がみられてもなおその林野に入会集団の統制があるかぎり入会林野なのですが、それではどのような段階になれば入会集団の統制が消滅――すなわち入会権が消滅――したといえるのか、以下具体的に検討します。

(1) 共有入会地の場合

ある林野が共有入会地であるかそれとも個人的共有地であるかは、その林野が入会集団の統制下におかれているかどうかによって決まります。いうまでもなく入会集団の統制というものは突如としてなくなるものではなく次第に弱まってゆくものですから、どの段階まで弱まればその林野が入会集団の統制下からはずれたといえるかはきわめてむつかしい問題です。

〔判決〕まず、この問題を取扱った判決をみることにします（なおここでは共有入会地について述べましたが、地役入会地についてもこれに準じて考えることができます）。

〔35〕盛岡地裁昭和三一年五日一四日判決

「当初部落の全住民の権利だったものが、その後特定の住民のみの権利となり、しかも当初の全住民の生存権的性格を捨て、すなわち日常必要な薪炭用雑木などの自給経済的現物経済的利用形態であったのが貨幣経済的利用形態に一大転換をなし、共有権の利用形態と異るところがなくなってしまった以上入会の本態である利用形態においてその特質を失ったものといわなければならない。」

〔36〕最高裁昭和三二年六月一一日判決

「部落住民の総意で入山を一時停止して自然林に補植したとしても、入会権行使方法の協定をしたにすぎず入会権が消滅したとはいえない。」

〔38〕最高裁昭和三二年九月一三日判決

「入会地のある部分を部落住民のうちの特定の個人に分配し、その分配をうけた個人がこれを独占的に使用収益し、しかもその分け地を自由に譲渡することが許されるという慣行は入会権の性質とは相反するもので、本件分け地については入会権の存在を否定しなければならない。」

〔事実〕長野県須坂市旧井上村四部落では共有の入会山林につき大正末期に各部落の持分を定め、全体の三分を各部落平等割、七分を入会権者数による戸数割としましたが、その基準となる入会権者数は甲部落二一〇戸、乙部落四九戸、丙部落四〇戸、丁部落八五戸、計三八四戸でした。その後この共有山林から伐採した立木の売却をめぐって、この山林が四部落共有の入会林野であるかそれとも三八四戸だけの共有山林であるかが争われました。

〔47〕長野地裁昭和三九年二月二一日判決

「井上村四部落は大正一二年三月各部落総代の協議により、本件山林につき共同で治山、治水のための植林事業を営むことを契約した上、その業務を各部落から選出された入会山委員に委任し、かつ全住民の同意を得て、それまで各住民の有した直接の収益行為を入会山委員の許可があるときに限りこれを行使しうることに制限した。そして四部落は、将来右共同事業から生ずる収益を分配する基準として、平等割、戸数割を定めたが、戸数割は明治初年地租改正の際の四部落の戸数で、その後実際の戸数の変動とは関係なく、四部落の公租公課その他費用分担の基準として使用されて来た戸数をそのまま基準として踏襲したのである。明治四四年頃、四部落三八四名が原告となって本件山林につき他の部落を相手として入会権存在の確認訴訟を提起したことがあり、右三八四名のみが訴訟費用を負担しているが、当時入会の費用として住民から直接徴収したのは右訴訟の費用だけで、その他の費用は多年各住民から徴収した区費から支出されているので、仮に三八四名以外の者が右訴訟の費用を負担しなかったとしてもその一事によって入会山の権利を放棄したものと認めることはできない。のみならず右三八四名の内わけである各部落の住民数は前述のとおり明治初年以来公租公課その他の費用を四部落に割当てる基準として実際の戸数の変動とは無関係に踏襲されてきたものであるから、本件山林は井上村四部落共有の入会山であって、右三八四名の共有地ではない。

〔49〕最高裁昭和四〇年五月二〇判決

「入会地を分け地として配分しても、柴草採取のためには分け地の制限がなく、毎年一定期間を除き部落住民はどこにでも自由に立入ることができ、部落住民が部落外に転出したときは分け地はもとより共有林にたいする一切の権利を喪い、反対に他から部落に転入し又は新たに分家して部落に一戸を構えたものは、組入りすることにより共有林について平等の権利を取得するならわしがあれば、その林野はなお入会権の性質を失なったものとはいえない。」

〔56〕名古屋高裁昭和四二年一月二七日判決

「本件土地には、「秋葉山」と「稲葉」とよばれる土地があり、その土地利用につき次のような慣習があった。すなわち「秋葉山」は別名「分け山」と呼ばれることから知りうるように、明治初年ごろ御立部落住民に分配されたが、その分割は各住民の利用区域を画する意味であり、したがって、各部落住民はその割当て土地につき独占的に植樹、伐木、雑木を採取その他の使用収益をしうるものの、部落住民としての資格を失なうときは三年後にその土地を御立部落に返納する定めであった。次に、「稲葉」は、部落の稲作の育成保護の見地から空地にしておいた土地であって、部落住民であれば何びとでも自由にその土地に立ち入り、草刈り、わら積み等部落住民の共同利用にまかされている。そしてこの両土地とも、新しく部落に入った住民には何らの権利もなく、またその公租公課はすべて部落の区費でまかなわれ、あるいは「秋葉山」から採れる松茸はすべて部落の所有とし、一括入札したうえその売上代金を区費にくり入れることになっていた。

右の認定事実によれば本件土地には前記の慣習を内容とする入会権が存在するものと認められ、その土地は部落住民全員の総有（入会的共有）に属すると認めるべきである。」

〔事実〕争になったのは青森県大畑町大畑の小目名部落の山林で、甲のみ持分三四分の二、他は持分各三四分の一の共有権登記がされていました。部落管理の入会地として利用されてきましたが、地上立木が売却されその収益配分をめぐって、この山林が部落の入会地かそれとも三四名の個人的共有地であるか、甲（部落住民）と部落との間に紛争を生じました。第一審は、小目名部落住民の入会地であると判示したので、甲は控訴して、この土地の共有持分権が抵当権の目的となったり売買されており、薪や秣採取に利用されず杉桧造林のために使用されているから三四名のみの個人的共有地だと主張し、部落側は、この山林に権利を有するのは小目名部落住民に限られ、転出すれば権利を失い、この山林の立木売却代金は従来ほとんど部落公益費に充てられ個人分配したのは今回のみであるから、依然として部落の入会地である。と主張しました。

〔58〕仙台高裁昭和四八年一月二五日判決

「従来から小目名部落に居住していた一家の戸主で村経費を負担する者および分家後一五年以上経過し、部落寄合において承認を受けた分家の戸主は、本件山林についてその産物を採取し、または産物を処分した得た金員の分配を受けることができること、この権利は同部落に居住している間に限って認められ、部落住民が家をたたんで部落外に転出したときには、本件山林に対する一切の権利を喪失し、再び帰村したときはその権利を回復すること、右の権利はこれを売買譲渡することができない等のならわし（慣習）が古くから行なわれてきた。昭和一五年ころ、分家後一五年以上を経過し右旧慣によって権利を認められるに至った者達から、この権利を登記しなければ後日登記がないことを理由に権利を否定されては困るから登記手続をして欲しい旨の申出がなされ、部落の元老達は登記がなくとも昔から権利があることに決っているから何ら心配するには及ばないと説得したが納得をえられず、結局右申出を尊重し、これを書類に書き置くことになり、同年五月一九日同部落全員の集会を開き、同集会において、前記のような『ならわし』(慣習)の存在することを確認し、かつ、全員が右慣習に従うべきことを誓約した旨を記載した記録を作成するに至った。昔から部落民は共同かつ平等的立場で自由に本件山林に立入り薪材などを採取してきたし、また部落の神社、寺院、学校、橋等の新築や修理には右山林の立木を伐採して使用してきたこと、本件山林の公租公課は、部落民の積立金から部落総代がこれを納付してきた。以上の事実によると、本件山林は小目名部落所有の同部落民の入会山であり、民法にいう共有の性質を有する入会権の目的となっているものと認めるのが相当である。

登記簿上本件山林が三四名の共有に保存登記されているからといって必ず個人共有であると断定しなければならないものではない。なんとなれば、共有権者として登記されている者のうち半数の一七名は保存登記当時既に死亡しており、その登記が真実を反映していないばかりでなく、その反面、民法にいう共有の性質を有する入会権にあっては、入会地の地盤は実質的には部落(入会集団)の所有(総有)というべきであるが、公簿上独立の権利能力を認められていない部落の所有として記載することは疑義がある関係上、公簿上便宜部落民(入会権者)全員の共有名義また部落を代表する部落民数名の共有名義もしくは右代表一名の単独名義にすることはしばしば行なわれてきたところであるから、当初から共有持分に差等のある場合等部落所有(総有)とすることに矛盾する記載ある場合は格別登記上単に共有名義になっているからというだけで、これを個人共有であって部落所有でないと断定するのは妥当ではない。」

〔65〕広島高裁松江支部昭和五二年一月二六日判決

「一般的には、東郷部落においては、明治以前までは地区のほぼ全戸の世帯主が、自然経済的な態様でその共同財産についての入会稼をしていたが、明治以降の日本における商品経済の急速な発展がこの地方にも浸透して来た結果、共同財産の利用価値が漸次立木へと移行して、後年立木売却等による金銭的利益を生ずるようになる一方、地区住民の移動をも生ずるようになって、地区住民の中にも地下前を有しない者を多く生ずるとともに、地下前の譲渡や新規加入が行われるようになったが、この点を除いては地下前権者たるための資格やその共同財産に対する支配形態に根本的な変更はなく、また共同財産は単に地下前権者の収益源となるのみならず地区における村落共同体の経済的基盤としての意味をも有し、その管理や出役義務の履行に関しては地下前権者相互間の精神的紐帯に基づく協力関係が重視されて来たものと言うことができる。

そして、個別的事象については、次のように言うことができる。

(1)　地区住民の中に地下前を有しない者が存すること、換言すれば、地区住民の総員が地下前権者でないことは、本件共同財産が入会権の目的であるか否かの問題とは無関係である。江戸時代の「村中持」の主体は、一定地域の居住者の総員であったのではなく、むしろ村持集団の構成員として承認されない居住者が存在するのが常態であったし、今日各地にみられる入会団体においても異なるところはないからである。一般に「入会権は一定地域の住民全体に総有的に帰属する」と言われるが、右の「住民」とは「居住者」を意味しているのではなく、「入会団体の構成員として承認されている人」を指しているものと理解すべきである。

(2)　地下前権者が死亡した場合に、その「家」を継ぐ者が地下前を承継するという慣行は、他の多くの入会団体におけると同様に、現行民法施行後も一貫して維持されている。

(3)　地下前の譲渡は、規約制定以前においても地下前権者の自由に委ねられていたわけではなく、東郷部落の統制の下におかれていた。すなわち、譲受人は在村者に限られており、かつ、総会の承認を得て初めて権利者として認められた（もっとも、明示的に承認を与えられることは少なく、譲受人が譲り受けの事実を組長に届出るだけで黙認されることが多かった）。

右地下前の譲渡が行われている（その結果として地下前を二口有する者も現われている）ことからして、地下前権者には一種の持分があると認められるが、このことをもって東郷部落が入会団体であることを否定することはできない。地下前権者の有する持分は、本件共同財産に関する権利義務の総体ないし、その基礎としての「集団構成員たる地位」として把握されるのであって、この意味における持分は、入会権についても存在するものと考えられるからである。

そして、右の意味における持分の譲渡は、他の入会団体においても時として認められているところであって、この事実があるからといって、東郷部落が入会団体であることを否定することはできない。重要なことは、持分の譲渡について前記のような団体的統制がなされているという点である。

(4) 規約には、脱退者に対しては脱退当時の加入金相当額を支払い、被除名者に対しては加入金を払い戻す旨の規定がある。しかし新規加入者以外の地下前権者については過去に加入金を納めたという事実がないので、除名の際の加入金払戻の規定は新規加入者のみを念頭に置いて規定したものであることが認められる。この事実に、東郷部落が脱退者（過去に脱退者があったことを認めるべき証拠はない。）ないし被除名者に対して右規定により加入金を払戻した事例があることを認めるべき証拠がないこと、事実上、新規加入者は昭和二三、四年ごろ以降数年間の五名のみにとどまり、その支払った加入金の額も持分の客観的価値に比してかなり少額であることに照らすと、右規定の存在をもって、脱退ないし除名に際して東郷部落の共同財産に対する地下前権者の持分が清算される慣行があったものとみることできない。また、本件共同財産たる地下山の分割が予定されたことも、分割請求がされた事実もない。以上の事実と判断によると地下前権者の本件共同財産に対する権利は共有の性質を有する入会権であり、東郷部落は入会権者の団体であるということができる。」

（要約） ここで以上の八つの判決について整理し、検討してみましょう。

八件の判決で争われた林野の所有権登記名義、林野の権利者が限られているかどうか、その権利の譲渡が行なわれているどうか、またどんな人々の間で争われたか等を表にすると次頁のとおりです。どんな人々の間で争われたかは略号を用いましたが、Aは部落住民内部の間、Bは部落住民とかつて部落住民で現在転出した者との間、Cは部落住民と第三者（持分を買受けた者）との争いです。

	35	36	38	47	49	56	58	65
登記名義	記名共有	部落有	記名共有	部落有	記名共有	代表者有	記名共有	代表者有
利用	直轄	直轄	分割	直轄	分割	分割	直轄	直轄
権利者	特定		特定		特定	特定	特定	特定
譲渡	あり		あり		あり	あり	あり	あり
型	C	A	C	A	A	C	A	B
判決	共有地	入会地	共有地	入会地	入会地	入会地	入会地	入会地

八件のうち、入会林野であると判示したもの六件、入会林野ではなく、すでに入会権は消滅したと判示したもの二件となっています。入会林野ではない、と判示された二件は、いずれもその林野にたいする共有持分権者が固定し、その権利の譲渡が行なわれています。これらの二判決が、その林野を入会地でないと判示した理由は、結局、その共有持分権者が特定していること、ならびにその権利の譲渡が行なわれていることの二点につきます。

すでに述べたように、入会林野の利用が団体直轄利用又は個人分割利用に変化すると、入会権者は固定し、当然入会持分権（「株」とよばれたりする）がはっきりしてきますが、林野の入会持分権者が固定し、特定することだけでその権利が入会権ではないとはいえません。つぎに、このように持分権がはっきりしてくることはその権利が金銭的な価値をもつことを意味しますので、入会権者が部落を去るにあたってもその権利を無償で放棄せず、入会集団か他の入会権者、あるいは入会権者以外の部落住民に売るようになります。この場合の権利を売る、ゆずる、ということの意味は第二話で説明したとおり（六九ページ参照）であって、入会集団ないし部落の地域の者に権利を売買することが行なわれていても、そのことによって、権利の売買が自由に行なわれることはもちろんいえないし、したがってその権利が入会権でないとはいえません。

ところが、〔35〕〔38〕においては、その持分権が、部落外の第三者に売られています。これは、部落外の第三者すなわち入会集団が認めない者に対して、持分権を売ったりゆずったりしてはならない、という入会集団の慣習に反して売買されたものにちがいありません。というのは、入会集団が持分を買受けたと称する第三者に対して、〔35〕においては売買が無効である、〔38〕においては所有権移転は有効であるが林野の共同利用権を認めない、という主張をしているからです。おそらくこの両部落とも、それまで入会権者が持分権を部落外の第三者に売買した――少なくとも入会集団がその売買を承認した――ことはないはずです。もし仮に、そのようなことがあれば入会集団はいまさら第三者にたいする持分権の移転が無効だなどと主張することはできないはずです。したがって〔35〕〔38〕とも、共有権ないし持分権が部落外の第三者に売買されていてもそれは前例のないことであったにちがいありません。

〔49〕判決は、共有権が部落外の第三者に移転しているにもかかわらず、それは例外的であり、主として名義上のことであること、争いになった分割利用されている山林について分割利用地の共有持分権者以外の部落住民も柴草採取の利用ができること、持分権者が部落外に転出したときはその権利を失なうこと、を理由にしてその持分権が純粋に個人的な権利すなわち共有持分権ではなく入会集団の統制下におかれている、と判断し、その林野はなお入会林野（共有入会地）である、と判示しています。つまり、単に林野の共有権が部落外の第三者に移転しているという点だけで共有入会地であるか、個人的共有地であるかを判断していません。

このように、単に持分権が部落外の第三者に売買されているという理由だけでその林野は共有入会地でなく個人的共有地であるとはいえません。肝心なことは、持分権の売買を入会集団（他の共有者）が認めているかどうか、それ以外にもいくつか持分権の売買が行なわれているかどうかであり、そのほか林野の管理利用状態や、転出者も持分権をもつかどうか、これらの点を総合した上で入会地であるかどうかを判断しなければなりません。

また、持分権を部落外の第三者がもつことを入会集団が認めたからといって、そのことで直ちにその林野が入会林野でないとはいえません。たとえば、ある共有入会権者が転出するときやあるいは経済上の理由でその持分権を入会集団又は部落内の者に売りたいと思っても、適当な買手がないとき（これには価格の問題も関係する）これを部落外の者に売ったり、あるいはその者が部落から転出した後も権利をもつことを、入会集団としても例外的に承認することがあります。また、入会集団の慣習に反して持分権を部落外の第三者に売り、その第三者が移転登記をすませて持分権を有することを主張すると、登記にたいする過信から入会集団としてはやむなくその第三者が権利をもつことを承認することがあります。もとより、入会集団が転出者や第三者に認める権利は原則として入会権ではなく個人的共有持分権などの権利ですが、一般に入会集団としては例外的に、やむをえずこれらの者に権利を認めているのが実情でしょう。

このように、転出者や第三者が権利を有し入会集団がそれを承認しているとしても、入会集団としては、それをやむなく例外的に承認したのであれば、依然として入会集団としての統制が残っているといわざるをえませんから、その林野はなお共有入会地です。これにたいして、転出者が権利をもつことや部落外の第三者への権利の売買が例外的ではなく、またそのようなことが自由に認められるということになると、もはやその林野にたいして入会集団の統制はおよばない、と判断されますから、入会林野でなく個人的共有地である、といってよいでしょう。

右のように、単に入会林野の持分権が部落外の第三者に売買され、あるいは転出者も権利をもつ、という事実があるから、その林野は入会林野でない、とはいえません。それが例外的であるのかどうか、そのほか林野の管理利用に対して入会集団の統制がなくなっているかどうかを併せ判断した上で、入会権が消滅した——共有入会地から個人的共有地となった——かどうかを決定すべきで、この点〔49〕（とくに第二審広島高裁）のいうとおりです。

〔49〕判決の第二審判決は、入会権の実態とその変化を正確にとらえたすぐれた判決で、最高裁も

全面的にこれを支持しています。この〔49〕の事件は、〔38〕の事件とほぼ似た事件でありながら判決の結果がちがいますが、どちらも最高裁判決であって前と後とで判旨がちがう場合、前の判旨は後の判旨に変更されたことにとになります。

〔56〕〔58〕〔65〕の三判決はみな高裁判決ですがいずれも入会権の存在することが最高裁判決によって支持されています。そしてこれらの判示がほぼ〔49〕の判決に従い、入会権の形態変化を正しく把握しているということができます。入会権の存在を否定した〔35〕〔38〕判決は昭和三一、二年のもので、当時は一般に入会権を古典的共同利用、自給的利用としてとらえる傾向があったため、裁判所も古典的理論によって入会権の存在を否定したが、昭和四〇年ごろから、入会権の変化形態を正しくとらえ、裁判所も入会権の解体消滅についてはきわめて慎重になったということができるでしょう。

共有入会地か個人的共有地かを判断する基準

つぎに、いままで掲げた判決等を基準としながら、ある林野が入会林野（共有入会地）であるか、それとも特定の者の個人共有地であるか、を判断する基準を申しましょう。次の表の上らんは共有入会地、下らんは個人共有地で、それぞれの点について全部下らんに相当するなら、それはまさに個人共有地であり、逆の場合は入会共有地です。しかし、全部は上らんに相当しない場合も少なくないと思われますが、いくつかの点、わけても、権利の譲渡売買、権利の性質の点で上らんに相当すれば、それは共有入会地であるということができます。

	共有者の資格	共有持分	権利の売買譲渡
共有入会地	・一定の地域に居住する世帯主に限られる。 例外的に地域外の者が共有権をもつことがある。	・持分がある場合（留山、割山など）と、あっても不明な場合とがある。	・権利の譲渡売買は制限される。 全面的禁止 共有者間は自由 部落居住者ならよい 共有者集団の承諾を必要とする などの制限あり。
個人共有地	・共有者と居住地とは関係がない。 一世帯で二人も三人も共有者のいることがあるが、共有者の数はそれほど多くない。	・必ずはっきりしている。	・自由

権利の性質	・部落を去ると権利を失なう。ただし、一定期間権利を認めたり、制限された範囲で権利が認められることもある。	・どこに住んでも権利はなくならない
登記名義	・共有権者と登記名義人は必ずしも一致しないし、しないことが多い。	・共有権者と登記名義人は原則として一致する。
収益の使途	・共有権者に配分する場合と、部落などの共益費にあてる場合がある。	・共有者間で個人分配するのが原則である。
分割	・全員の合意がないかぎり分割できない。	・共有者の持分の過半数の決議により分割することができる。
相続	・その世帯のあとつぎだけが入会権を承継し、相続の対象とはならない。	・法律上の共同相続人全員が相続する。

(2)　**地役入会地の場合**

右に述べたことは、そのほとんどが地役入会地の場合にもあてはまります。地役入会地の場合、入会権が解体すると、土地所有者と各利用者との契約（地上権、借地権など）による使用地、ということになりましょう。

ところで、共有入会権は長い間林野を使用しなくともその権利が消滅することなく、他に林野を使用する者がないかぎりその権利を失なうことはありませんが、地役入会権は他人の土地を使用する権利ですから、土地所有者との間でその管理権について問題を生じます。具体的には、入会林野を長い間使用せず放っておけば、土地所有者からは入会集団が林野の管理権を放棄したようにみえるし、あるいは現に使用していても土地所有者がその使用についてあれこれ注文をつけ林野の管理をすると、入会集団の発言権ないし管理権は弱まり、管理権すなわち集団権を失なった、とみられるようになります。入会集団が林野の管理権を放棄しなくとも、入会集団の管理権よりも土地所有者の権利の方が強くなればその反射として入会集団の管理権は弱まり、ついに解体消滅する、ということになります。

〔判決〕まず、このことを取扱った判決があるのでそれをみることにします。

まずはじめに事実上放棄したために入会権が消滅した、と判断された例をみることにします。

〔事実〕これは小繋事件とよばれた、有名な岩手県一戸町小繋山の入会権をめぐる事件です。小繋山は古くから小繋部落住民の入会地でしたが地租改正後その土地は部落の有力者立花喜藤太の所有地となりました。しかしその後も部落の人たちは山入りして薪や秣、建築用材等を採っていましたが、その山林は立花喜藤太から売却され鹿志村亀吉の所有するところとなりました。大正四年に小繋部落に大火があり、住居の大半を失なった部落の人々は山入りして建築用材を伐採したところ、鹿志村亀吉が、これは自分の山だから入ってはいけないといって差止めようとしたために、部落の人々が土地所有者鹿志村亀吉を相手として入会権を有することの確認を求めて訴を起したのがこの事件のはじまりです。このときの訴訟は、昭和一四年一月二四日の大審院判決で、部落の人々が敗けました。これが第一次小繋裁判ですが、戦後、前の訴訟に参加しなかった人や、訴訟に参加した人の子孫が、鹿志村亀吉を相手として、小繋山に入会権を有することの確認を求めて訴訟を起しました。これが第二次小繋裁判で次に掲げるのはその判決です。前の第一次判決では小繋山が部落住民の入会地であることを認めませんでしたが、この判決では小繋山が部落住民の入会山であったことを認めましたが、しかし次のような理由で住民の入会権は消滅した、と判示しました。

〔31〕盛岡地裁昭和二六年七月三一日判決

「部落住民は本来有している入会権の作用を妨げる鹿志村方の山林経営実施を許し、その権利を行使することなくして経過した事実を認めることができ……鹿志村方では部落住民にたいし明治四〇年頃から本件山林において薪は自家用として枯木、根どきを採取し、秣も同様に自家用のものを採取し、右薪や秣の採取の対価として一ヵ年人夫五人を鹿志村方に供給すること、また右の採取には万事鹿志村方の差図に従い、鹿志村方の必要な場所では採取できないこと、又建築用その他用材を必要とするときは鹿志村方の承認をえて伐採することを要求し、昭和二一年九月から二〇年位前には鹿志村方にて本件山林に立入った部落住民から樹木伐採用の鎌や鉈等を取上げたこともあったが、その後右の要求に従がうようになり、結局そのころから部落住民はその入会権によらずに、右のように制限された範囲で本件山林から、薪秣を採取し、その採取に付いては万事鹿志村方の差図に従い、用材は特に鹿志村方に懇請しその承諾を得てその採取をするようになったことが認められ、これらはすべて鹿志村方の恩恵にもとづくものとなったことが認められる。……ここにおいて鹿志村亀吉は所有の意思をもって平隠公然に本件山林（地盤共）を占有したのであるからおそくとも昭和一一年末には本件山林に部落住民の入会権がつかない完全な所有権を時効により取得したというべきで、これにより部落住民の入会権を消滅したといわなければならない。」

何とも奇妙な判決です。入会権者である部落住民が土地所有者の山林使用をみとめたのは入会権を行使しなかった証拠であり、薪や秣、用材の採取に土地所有者の承諾をえたから、それは所有者の恩恵によって利用したのであって入会権を行使したのではない、というのが入会権が消滅したということの主な理由となっていますが、これだけでは入会権は消滅したとはいえません。ですから、この判決はそれだけでは足りないことを認めたものとみえ、土地所有者が入会権のついていない完全な土地所有権を時効によって取得したから、その結果入会権が消滅したといっているのです。でたらめもいい加減にして欲しいとはこのことで、前述のように大正四年に小繋山についての紛争が起っていらい、部落住民は入会権を有することの確認を求める訴訟を起こすとともに、事実入会利用をしていたのです。もちろん土地所有者の干渉によりその指示にしたがうことはあったかも知れません。だが、一度ならず二度も入会権を有することの確認を求める訴訟を提起したことは、その入会山がなかったら生活できないからなのです。そのような部落住民が、裁判の進行中、あるいは少なくとも昭和一一年に至るまでの二〇年間全く小繋山に山入りしなかったということがどうしていえるのでしょう。それどころか、その後も、戦後の現在もなお山入りしているのであり、またせざるをえないのです。そのために、部落住民が山入りして立木を伐採したことが盗伐になるかどうか、森林法違反にとわれた第三次小繋裁判が起ったのです。

このように無茶な判決だったので、部落の人々は控訴しましたが、昭和二八年一〇月一一日、仙台高等裁判所で裁判官の職権で調停に持ちこまれ、「鹿志村は部落住民に山林一五〇町歩と金二〇〇万円を贈与し、部落住民は入会権等山林にたいする一切の権利を主張しない」という調停が成立しました。しかし、この調停には部落住民全員が参加しておらず、またその内容も事前に部落住民に対して明らかにされていなかったため、部落住民はこの調停が無効であるという申立をしましたが、仙台高等裁判所は、昭和三〇年七月二八日、右調停は有効で本件訴訟は終ったという言渡をしました。

右の判決は、事実の認定が誤っているので承服できませんが、林野において、部落住民がその土地所有者の恩恵によってその利用を認められているとすれば、その入会的利用が入会権にもとづくものといえないことは、一般論としては認められるでしょう。

つぎは市町村、財産区有地上の入会権にかんするものです。

〔事実〕これは前に掲げた福島県西会津町野沢本町部落の、部落住民が本町区所有とされている林野に共有の性質を有する入会権を有することの確認を求めた事件で、部落住民が入会権を有するか否かについての部分です。

第一審判決は本件山林が本町財産区の所有に属すると判示しましたが、部落住民が用益権としての入会権（地役入会権）を有することを認めました。しかし第二審判決は、本件山林の使用収益方法が一変した以上、住民は入会権を放棄したものと認めるべきである、と判示したので、住民は、本件山林の入会権を放棄した事実も、放棄する意思を表示したこともない、という理由で上告しました。

〔53〕最高裁昭和四二年三月一七日判決

「本町区住民は大正年間に本件山林から自由に柴、薪を採取することが禁止され、旧戸、新戸の区別なく入山料を本町区に納めてその指定する地域の柴、薪を採取し、また貸地料を本町区に納めて本件山林のうちから三反歩をかぎり植林または耕作の用に供するため土地を借り受けたり、また入会地の一部を個人所有に分割したりなどして土地の使用収益方法は一変し、昭和二八、九年頃に至るまで本件山林の使用方法につき本町住民に異議のあった形跡がなく、また「春寄合」は本町区会に所見を具申するために行なわれたにすぎない。すなわち、明治二二年町村制が施行されて昭和二八年までの六五年間に、本件山林に対する入会団体（本町部落）の統制が次第に本町区会の統制に移行し、本町区が従来の入会地の一部を処分し、全入会地を管理して使用収益方法を定め、この方法に従って区民が本件山林を使用収益するにいたり、以上の本件土地についての区会の管理につき従来の入会権者からの異議もなく、また従来部落の入会権行使の統制機関であった「春寄合」も区会に対する所見具申の機関に変化した。

徳川時代に農村経済の必要上ひろく認められていた入会権が、明治大正昭和と経過するにつれて、貨幣経済の発展と農耕技術の進歩との結果次第に変質、解体、消滅の過程をたどってきたことは顕著な現象である。もともと入会権は慣習によって発生し事実の上に成立している権利であるから、慣習の変化により入会地上の使用収益が入会集団の統制の下にあることをやめるにいたると、ここに入会権は消滅したものというべきで、本町部落住民が本件山林について有していた地役の性質を有する入会権は、右に述べた事実に照らし、昭和二八年頃までの間に次第に解体し消滅したものと認めるべきである。」

（事実）これは、前述の島根県能義郡伯太町町母里財産区有の山林において地元部落住民が入会権を有するかどうか争われた事件です。大正年間母里村有名義で保存登記がされた後、同村は蔭伐地（農地のために必要な採草を行なったり、また農作物の育成を妨げないように天然生木を伐採することができる土地でおおむね農地に隣接した林野）を除いて造林を始めました。戦後母里村と合併を機に財産区を設定し同山林は伯太町母里財産区有となりましたが、部落住民と財産区との間で住民が同山林上に入会権を有するかどうかが争われました。裁判所は、蔭伐地には住民の入会権が存在することを認めましたが、それ以外の部分については次のように判示しました。

〔55〕松江地裁昭和四三年二月七日判決

「町村制施行後も、明治二四年ころまでは、母里村々民は従来どおり本件各山林に入山して使用収益していたが、母里村が造林を開始するや、村民は蔭伐地を除いて、本件山林から自由に柴、薪、下草などを採取することが禁止され、ただ同村と保護監守契約を締結した部落住民だけがこれらの採取の権限を有するにとどまり、又立木も村が公売によって処分し、その収益は村と保護監守部落が配分し、のちには元来、入会の対象であった山林の一部は村民に賃貸され、さらに個人所有に分割されたが、これらについて村民に格別の異議がなかった。

以上の事実に照らすと明治二二年町村制施行後昭和二八年に至るまでの間、入会団体たる旧母里部落の本件山林（但し蔭伐地を除く）に対する統制は次第に母里村に移行し、土地の使用収益の方法も内容も一変し、昭和二九年に至る頃までの間、母里部落住民からの異議もなかったのであるから、慣習の変化により入会地毛上の使用収益が入会団体の統制の下にあることをやめるに至ったといわざるをえない。

してみると、旧母里部落民が、本件山林につき有していた地役の性質を有する入会権は蔭伐地を除き昭和二八年頃までの間に漸次解体消滅したものと認めるのが相当である。」

（要約）右の二つの判決は結局「入会地上の使用収益にたいする入会集団の統制がなくなると入会権

は消滅する」と判示しています。後の〔55〕判旨は前の〔53〕判旨とはほとんどそっくりそのままですが、〔53〕は最高裁判決、〔55〕はその後一年して出された地方裁判所判決であって、下級審判決が最高裁判決を先例とするということを示す代表的な例です。そこでまず、先例となった〔53〕判決を検討してみましょう。

〔53〕判決のあげている事実だけで入会権が消滅したといえるかはなはだ疑問です。大正年間に本件山林の使用収益方法が一変したといっても、それは古典的共同利用が団体直轄利用や個人分割利用にかわっただけのことで、利用形態の変化にたいして入会権者である住民に異議がなくともそれだけで入会権が消滅したとはいえません。この判決は、このような利用の変化に伴ない、入会集団がその後ほとんど入会林野管理統制の役割を果さず、かわって区会が直接統制するようになったことを重視して、入会権は消滅した、といっているのです。このような区有地や市町村有の入会林野において土地所有者である区や市町村が住民の入会権行使につき若干の条件をつけたり規制を加えたりするのは、よくあることです。区会の統制にたいして入会権者に異議がなければそれでよいわけですから、住民が区会を春寄合にかわる管理機関と考えたとしてもむしろ当然でしょう。山林の使用収益が区会管理のもとにおかれるようになっても、その使用収益にたいしてなお入会集団が統制を加えているならば、入会集団がいぜんとして管理権を握っていることになるから、入会権が消滅したとはいえません。

入会権が消滅したというためには、住民のもつ使用収益権すなわち、住民権、持分権を自由に売買譲渡することができるかどうか、地区の住民であれば部落（もともとの入会集団）とは全く無関係に区会との契約により使用収益することができるかどうか、など、その使用収益にたいして入会集団の統制がおよばないかどうかを確認する必要があります。しかしながら、本判決はそれについて必要な判断をしていません。その判断なしに、本件山林の入会権が消滅した、といったのはきわめて軽卒であって、最高裁判所は、この点についての審理をやりなおせ、といってもとの高等裁判所に差しもどすべきであった、といわなければなりません。

〔55〕の判決もほとんど同様で、本件山林の使用収益がはたして入会集団の統制下からはずれたかどうか、はこの判決では分かりません。きわめて審理が不十分で、最高裁判決のしりうまにのった、という感じをまぬがれません。

「入会地上の使用収益にたいする入会集団の統制がなくなると入会権は消滅する」という判旨じたいは間違っていません。ところが、右二つの判決は、入会権者である住民がその山林を使用収益するについて土地所有者である財産区又は村の統制管理にしたがい、異議を申立てなかったことを入会集団の統制がなくなった根拠にしています。前述のように、市町村有林や財産区有林は法律上公有財産であり、したがってその使用収益について市町村が財産管理の立場から条例などを定め、ある程度の統制を加え、管理権を握ることはよくあることです。入会集団がその管理のもとに、あるいは条例にしたがって使用収益しても決して入会権が消滅したことにはなりません。ところがこの判決は、市町村の管理統制に異議を申立てず使用していれば入会権は消滅するというのです。そうなれば、住民としては入会権を守るために市町村の管理（さらに土地所有者の要求）などを無視し、これに異議を申立てなければならないことになります。いかに入会権を守るために実力が必要であるにせよ、土地所有者のいうことに反対しなければ入会権は消滅するという論理が法治国家で認められるでしょうか。この判決は結論においてそのようなことを云っているのですから絶対に承服できないものです。

そこでこのような地役入会地において入会集団の管理権がなくなったかどうか、判断する基準は、基本的には共有入会地と個人的共有地との判断の基準と同様ですが、さらに次の二点があげられます。

① 土地を使用させるかどうかが、全く土地所有者の一方的な意思によって決められ、部落住民の側に使用するかどうかを決める権限がない場合には、入会権があるとはいえない。

② 誰に使用収益させるかについて、土地所有者と個人との間で自由に決めることができ、部落集団の意見を全くきく必要がない場合には入会権があるとはいえない。

地役入会権と入山料（地代）

なお、地役入会地は入会集団と入会林野の土地所有者が別ですから、入会集団が土地所有者に対して入山料、稼料あるいは分収金等の名目で一定の地代相当金を支払うことが少なくありません。通常の借地権（賃貸借契約にもとづく）ですと、地代、賃料の不払、滞納はいわゆる債務の不履行となって、土地所有者は賃貸借契約を解除することができ、借地権は消滅しますので、借地人はその土地への立入りができなくなります。それでは地役入会権の場合はどうなるでしょうか。

このことを取扱った判決は多くありませんが、ここでもその判決をみることにしましょう。

〔3〕大審院明治三五年一二月八日判決

「土地所有者たる高野区が相手方区の入会を拒絶したため当事者間に争を生じそれ以来故障を生じているのであるから、相手方区が入会料を支払わないのを敢て怠慢ということはできない。」

〔事実〕争になったのは京都市の北西にある日吉町四ッ谷にある岡安神社所有の山林です。この山林は明治期に四ッ谷部落から同神社に寄附されたもので、ずっと四ッ谷部落中組の入会地として利用されてきました。そのうち松茸を採取できるようになったので中組ではこれを採取しその売却代金の七割を土地所有者たる岡安神社に支払っていました。ところが神社側は中組の松茸採取を土地所有者からの委任にもとづくものと考え、中組に対して委任契約の解除を申入れ、中組が入会権の対価の名目で支払うのを拒否するとともに中組住民の松茸採取を妨害する行為に出たため、中組部落は代金の支払を中止し、神社を相手にして、この土地上に松茸採取を含む入会権を有することの確認を求めました。第一審は中組部落の主張を認めたため、岡安神社は控訴して、中組部落は入会権を有しないこと、仮に入会権を有していたとしても、対価の支払をやめた以上入会権は消滅した、と主張しました。

〔66〕大阪高裁昭和五二年九月三〇日判決

「本件入会権は共有の性質を有しない入会権に属するが、本件入会権の存在するこの地方に入会権の対価である入会料を支払わない場合におけるその消滅に関する慣習の存在についてはこれを認めるに足る証拠はない。そこで、これについては、総有的権利関係の一般原則ないし多くの入会権に共通する一般的慣習等を斟酌して判断すべきである。

仮に、入会料を支払わない場合に、入会権は当然に、又は、地盤所有者の通知により消滅すると解するとしても、それは入会権者において債務不履行の責任を負うべき場合でなければならないと解すべきであるが、神社側は中組の住民が入会権を有することを否認し、その松茸類採取権の売却は神社の所有権を侵害するものであるとして不法行為を原因とする損害賠償の請求をしており、後に至って予備的に入会料の支払を求めたものの、原則的には中組の入会権の存在を争っていること、中組において神社が中組の入会権を認めるならば直ちに入会料を支払う意思がある旨及びその支払のできるように毎年各年度の神社に支払うべき金員は金融機関に預金してあり、その旨を述べているのに神社はこれに応ずる態度を示していない。そうすると、本件入会料については、神社において入会料名義では受領しない意思が確実であったものというべく、したがって、中組においてその弁済のため提供をしなくも債務不履行としての責任を負わないといわなければならない。神社側はなお入会権の存在を争っているのであるから中組に入会料の不払があってもそれによって入会権が消滅したとはいえない。」

この判決は二つとも、土地所有者側が相手方集団の入会権を否認し、そのため入山料あるいは入会権の対価としての地代の受取を拒否しているため、入山料の支払が行なわれていないのであって、入会集団側が支払を怠っているものではありません。したがってこのような場合に入山料の不払を理由に入会権の消滅を主張することができないのは当然です。それでは、このような紛争あるいは災害などの特別な理由がないのに入会集団側が入山料の支払を怠った場合はどうなるかというと、両者側にこれについての申合（契約条項）があればそれに従うことになりますが、それがない場合、民法の永小作権や地上権の規定を準用して（二七六条）二年以上入山料の不払がつづいたら土地所有者は将来に向って入会権を消滅させることができる、と考えてよいでしょう。

第六話　入会林野権利関係の近代化について

昭和四一年七月に**入会林野等に係る権利関係の近代化の助長に関する法律**という、長い名の法律が施行されました。一般に「入会林野近代化法」などとよばれており（以下ここでは単に『この法律』とよぶことにします）、この法律の施行にともない入会林野の近代化という問題がとりあげられるようになりました。ここでは、この法律を中心として入会林野権利関係の近代化ということの意味とそれに伴なう問題、ならびにこの法律による入会林野権利関係近代化の手つづきのあらましを述べることにします。

一　入会林野権利関係の近代化とは何か

1　入会林野権利関係の近代化は林野の高度利用を中心に考えなければならない

入会林野の権利関係の近代化は、林野において合理的近代的な農林業の経営を行ない、林野の高度利用をはかるため、入会林野に係わる権利すなわち入会権を消滅させて、所有権、地上権あるいは賃借権などのいわゆる近代的な権利におきかえること、をいいます。つまり、入会林野の高度利用をはかるために入会林野を入会林野でなくし、個人有地や個人的共有地あるいは地上権設定地や賃借地などにすることとです。したがって、入会林野の権利関係の近代化それだけが目的なのではなく、林野の高度利用をはかることが目的であり、権利関係の近代化はそのための一つの手段にすぎないのです。

このような入会林野権利関係の近代化は、昭和三九年七月に制定された林業基本法が直接の動機となっています。林業基本法は農業基本法の林業版といってよいほど、内容や表現が農業基本法によく似ていますが、その中で、「国は、林業経営を近代化してその健全な発展を図るため、経営形態の装備、合理的な経営方法の導入、資本装備の増大等必要な施策を講ずるとともに、小規模林業経営の規模の拡大に資する方策として、林地の取得の円滑化、分収造林の促進、国有林野についての部分林の推進、入会権に係る林野についての権利関係の近代化等必要な施策を講ずるものとする」（第一二条）と規定しております。このような、小規模林業経営の規模拡大という国の林業施策の方針を実現する一つの手段として、入会林野の近代化がとりあげられ、その目的でこの法律が施行されることになったものです。

この法律案が国会に提出されるにあたり、政府は提案の理由を次のように述べています。

「広大な面積を占める入会林野及び旧慣使用林野の開発がこれらの土地について存する旧来の権利関係に妨げられて進展していない現状にかんがみ、これらの土地の農林業上の利用を増進することを目途として、その権利関係の近代化を助長するための措置を定める必要がある。これが法律案を提出する理由である。」

要するに、入会林野においては古くから入会権があるためにその開発がおくれているので、これを開発して、農林業上の利用をはかるために入会権を近代的な権利にするのがこの法律の目的である、というのです（旧慣使用林野については、三九五ページ以下参照）。

このような考え方にははなはだ問題があります。というのは、全体的にみて入会林野の開発がおくれ、高度に利用されていないのは事実ですが、それは「これらの土地について存する旧来の権利関係――すなわち入会権――に妨げられ」ているからでは決してありません。現に育林地や改良牧野として高度に利用されている入会林野は全国的に数多く、例をあげるまでもないと思います。これらの入会林野はみな、農民が苦労して労力や資金を投下したものです。

いうまでもなく、育林や牧野改良あるいは開墾などには相応の資金や労力の投下が必要ですから、入会林野を開発し高度利用するためには資金や労力の投下をはかることがまず必要です。入会権者である農民にその資力があれば問題はありませんが、資力がないために入会林野を高度に利用することができなかったのが実情です。入会林野の開発がおくれているのは、入会権者である農民に資力のないことが最大の原因です。それは入会権者の責任ではなく、入会権者に育林や牧野改良などの資金を与えなかった農林行政の貧困さと資本家のかねの出し惜しみによるものです。したがって、入会権にさまたげられたから入会林野の開発がおくれた、という右の政府の提案理由は自己の責任のがれをしているのか、全く見当ちがいのことを言っているのか、のどちらかであるといわなければなりません。

入会権が存在しようとしまいと入会権者に資力があれば入会林野の高度の利用が行なわれ、それによって入会林野の権利関係は次第に近代化してゆきます。というのは、古く採草や薪取りなどの天産物採取に利用されていた入会林野が育林や開墾畑として利用されるに伴ない利用形態が古典的共同利用から団体直轄利用あるいは個人分割利用へと変化をとげ、それがさらにすすむと林野にたいする入会集団の統制が弱まり、共有入会地は個人的共有地あるいは純然たる個人の所有地へと分解をすすめ、地役入会地は地上権設定地あるいは契約による使用地へと変化してゆきます。そしてついには入会集団の統制はなくなり、入会権は解体、消滅し、結局林野の権利は所有権、地上権そのほか契約にもとづく権利に変化することになります。この点は第五話でみたとおりですが、入会林野の高度利用は必然的に入会権の解体、消滅をもたらすものなのです。現在個人有の山林や畑地は、その大部分がかつて入会林野であって、農民が育林や開墾を行なうことによって入会権が解体、消滅して個人有地になったものとみて差支ないでしょう。

このように、入会林野の開発がおくれているのは資金や労力の投下がおくれているからであって、決して入会権があるからではありません。入会権があるから入会林野の開発がおくれているという考え方は非常に危険です。というのは、入会林野の開発に入会権の存在がじゃまになるのであれば入会権をなくしてしまえ、という議論がでてくるからです。戦前の部落有林野統一、整理区分事業はまったくこの考えから出発しています。いまでも、行政庁の一部に、入会林野を開発するために入会権——農民の財産権——を消滅させようという考え方がないとはいえません。これは林野にたいする農民の権利がなくなれば、国や大きな資本の手でどんどん造林や開発を行なう、という考え方に立つものです。なるほどそのかぎりでは林野の高度利用ができるかも知れませんが、しかしこれは全く農民の利益を無視した反農民的な考え方です。また、ただ素朴に入会権があるから入会林野の開発がおくれるのだと考えることもやはりあやまりです。なぜなら、そのような考えに立つかぎり、入会林野の権利関係を近代化すれば、すなわち入会権を他の権利におきかえ、入会林野を入会林野でなくすれば林野の高度利用ができる、という結論にならざるをえないからです。入会権を所有権などの近代的な権利におきかえただけで林野の利用が高度化されるならば、林野は早く高度利用されているはずですが、そうでないことは事実の示すとおりであって、ただ権利関係をおきかえるだけでは物ごとは解決しません。

入会林野権利関係の近代化はあくまでも入会林野の高度利用のために行なわれるべきものです。入会林野の高度利用にもっとも必要なのは、資金と労力を投下することであり、これをぬきにして権利関係をあれこれ扱いまわすことは百害あって一利ないことです。現在、入会林野を造林などに高度利用しているが入会権であることによって不都合な点があるとか、これから高度利用していく上に入会権よりももっと個人的な権利にした方が望ましい、という場合に権利関係の近代化が考えられるべきです。

2 入会権であることによって林野の利用上問題はある

第五話までに見たように、入会権はほかのいわゆる近代的な権利とちがった特徴をもつために、入会林野の権利関係にいくつかの問題を生じ、それが林野の高度利用に障害となっていないとはいえません。具体的に次のような問題があります。

(一) 入会権を登記することができないために入会林野の権利関係についてさまざまな問題が生じています。これについてはすでにくわしく述べてきましたから、ここでは要点だけあげることにします。

① ある林野が入会地であるかどうか、入会権が存在するかどうかがしばしば争われる。地役入会地において土地所有者と入会集団との間で入会権が存在するかどうかが争われるだけでなく、共有入会地においてもそれが入会地であるか個人的共有地であるかが争いになる。

② 入会林野の土地所有権は、真実の所有者である入会集団＝部落の名義で登記することができないため、未登記のものが多く、登記されている場合も登記上の所有者と実質上の共有入会権者とが一致しない場合がきわめて多い。そのため入会権者の範囲や、登記上の所有者が入会林野に権利を有す

るかどうかについてしばしば問題を生ずる。それだけでなく、このことは入会林野の利用上障害を生じている。入会権者の育林や開墾の資力が不足する場合、その土地を担保にして融資を受けたり、契約により第三者に分収造林をさせる必要があるが、融資をうける場合融資者である金融機関はその林野に抵当権の、分収造林の場合、造林者はその林野に地上権の設定と登記を要求する。前述（七五ページ参照）のように、地上権も抵当権もそれを登記(乙区欄の登記)する前提として土地所有権の登記（甲区欄の登記）を必要とするから、土地所有権が未登記の入会林野は地上権、抵当権の登記をすることができない。また、地上権、抵当権を設定する者（すなわち土地の所有者）と登記上の土地所有権者は同じでなければならないから、登記上の所有者と共有入会権者とが一致しない場合にも地上権、抵当権を設定し登記することはできない。したがって、入会林野に分収造林をさせることも融資をうけることもできず、心ならずも入会林野を放っておく、という例が少なくない。

(二)　入会権は入会集団の統制のもとにおかれる権利であるが、その入会集団の統制が林野利用上の障害になっている場合も少なくありません。

①　入会林野に個人で植林したいと思っても集団の統制のためそれができなかったり、また共同造林する場合でも、無償で出役を強制されたりあるいはその造林からの収益を分けてもらいたいと思ってもいわゆる部落の共益費に使われて個人の経済的な利益にならないことが多い、そのために造林などの意欲がおとろえる。

②　入会権は入会集団構成員＝部落住民でなくなれば権利を失なうが、人の移動がはげしくなった

現在、入会権のこのような性格が林野を利用する上に障害となる。たとえば、自分はいまこの部落に住んでいるがいつ村外に出てゆくか分からない、部落から転出すれば入会林野にたいする権利がなくなるならば何も精出して植林したり開墾したりする必要はない、ということになり勝ちである。

入会権について右のような問題がありますが、これをどう解決するかについていくつかの考え方があるでしょう。

まず、㈠登記の問題ですが、これについては、他の物権と同じく入会権を登記できるようにすればよいわけです。しかし、これには入会権の主体である入会集団を登記上どのように表わすか、という困難な問題があります。権利者として登記することができるのは個人と法人にかぎるという原則をつらぬくかぎり、実在的総合人である入会集団は法人とはなれませんから権利の主体として登記することはできません。そこで、個人と法人のほかに実在的総合人である入会集団を権利の主体として登記することを認めればよいわけで、それができれば㈠の問題は解決します。

つぎに㈡は、林野が入会林野であることによって生ずる問題ですから、入会権の存在じたいが問題なのです。つまり林野の権利関係が入会権であるかぎり生ずる矛盾ですから、結局林野における入会権を消滅させて所有権その他近代的な権利におきかえ、入会林野を入会林野でなくし純然たる個人財産にすることによってはじめて解決できることです。そうなれば林野にたいする入会集団の共同体的統制がなくなり、全く自分の個人財産として自由に利用することも売買することもでき、またその林野にたいする権利はどこに住んでもなくなることはありません。

この法律は、入会権についての右のような問題について、㈠については全くふれず、㈡の方向だけで解決しようとしています。林野が㈡の方向で個人の財産となればたしかに生産意欲もあがり、林野の高度利用ができますけれども、後に述べるように逆に不都合な面もでてきます。入会林野には入会林野のよさがあり、部落住民の共益的財産としての性格をもっているのですから、（一〇ページ参照）入会権を入会権として保護すること、したがって、入会権の登記ということがもっと真剣に考えられてよいと思います。ともあれ、入会林野権利関係の近代化は入会林野であることによって生ずる障害を解決する一つの方法です。

3　入会林野権利関係の近代化とは入会林野を入会林野でなくすることである

入会林野権利関係の近代化とは、入会林野を農林業上高度利用するために、入会林野を入会林野でなくすることです。具体的には次のようになります。

共有入会地＝入会権を消滅させて個人的共有地にするか、土地を個人ごとに分割して純然たる個人有地にする。

地役入会地＝その土地の所有権を入会権者にゆずりわたして（有償、無償のどちらでもよい）入会権を消滅させ、権利者の個人的共有地又は純然たる個人有地に分割するか、あるいは土地所有権をそのままにして地役入会権を消滅させるとともに権利者と土地所有者の間で地上権、賃借権その他の土地使用契約を結ぶ。

このように、入会権を消滅させ所有権その他の権利におきかえることを意味するのですが、これは入会権者全員の意思（地役入会地にあってはそれに土地所有者の同意）があればこの法律とは無関係にすることができます。もちろん、この法律による場合でも入会権者全員の意思にもとづかないかぎりすることはできませんが、入会権者全員の意思で自分たちの手だけでやる場合に、権利の登記や土地の分合筆（分割する場合）等に相当の手数や費用などの負担がかかります。この法律によるときは、これらの登記や土地の分合筆などにつき一定の便宜がはかられ、かつ多少の補助金が交付されることになっています。

しかし、入会林野権利関係の近代化にはいくつかの問題があり、以下、とくに注意しなければならない点をあげておきます。

(イ) 入会林野でなくなれば部落住民の財産としての保障がなくなる。

入会権者である部落住民が、入会集団の統制のもとに林野を入会林野として共同で利用し管理しているかぎり、その林野にたいする権利は入会権として入会集団によって保障されますから、住民がその権利を放棄しない以上、住民はその林野を失なうことがなく、入会林野は住民の共同所有財産として残ります。しかし、この法律によって入会林野の権利関係を近代化することは、入会林野を入会林野でなくすることですから、林野にたいする右のような保障はなくなります。入会林野が入会林野でなくなって個人的共有地や純然たる個人有地になれば、その土地にたいする各個人の権利は全く自由なものとなり、他人に売ることも自由であるし、またどこに住んでも権利を失なうことはありません。

その結果、資力のある者は林野の所有権や共有持分権を買い集め、逆に資力のない者はこれを手放すという傾向が生れるのは自然の勢いで、そのために、資力のある者――とくに外部の大きな資本――がその林野を買い集めてしまい、部落の林野はすべてその者の所有地になり、部落に山林はあってもみなよそ者のもので部落の住民は全く山林をもたない、ということにならないという保障はありません。

実は、この法律は一面でそのような効果をねらっているといえないこともないのです。というのは、この法律が目的としている入会林野権利関係の近代化は、入会林野についての権利を入会集団の統制からはずして個人的な権利にし、そのあとは――農地にたいする農地法のような規制は何もなく――全く自由な取引にまかせようというのですから、これによって林野の流動化を促進することをこの法律は目的としているといわざるをえないのです。それだけに、入会林野権利関係の近代化を行なうについては十分な配慮が必要です。

(ロ)　入会林野の高度利用のため共同経営を考える必要がある。

しかしこの法律は、ただ入会林野を入会林野でなくし個人ごとのばらばらの権利にすることだけを目的としているわけではありません。農業でも林業でも小さな経営よりも大きな経営が有利であることはいうまでもなく、また最近協業経営の有利性が主張されていますが、林野の高度利用には当然農業又は林業の協業経営を考える必要があります。この法律でもこの点を考慮し、入会権者が入会林野権利関係を近代化して農業生産法人又は生産森林組合を設立する場合には、その土地を直接その法人又は組合の所有地にする方法を講じています。つまり、権利をもつ人々がその林野を個人分割せずに共同で農業又は林業の経営をしてゆこうと考えても、その土地は個人的共有となりますから、そのままでは持分が自由に売買されて土地所有権が移動しやすく、そのため共同経営はきわめて不安定になるので、それをさけるためには共同所有者が法人を組織して土地などの権利をその法人の所有とすることが必要ですが、この法律はそれが比較的たやすくできる道をひらいているのです。もっとも共同経営をしてゆくための法人には農業生産法人と生産森林組合以外にも法人の形態がありますが、この法律がこの二つの法人を設立する場合にかぎって直接その法人の所有地とすることを認めたのは、この二つの法人が農業又は林業の協業経営体としてもっとも適当だと判断したからにほかなりません。

(ハ)　入会林野権利関係の近代化は入会林野の名義換えではない。

この法律によって入会林野の権利関係を近代化するにあたり、とくに注意しなければならないのは、入会林野権利関係の近代化は決して入会林野の登記名義がえではない、ということです。入会林野の登記名義人が現在の権利者とちがうから、これを現在の権利者と登記名義とを一致させたい、というだけの目的でこの権利関係の近代化をすることは本来の目的に反するばかりでなく非常に危険です。

この法律によって権利関係を近代化すれば、登記上の所有者と実質上の所有者が一致し、林野に権利をもつ者が登記上正確に反映されますが、そのかわりこの林野は入会林野でなく純然たる個人的共有地になりますから、各共有者は自分の共有持分を自由に売ったり譲ったりすることができます。共有者の間で持分を第三者に売ってはならないという約束をしても買受人にたいしてはその効力はありいいいませんから事実上無意味です。また、共有者が部落の住民とほぼ一致していても、入会林野ではなく集団の統制下にないわけですから、共有林からの収益を部落などの共益費に使うため天引することもできません（もっとも全共有者の承諾があれば別です）。

㈡　入会林野権利関係の近代化は強制されるものではない。

この法律は、その名が示すように「助長に関する法律」です。つまり、入会林野を入会林野でなくすることに一定の補助金を交付し、費用や手つづきの点で便宜をはかる、というのがこの法律の趣旨であって、決して入会林野権利関係の近代化を強制するものではありません。入会林野の権利関係を近代化するかどうかは全く入会権者の自由です。

この法律による近代化は、たとえば団体直轄利用や個人分割利用が行なわれている造林地や開墾地などで、入会林野であるが入会集団の統制が弱まり、個人有地や個人共有地とほとんどかわらなくなっている林野や、あるいは個人有地や個人的共有地にした方が望ましいと考えられる土地など、すでに高度に利用されていて、入会林野であるために不都合を生ずるとか、部落の財産とするよりも個人的な財産にした方がよい、というような林野において行なうべきものです。したがって、典型的な入会林野、すなわち古典的共同利用の入会林野を強いて近代化することは決してこの法律本来の目的にあったものとはいえません。典型的な入会林野に権利関係の近代化を行なうことは、前述のように単に登記の書きかえにおわるような実情にそぐわない結果を招くことになります。

もっとも、これまで粗放な利用しかされていなかった入会林野を、この機会に高度利用するため権利関係を近代化する、というのはそれで結構な考えです。つまり入会権者＝部落の人々に資金がない場合など、権利関係を近代化して実際の所有権者を登記上も正しく反映させ、地上権や抵当権の設定、登記を容易にして第三者に分収造林をさせ、あるいは融資の道をひらく、というのは一つの行き方でしょう。また、この権利関係の近代化は地役的入会林野では重要な役割を果します。一般に地役入会権は共有入会権や個人所有権とくらべて不安定な権利ですから、これを近代化によって入会権者である住民の個人的共有地又は個人有地にすれば、各住民の権利は安定したものとなり高度の利用が可能となります。もっとも入会林野の所有権を部落住民のものにするには土地所有者の賛成が何よりも必要ですが、しかし、市町村有入会林野はほとんどがもともと部落住民共有地であったから比較的このことが容易でしょう。もともと部落住民の共有入会地であった林野が統一などによって市町村有になったため共有入会権が地役入会権となり、さらに場合によっては入会権ではなく旧慣使用権というようなわけの分からない権利として取扱われるに至っては、住民がその権利自体に不安を感じ入会林野を積極的に高度利用しようという意欲が起らないのが現状であるし、また当然ともいえるでしょう。したがって現在市町村有となっている入会林野の高度利用をはかるには、これをもとの所有者である部落住民にもどし、部落住民所有の財産とすることが必要であり、そのために入会林野権利関係の近代化が考えられるべきでしょう（入会林野である国有林野についても全く同じことがいえます）。

二　入会林野整備はどのようにしてするか

この法律によって入会林野の権利関係を近代化することを**入会林野整備**といいます。この法律は、入会林野整備のほかに旧慣使用林野整備というものを規定していますが、これは市町村有、財産区有の林野にかぎられます。ただ、後で説明するように、市町村有、財産区有林野はかならず旧慣使用林野整備によるべきで入会林野整備をすることができないと考えるのは誤りで、市町村有、財産区有の入会林野も入会林野整備をすることができます。ここでは、まず入会林野整備の手つづきと問題となる点を説明し、ついで旧慣使用林野整備の意味、ならびに入会林野整備以後の権利関係について述べることにします。

1　入会林野整備は入会権者全員の合意によって行なうものである

入会林野整備は、入会林野における権利関係を所有権その他近代的な権利にかえるために、入会権を消滅させることです。入会権を消滅させるためには入会権者全員の合意＝賛成が必要ですから、入会林野整備を行なうには入会権者全員の合意＝賛成が必要であることはいうまでもありません。一人でも反対者があればすることができないわけであって、まして、数人の代表者だけでこれをすすめることができないことはいうまでもありません。

入会権者がよく話し合い、入会林野整備をするについてまず次のことを決めなければなりません。

(イ) どの林野を整備するか。

(ロ) 整備後どのように利用するか。

(ハ) そのため整備の権利関係をどうするか。

(ニ) そのため必要な経費をどう負担するか。

(1) 入会林野整備のすすめかた

(イ) 整備する土地の決定……以下、入会林野整備のすすめかたについて説明します。

入会林野整備はその入会集団＝部落のすべての入会林野を整備する必要はなく、その必要がある林野だけを整備すればよいのです。たとえば、ある林野は部落直轄の天然林地でその収益は部落の財政源になっているからこれはさしあたりそのままにしておき、ある林野は個人分割利用の植林地になっているので、これを純然たる個人有林にするために、このさい入会林野整備をする、というやり方がとられてよいでしょう。

(ロ) 整備後の利用方法の決定……整備後の林野の利用ですが、これは農業又は林業のための利用に限られます。入会林野整備をして個人有地又は個人的共有地にした上、これを宅地にしたり観光用地として業者に売る目的で整備することはできません。入会林野をどう利用するかは入会権者自身が決めることで、これを宅地にでも観光用地にでもすることはできますが、この法律は入会林野を農業又は林業のために利用する場合だけ適用されます。宅地や観光用地など農業又は林業以外のために入会林野を利用していけないことはありませんが、そのような利用目的で個人有地や個人的共有地にするなら、入会権者が自分たちの手によって入会権の放棄と所有権登記の手つづきをとらなければなりません。この法律による入会権の消滅や登記手続等は、すべて農業又は林業のための利用に限られます。農業又は林業のための利用とは余りせまく考える必要はなく、農業なら開こんによる果樹栽培、牧野経営、も当然含まれますし、林業ならその一部が集材場やきのこ類の乾燥物等の利用も含まれます。

(ハ) 整備後の経営方式の決定……農業や林業のための利用にしても、その利用が個人単位の利用かあるいは共同経営かをまず決めなければなりません。大体において、すでに個人分割利用が行なわれている林野は個人有地に分割することが多いと思われますが、団体直轄利用地や古典的共同利用地においては、今後個人ごとに分割して経営するか、分割せずに共同経営をするかを決めなければなりません。また権利者全員の共同経営と個人単位の経営のほか、数人での共同経営も考えられます。

このように整備後の利用ないし経営のしかたが決まれば、新しい権利関係もおのずから決まります。個人単位の経営なら個人ごとに分割して純然たる個人有地となるし、共同経営ならば個人的共有となります。ただ個人的共有ですと前述のように経営上支障がでてきますので、農業生産法人又は生産森林組合を組織するか、あるいはそのほかの法人を組織するかも決めなければなりません。共有入会地ならば整備によって当然個人有地又は個人的共有地となりますが、地役入会地の場合には入会権者がその土地所有権をゆずりうける（そうすれば共有入会地と同じような結果になる）か、それとも土地所有権はそのままにしておく（そうすれば地上権その他の契約によって使用することになる）か、によって権利関係がちがってきますから、とくに地役入会地の場合は、この点をはっきりさせる必要があります。

(ニ) 関係者との話し合い……共有入会地ならば入会権者だけで入会林野整備の話合いをすすめることができますが、地役入会地の場合は土地所有者の賛成がないと入会林野整備をすることができませんから、話合いと同時に土地所有者の意見を聞き、その同意を求めておく必要があります（市町村や財産区の入会林野は地役入会地ですから、市町村や、市町村長——財産区の管理者——の同意を得ておく必要があります）。土地所有者の同意をもらうのは、入会林野整備を行なうことが決まり整備事業にとりかかってからでもよいのですが、事業にとりかかってのちにその同意が得られないと整備事業は全く失敗におわりますから、前もって同意を得ておく必要があります。

(ホ) 整備組合の設立……このように、入会林野整備をすることが決まれば、それに必要な費用（書類の作成などの事務費のほか、分筆するときは実測のための測量費がいる）をどのように分担するかを決め、入会権者全員で入会林野整備組合を設立し、入会林野整備計画をたて、整備事業をすすめてゆくことになります。この入会林野整備組合は整備事業を実行するために便宜的につくられる団体で、組合を設立して組合長や実行委員等の役員を選出し、その役員が整備事業に必要な事務を担当します。

(2) **整備計画に必要な書類**

入会林野整備事業は、入会林野整備計画書を作成し、これに必要な書類（以下「添附書類」という）をそろえて整備組合長から整備計画書と添附書類を知事に提出することになります。入会林野整備計画書に記載すべきことがらならびに添附書類は次のとおりです。

入会林野整備計画書

入会林野整備計画書は一定の書式があって、市町村役場で交付をうけることができます。この計画書には次のことがらを記載しなければなりません（第四条一項）。

(1)整備する入会林野の所在地、地番、地目および面積

(2)その入会林野に存在するすべての入会権の内容、入会権者全員の氏名と住所

(3)その入会林野の入会権を消滅させたのちに入会権者であった者が取得する権利の種類（所有権、地上権又はその他の権利）、および権利を取得する者の氏名と住所、およびそれらの者が取得する土地の所在地、地番、地目、面積（取得する権利が所有権以外の権利であるときはその権利の存続期間、対価その他の条件）

(4)その入会林野の土地所有権者の氏名と住所、および所有権以外の権利で消滅させる権利があるときはその権利の種類と内容ならびにその権利を有する者の氏名と住所

(5)その入会林野につき所有権および所有権以外の権利で入会林野整備後も残る権利（第三者に対抗できる権利を除く）の種類、内容およびその権利を有する者の氏名、住所

(6)入会林野整備後の利用計画

(7)入会林野整備による所有権その他の権利が消滅することにより金銭の支払徴収の必要があるときは、その相手方の氏名および金額、支払や徴収の方法など

(8)入会林野整備により入会権者で(3)に掲げる権利を取得しない者があるときは、その旨ならびにその理由

添附書類

入会林野整備を知事に申請するには、右の整備計画書のほか次に掲げる書類を添えて提出しなければなりません（第五条第三項）。

(1)入会林野整備組合の規約

(2)その入会林野についての慣習を成文化した文書

(3)整備計画書に記載する、(4)、(5)の権利を有する者の同意書

(4)その入会林野のある市町村の市町村長の意見書

(5)その入会林野の全部又は一部が農地法に定める農地又は採草放牧地であるときは、農業委員会の意見書

(6)その入会林野が保安林であったり、国立公園法による公園であったりして土地の利用につき法令の規定によって制限がある場合には、その法令の施行について権限を有する行政機関の意見書

(7)次に掲げる書類

イ、その入会林野の沿革および現況を記載した書面

ロ、その入会林野の位置を示す地図

ハ、入会林野整備計画において定める土地の利用に関する計画の概要を示す書面

ニ、その入会林野の土地登記簿の謄本又は抄本
ホ、その入会林野の土地の分割又は合併を必要とするときは、分筆又は合筆の実測図
ヘ、その入会林野の全部又は一部が農地法に定める農地又は採草放牧地であって、入会林野整備後も農地又は採草放牧地として利用されるときは、その農地又は採草放牧地につき所有権あるいは賃借権その他使用収益権を取得する者が現に耕作又は養畜に使用している農地又は採草放牧地（自作小作別）および所有している小作地および小作採草放牧地の面積ならびにその者の自家労力、農機具、役畜の状況を記載した書面

(8)入会林野整備後取得した所有権その他の権利の全部又は一部を生産森林組合又は農業生産法人に出資する計画があるときは、その計画

(9)右の生産森林組合又は農業生産法人が新たに設立される場合にはその設立計画、申請書、定款等、その生産森林組合又は農業生産法人がすでに設立されているときは定款および事業計画

(10)その入会林野の実質的所有者と所有権登記名義人又は表題部の所有者とが異なる場合には、実質的所有者であることを証明する書面

右の整備計画書および添附書類について問題となる点はあとで説明します。

(3)　**整備計画書類の提出から認可まで**

入会林野整備計画書と添附書類が整備組合長から（市町村長を経由して）知事に提出されると、知事は、書類がそろっているかどうかだけでなく申請している入会林野整備計画が果して適当なもので

あるか、を実質的に詳細に審査します。入会林野整備計画が次のどれかに該当するときはこの整備計画は不適当であるとされて却下されます（第六条第二項）。

(1)申請の手続や整備計画の内容が法律や命令などに違反しているとき

(2)入会林野整備計画の内容が、その入会林野を農業又は林業に利用する目的で行なわれるものでないと認められるとき

(3)入会林野整備の結果、従来の入会林野の権利関係からみて一部の者に権利の集中その他不当な利益をもたらすと認められるとき

(4)その入会林野の全部又は一部が農地又は採草放牧地であり、整備計画において定めるその農地又は採草放牧地についての権利の設定や移動が農地法の権利移動や設定の制限に反しているとき

右の条項に該当しないときには、知事は入会林野整備の申請が適当であるという旨を決定します。この詳細な審査を必要としますので、申請から決定までの期間は何日間という制限はありませんが、余り長くなることは許されないと考えるべきでしょう。知事は、この決定をすればその旨を直ちに入会林野整備組合長に通知するとともに、その旨を府県公報等に公告し、かつ入会林野整備計画書の写しを、その入会林野のある市町村の掲示板等に三〇日以上公示し、一般の人が縦覧できるようにしなければなりません（同四項）。

入会林野整備計画にある土地あるいはその土地上の物件について所有権その他の権利を有する者で、知事の決定に異議があるときは、縦覧期間が満了する日の翌日から三〇日以内に、知事に対して異議

の中立をすることができます（第七条一項）。知事は異議の申立をうけたとき、その異議の申立が正当であると認められない場合を除き、入会林野整備組合長又はその他の入会権者の代表者に異議申立人と話し合いをすることを命じなければなりません。この話し合いができないとき又は話し合いが不成立に終った場合に、入会林野整備組合長は知事に対して調停の申請をすることができます。話し合いもできず、調停もまとまらなかった場合においては、知事は、入会林野整備計画の申請を却下します。したがってこの場合、入会林野整備計画はふり出しにもどることになります。

このような異議の申立がなく、あるいは異議の申立があっても話し合いがつき又は調停が成立したときは、知事はその入会林野整備計画を認可します（この場合、入会林野整備計画に、入会権者が入会権者以外の者に金銭の支払をするよう決められている場合には、入会権者にその金銭を供託させなければなりません）。知事が認可したときには、知事はただちにその旨を県公報等に公告します。

知事が入会林野整備計画を認可する旨公告すれば、その日限りその入会林野にかかわる入会権その他の権利が消滅し、その翌日新しい所有権が生れあるいは地上権その他の使用収益権が設定されます。つまり公告の日限りでその入会林野は入会林野でなくなり、その翌日から純然たる個人有地又は個人的共有地あるいは（その後の手つづきによって生産森林組合、農業生産法人の所有地となる）地上権設定地などとなります。知事は、入会林野整備計画書ならびにこれにもとづく登記嘱託書を、その入会林野の土地を管轄する登記所に送付します。その送付をうけた登記所は、登記嘱託書にしたがって、分筆、合筆、地目や地積の変更等および権利登記等をします。この登記はすべて知事の嘱託によって行なわれますので、入会権者は何もする必要はなく、かつ登記に関する費用は全くいりません。登記がすめば嘱託書が登記済と記載されて知事に戻され、知事から入会権者であった新所有権者に手渡されます。これがその土地の権利証となるわけです。

なお、この法律による入会林野整備には、次のようないくつかの有利な点があります。

① 前述のように登記に関する費用は一切いらないだけでなく、測量費その他必要な経費にたいしていくらかの補助金が交付される（この補助金は直接には市町村に交付される）。

② 入会林野整備には官公庁の発行する書類が必要となる(とくに土地登記簿謄本、戸籍謄本など)が、整備組合からそれらの書類の交付を申請するときはすべて無償で交付される。

③ 入会林野整備によって入会権者が新しい権利を取得し、それによって経済的な利益を得ても、その利益については課税されない。たとえば、二〇名の共有入会地において二人が権利放棄したと仮定すると、入会権者一人の持分は二〇分の一から一八分の一にふえ差引き一人がその林野につき一八〇分の一だけ持分が多くなり経済的な利益を得たことになるが、その利益について所得税、贈与税などは課税されない。ただし地役入会地を入会権者である住民の所有地とする場合には住民が新らしく土地の所有権を取得したことになるから、その土地が有償で売られた場合にかぎって不動産取得税が課されるが、その課税の率はきわめて低く、無償で譲り渡された場合には課税されない。

④ 各府県に入会林野コンサルタントという、入会林野に関する問題についての相談役がおかれており、入会林野整備或いは入会林野一般についてコンサルタントの指導や援助をうけることができる。

(4)　**入会林野整備事業を行なう上で注意すべきことがら**

つぎに、入会林野整備で問題となる点を検討することにします。

(イ)　入会林野整備によって新しい権利を取得するのは入会権者に限られる。

入会林野整備とは、入会権者がそれまでもっていた持分権としての入会権を所有権、地上権その他土地使用権に切りかえることですから、入会権者以外の者がこの法律の適用をうけることはできません。したがって、次のような点に注意する必要があります。

(一)　地役入会地（たとえば市町村有入会地）において土地所有者が入会林野整備によってその林野の完全な——入会権も地上権その他土地使用権も付いていない——所有権を取得することはできない。たとえば、市町村有入会林野の八割を整備によって入会権者である住民の所有地とし二割を入会権のない市町村直営地として残したいという場合でも、入会権を消滅させるため全部を入会林野整備してその八割を住民が、二割を市町村が取得するようなことはすることができない。市町村は土地所有者にすぎず入会権者ではないからこの法律によって新しい権利をもつことはできない。この場合、入会林野整備をすることができるのは入会権者である住民の所有地にする八割についてだけである。残る二割を入会権のない純然たる市町村直営地とすることに入会権者である住民が賛成すれば、その分について市町村は住民から入会権を放棄する旨の同意書をとればよい（そうすれば八割は住民の所有地、二割は純然たる市町村の直営地となる）。

(二)　入会林野に入会権者以外の者（たとえば転出者）が共有権を有している場合、その者は入会林野整備によって新しい所有権を取得することができない。たとえば、二〇名の記名共有入会地において記名共有者であり入会権者である甲が部落から転出し、転出後も甲がその林野に共有権をもっている場合、甲は入会集団構成員ではないから入会林野整備に加わることはできない。甲が権利を放棄すればともかく、そうでないかぎり甲の共有持分を除外しなければならない。すなわち、その林野は一九名の入会集団と甲との共有地である（二〇名の共有地ではないことに注意）から、入会集団がその共有地の分割を請求して（二〇名の持分がひとしい場合にはかんたんに分割請求をすることができる――九九ページ参照）甲の持分を分割してこれを除外し、残る入会権者一九名の分についてだけ入会林野整備をすればよい。この分割およびそれに伴なう分筆は入会林野整備ですることができるが、分筆の結果甲の単独所有地となった分の名義変更は、甲自身がしなければならない。したがってその林野の新しい所有権の権利登記につき、入会権者一九名の分は知事の嘱託によって個人有又は個人的共有として登記されるが、甲の分は甲自身が通常の手続によってしなければならない。また、甲の土地は入会集団との話合いにより入会地でなくすることになるであろうから、そのためには甲が一九名の入会権者から入会権を放棄する旨の同意書をとる必要があることは、㈠の場合と同じである。

㈢　入会権は世帝（主）がもつ権利であるから、入会林野整備によって新しい権利を取得するのは一世帯一名にかぎられそれも原則として世帯主である。したがって、将来のことを考えて幼い子に権利を取得させその子の名義で登記することはできない（これは法律上贈与とみられるが、この法律では贈与をみとめていない）。ただし、いわゆるあとつぎ息子がすでに一人前になって世帯主の地位をつぐ状態にあるか、まだ独身であって完全に一人前ではないけれども入会林野にたいする義務を果している（たとえば造林事業に参加している）場合とか、あるいは世帯主である夫が農林業以外の仕事に従事し入会林野にたいする義務はほとんど妻が果している場合など、あとつぎ息子や妻を実質的な入会権者とみて、新しい権利を取得させその者の名義で登記することは差支ない。ただし、息子や妻を実質的な入会権者とみるかどうかはすべて入会集団が決定することであるから、入会集団の承認がある場合にかぎって息子や妻に新しい権利を取得させることができる。また入会権者は一世帯一名であるから、入会林野整備の結果各入会権者（各世帯）が数筆の土地を所有することになっても世帯主、長男、二男（これらの者が世帯主と同居しているとき）などが別々にそれぞれの土地を所有することはできない。またある入会権者が権利（持分権）を二口もっているから一口を世帯主、一口を長男あるいは妻などの所有にする、ということもできない。

(ロ)　入会林野整備には入会林野に権利を有する者（関係権利者）の同意が必要である（五条一項）。

入会林野整備により入会林野の権利関係がかわりますので、入会林野整備をするには入会林野に権利をもつ者の同意が必要であることはいうまでもありません。この法律では、入会林野整備計画を知事に提出するにあたりこれらの者（以下「関係権利者」という）から同意を得ることを義務づけています（添附書類の(3)）。この関係権利者を大別すれば、入会林野の土地所有（共有を含む）権者と入会林野に土地所有権以外の権利を有する者とになります。なお、登記上（表題部を含む）の所有名義人はどうなるのでしょうか。つぎにこれらの者についてどう取扱うかを検討することにします。

㈠ 入会林野の土地所有権者……共有入会地においては入会権者が登記に関係なく土地所有権者であり、全員が入会林野整備をしようというのであるから、この人々の同意を得ることについては問題ない。また地役入会地においては、土地所有者の同意がないかぎり入会林野整備をすることはできないのであるから、当然その同意が必要である（この同意は、土地所有権を入会権者に移す旨の同意かそれとも入会権を消滅させて地上権その他の土地使用契約を結ぶ旨の同意かをはっきりさせる必要がある）。共有入会地において共有入会権者以外の所有者（次に述べるような単なる所有名義人ではなく、集団によってその所有権を認められた者）があればその者からの同意が必要である。これらの所有権者は入会権者でないから入会林野整備に加わることはできないので、共有持分権の放棄又は共有持分権を入会集団が買いとることの同意を求めるか、あるいは前述のようにその林野を入会集団と共有者で分割することについて同意を求めるかをしなければならない。この土地共有者にたいして持分の放棄やその買取りについて同意を求める場合、登記簿（表題部を含む）上の所有権者と共有者が一致しており、その登記簿上の所有権者が現存しておりかつその住所が分っている場合には直接その本人に同意を求めればよいが、しかしその者が死亡していたらその者の相続人全員から同意を求めなければならない。その名義人やあるいは相続人が一人でも行方不明の場合には、家庭裁判所に不在者の財産処分の申立（民法第二八条）をするか、簡易裁判所に公示催告の手続の申請（民事訴訟法第七六四条以下）をしなければならない。なお、このことは地役入会地において登記簿上の所有者が死亡し又は行方不明の場合も同様である。しかし、部落から転出すれば一切の権利、すなわち入会権を失なうという慣習がある以上、登記簿上の所有者で部落から転出した者は、入会権（共有入会地においては共有入会権）を失ない土地の共有権を有しないのであるから、ここにいう関係権利者ではなく、したがって同意を求める必要はない（なおこの者の取扱については㈢、参照）。

㈡　入会林野に所有権以外の権利を有する者……入会林野にある所有権以外の権利とは地上権、地役権、借地権、抵当権、立木所有権、配当金請求権、農用林利用権、森林土地使用権などであり、これらの権利を有する者とはおおむね次のとおりである。

地上権……官行造林、県行造林、公団造林などの分収造林は地上権設定によるものであるから、国、県、森林開発公団などは地上権者である。また入会権者以外の第三者、たとえば転出者が入会林野に立木を所有する場合には地上権者として取扱うこともできる（ただし、登記されている地上権の存続期間が終了している場合は、その地上権は実質上存在しない権利であるから、後述㈢に準じてその名義人又は相続人から権利が存在しないことの確認を求めればよい）。

地役権……地役権とはある土地のため他人の土地を使用する権利（物権）であるが、もっとも多いのは電力会社が送電線施設を有するため設定する地役権で、地役権者は電力会社である。また、農地のすぐ近くの山林において農作物の育成のため、農地の耕作者がその山林の天然木を伐ったり草を刈ったりする権利をもつ（これは蔭切り、田ざわりなどとよばれている）という慣習が全国的にひろく見られるけれども、この農地耕作者の権利は一種の地役権、あるいは地役権に準ずる権利（正式に地役権設定約がむすばれていないので地役権に準ずる権利という）である。

借地権……入会権者以外の第三者に入会林野の一部を耕作その他の目的で貸付けている場合その第三者の権利は借地権（賃借権）であり、また第三者が採草や放牧のために入会林野を利用している場合もこの借地権に含めてよい。一般に入会林野の契約利用において入会権者以外の第三者が有する権利（ただし地上権、地役権による場合を除く）はここにいう借地権に含まれる。

抵当権……（抵当権の登記があっても、債務の弁済（借金などの支払）により債権が消滅し、あるいは債権が時効により消滅していることが明らかな場合は、実質上存在しない権利として、(三)に準じその名義人又は相続人から権利が存在しないことの確認を求めればよい。）

立木所有権、配当金請求権……主として転出者が入会林野における個人造林、共同造林にたいしてもつ権利である。

農用林利用権、森林土地使用権……農用林利用権とは耕作を営む者が採草放牧又は薪炭材を採取するために農業委員会の承認を得て他人の土地を利用する権利（農地法第二六条以下）であり、森林土地使用権とは森林から木材の搬出や林道その他森林施設のため都道府県知事の許可を得て他人の土地を使用する権利（森林法第五〇条）である。

以上の権利は、入会林野整備によって消滅させる権利と整備後もなお残す権利とに分かれる。消滅させる権利とは必ずしも無償で消滅させることを意味するのではなく、たとえば第三者の借地権を代金を支払って消滅させたり、転出者の配当金請求権を有償で買取って消滅させるなど有償で消滅させる場合も含まれる。整備後も残す権利のうち、第三者に対抗することができる権利については、それらの権利の種類や権利を有する者の住所氏名を整備計画書に記載しなくてよいことになっている。したがって登記されている権利――官行造林、県行造林、公団造林契約における地上権（但し県行造林には地上権の登記がされていないものがある）、電線路施設のための地役権、抵当権などは通常登記されている――および農用林利用権――これは登記することができないけれども引渡しによって、つまり現に使用していることによって対抗力を有する――で整備後も残る権利については整備計画書に記載する必要もなく、それらの権利を有する者から同意を求める必要はない。それ以外の権利、すなわち整備により消滅させる権利は登記されている権利も登記されていない権利も、整備後残す権利で登記されていない権利も、すべてその権利の種類とその権利を有する者の住所氏名を整備計画書に記載するとともに、それらの者から入会林野整備をすることについての同意、したがって消滅させる権利については入会林野整備をすることによりその権利を消滅させることの同意、を得る旨の書類をもらわなければならない（添附書類(3)）。地上権や抵当権など登記された権利を消滅させる場合、登記上の地上権者や抵当権者が死亡したり住所不明の場合の処理のしかたは、㈠の土地所有権を有する登記上の所有権者の死亡あるいは住所不明の場合と同じである。

㈢　入会権者ではない登記簿（表題部を含む）上の土地所有者……これは記名共有の入会林野において、記名共有者である入会権者が部落外に転出し慣習によって入会権を失なった後もなお土地共有者として登記簿上記載されている場合と、入会集団の規約に反してある共有入会権者が自分の共有持分を部落外の第三者に売りその第三者が移転登記をすませて登記上記名共有者の一人に加わっている場合とがある。前に述べたように、部落から転出すれば入会権を失なうという慣習がある以上転出者も（第三話一五二ページ参照）、入会権を部落外の第三者にゆずることができないという慣習がある以上その第三者も（第四話二二〇ページ参照）、ともに入会権者ではないから、入会林野の土地所有権（共有持分権）を有するものではなく、単に登記簿上の所有名義人にすぎない。したがって入会林野整備における関係権利者ではないから、これらの者から同意を求める必要はない。実際上権利をもたないのであるから、権利を放棄してもらう必要はない、というよりもこれらの者は放棄する権利をもっていないのである（いうまでもなく、この登記上の土地所有者が入会権者でなくとも土地共同所有権者であることが認められているときは㈠の同意が必要である）。

しかしながら、入会権者でない者が登記簿上所有者となっていて、入会林野の実質的所有者と登記簿上の所有者がちがう場合、入会権者が実質上所有権者であることを証明する書類を、入会林野整備計画書に添えて提出しなければならない（添附書類の⑽）。入会権者が実質上所有権者であることを証明する書類とは、登記上の所有者が実質上の所有権を有しないこと、あるいは登記上の名義にかかわらず入会権者だけが実質上の所有者であることを証明する書類であり、これを証明することができるのは登記上の所有者（所有名義人）である。したがって入会権者でない登記簿上の所有名義人から、右のような内容の証明書又は確認書を提出してもらわなければならない。この登記簿上の所有名義人が死亡している場合には、やはり相続人全員からその書類を提出してもらう必要がある。所有名義人又はその相続人が住所不明の場合には、同意書の場合のような手つづきを必要とせず、分かる範囲でこれらの者から証明書又は確認書の提出を求めればよい（この証明書又は確認書と前述の権利放棄の同意書とどうちがうかについては、次の註をみて下さい）。

入会集団によっては、入会権者が転出するときに多少の餞別などを渡して、以後入会林野に一切の権利をもたない、という旨の一札をもらっているところがあるが、このような書類はこの確認書にあたるから、このような書類があれば改めてここにいう証明書ないし確認書の提出を求める必要はない。

なお、登記簿上所有者が大字、部落名義になっている場合、それが財産区の所有でないかぎり入会権者の共有入会地であるから、便宜的に市町村長から、その土地が入会権者の共有入会地であり、入会権者が実質上の所有権者であることを証明又は確認してもらえばよい。

註　権利放棄の**同意書**と**確認書又は証明書**とのちがい……㈢のような転出者や第三者である入会林野の登記上の所有者は入会林野整備に参加することができないので、いずれにしてもこのさい手をひいてもらう、ということで放棄の同意書の提出を求めることがあるようです。しかし、これらの登記上の所有者が実質上所有権を有せず単に登記上の名義人にすぎないなら放棄の同意書の提出を求めるべきでなく、それらの名義人が入会林野の所有権を有しない旨の確認書、又はその入会林野が現在の入会権者だけの共同所有地である旨の確認書又は証明書（以下「確認書」という）の提出を求めるべきです。放棄の同意書（以下単に「同意書」という）も確認書も、登記上の所有者が死亡した場合そのすべての相続人からその書類をもらわなければならない点は同じですが、同意書と確認書と非常に性格がちがいますのでこの点を説明しておきます。

同意書すなわち権利放棄の同意書は、その名義人又は相続人に所有権という権利があるからその権利を放棄するという書類であり、したがってその名義人に権利があることを前提としています。したがって、たとえば名義人又はその相続人のうちただの一人でも権利の放棄に同意しない者があれば入会林野整備はできません。一人でもこの同意書が不足すると入会林野整備計画を提出しても知事はこれを許可することはできません。なぜならそれらの名義人が権利（所有権）を有しており、それを放棄しないといっているのに、知事が認可という行政処分でその者の所有権すなわち財産権をうばうことは憲法に反し、許されないことだからです。また、未成年者は単独で自分のもつ権利を放棄することはできません（民法第四条）から、名義人又は相続人中未成年者がいればその同意書には必ず法定代理人の同意——同意する旨の署名押印——がいります。未成年者の法定代理人は父および母ですが、父も母もいない場合は後見人が法定代理人となるので、後見人がいない場合は家庭裁判所に申出て後見人を選んでもらわなければなりません（民法第八四九条）。また、入会権者であり登記名義人である夫が死亡しその妻が入会林野整備により新しい権利を取得する場合、まだ未成年の子がいてその子も相続人として父のもっていた入会林野にたいする権利をもつというならその子が権利放棄をしなければなりませんが、この場合は妻すなわちその子の母が子の権利放棄に同意することはできません。なぜならその妻は夫の財産を自分のものにするために子に権利放棄をさせるという、いわば利益の相反する行為をするわけですから、この場合子の権利放棄については家庭裁判所に申出て特別代理人を選んでもらい、その特別代理人が未成年の子の放棄に同意するということをしなければなりません。

　確認書は、同意書とちがって登記上の名義人又はその相続人が入会林野に権利を有しないことを前提にしています。ですからそれらの者が入会林野に権利をもたないこと、入会林野が入会権者だけの共同所有地であることを確認してもらえばよいのです。それではこれらの者のうち何人かが確認せず確認書を出さなかったらどうなるか、というと、もともとそれらの者は入会集団の慣習にしたがって権利をもっていないのですから、確認しないからといって権利がそこに生れるわけではありません。仮に、一〇名転出者がありそれらの者が入会林野に権利を有せず単なる登記上の名義人にすぎない場合、そのうち二、三人の確認書をもらうことができなくても他の者の確認書がそろっていれば入会林野整備を申請することができます。知事は二、三人の確認書がないことを理由に却下することはせず、転出者は入会林野にたいする権利を失なうという慣習を確認した上で、その整備計画を認可することができます。もし、整備後、確認書を出さなかった転出者が、自分たちに権利がありそれを無視した知事の認可処分は無効だ、と主張するならば裁判で争う以外ありません。裁判でこれが争われても、一〇人のうち七人が転出すれば権利を失なうと証言し、三人が転出しても権利をもつと証言した場合、裁判所がどちらに軍配をあげるか、すなわち裁判でどちらが勝つかはおのずから明らかでしょう。したがって、この確認書は名義人又は相続人の全員からもらうのが一番望ましいのですが、全員からもらえない場合でも少なくとも三分の二以上の人からはもらう必要があります。確認書をもらったのが約半分位だ、というのではそのまま整備計画書を知事に提出してもおそらく知事は却下せざるをえないでしょう。確認書は全員からもらうのが原則であり、できるだけ多くの者からもらうべきです。というのは、名義人又は相続人中住所不明の者がある場合にそれらの者から確認を求めることができないからです。もっとも住所不明の者でも、それらの者の戸籍の附票には住所が記載されている（住民基本台帳法第一七条）はずですから、それに記載されている住所宛に、必要な書類を送る必要があります。しかし、実際にはその住所に住んでいない場合があり——それだから住所が不明なのです——書類は戻ってきます。又その名義人又は相続人の本籍がその入会集団のある市町村になく、本籍地がどこであるか不明の場合にはその者の住所をたしかめることができません。このような場合には、右の事情で住所が不明であるため確認を求めることができなかったという理由を書いて知事に提出すればよいのです。また、名義人又は相続人中の未成年者については、その未成年者に父母又は後見人がある場合には当然それらの法定代理人が未成年者にかわって確認——確認書に署名押印——することになります。父母も後見人もいない場合、新たに後見人を選ぶのが本当ですが、ただこの確認のためにだけ特別に後見人を選ぶのも大変でしょうから、その未成年者を事実上養育している者がその未成年者にかわって確認すれば——したがって未成年者である何某の保護者何某と署名押印すれば——よいでしょう。また、名義人である夫の死亡後、妻が入会権者として整備により新しい権利を取得するときその未成年の子が——入会権者ではないから——入会林野に権利を有しないという確認をする場合、その確認書は放棄の同意書とちがって特別代理人を選ぶ必要はなく、その妻すなわち未成年の子の母が未成年の子にかわって確認書に署名押印して差支ありません。

なお、そのほか注意すべき点を二、三あげておきます。

① 入会林野整備はその林野にあるすべての入会権を消滅させることであるから、たとえば採草のための入会権だけを消滅させ、育林のための入会権を残すというように、一部の入会権だけを消滅させることはできない。入会林野整備計画書記載事項(2)にはすべての入会権を記載することになっており、入会林野整備によってすべての入会権は消滅することになる。

② 入会林野整備はすべての入会権者がその林野に所有権、地上権その他の新しい権利を取得するのがたてまえであるが、しかし将来入会林野を利用しようという意欲のない者は、いままでの権利に相当する代金を受取ってその林野から手をひくこともできる。このことは整備計画記載事項(8)にあるとおりである。

③ 入会林野整備計画書には、入会林野についての慣習を成文化した文書を添えることになっている(添付書類の(2))。入会林野についての慣習は成文化すなわち文書にされていない場合が多いが、このような場合、現在行なわれている慣習をそのまま文書(条文)にすればよい。古い何十年も前の規約、申合せなどが文書にされている入会集団もあるが、その規約が現在そのまま守られ行なわれている場合にはその規約を添えて提出すればよい。しかしその規約が現在いくらか変わっている場合にはそのまま提出することはできない。必要なのは、あくまでも入会林野整備を行なうときの入会林野についての慣習であるから、慣習がかわっていればそれらの点は修正して提出しなければならない。

2　旧慣使用林野整備による整備はしない方がよい

この法律は、入会林野整備のほかに、旧慣使用林野整備というものを定めていますのでこれについてあらましを述べておきます。

(1)　旧慣使用林野整備の意味

旧慣使用林野整備とは、この法律によれば、旧慣使用権の目的となっている林野について旧慣使用権を消滅させてそれ以外の権利を設定し、移転することをいう、と規定されています（第二条三項）。いうまでなく旧慣使用林野整備ができるのは市町村有又は財産区有の林野だけです。

はじめに述べたように、とくに注意しなければならないのは、旧慣使用林野整備は市町村有又は財産区有（以下「公有」とよぶことにします）の入会林野の権利関係の近代化の一つの方法であって、公有の入会林野においては旧慣使用林野整備と入会林野整備のどちらかの方法によることができる、ということです。公有の入会林野は必ず旧慣使用林野整備によるべきであって入会林野整備をすることができない、と考えるのはたいへんな誤解です。なぜなら、公有林野に入会権が存在することは裁判上認められていることであり、この法律も、入会林野整備につき公有林野を除外する旨の規定は全くないからです。

この法律では、旧慣使用権とは地方自治法第二三八条の六に規定する権利をいい、旧慣使用権の存在する林野を旧慣使用林野というと規定しており、旧慣使用権が入会権と同じように住民が共同で林野を使用収益する権利、をいうものであることは、この法律の趣旨からいって明らかですが、旧慣使用権と入会権との関係あるいはそのちがいについては余り明らかではありません。

これらの点は後で説明することにし、はじめに旧慣使用林野整備につき、とくに入会林野整備とちがう点を中心に説明します。

旧慣使用林野整備は市町村長が行ないます。といっても、旧慣使用林野整備後その土地に新しい権利をもつのは旧慣使用権者（＝入会権者）である住民ですから、住民の意向を無視してできるものではありません。多くの場合入会権者（すなわち旧慣使用権者）である部落住民から、公有の入会林野の整備をしてほしい、すなわちそれを自分たちの個人有地又は個人的共有地にして欲しい、という要望が出され、これに市町村長が賛同して旧慣使用林野整備の方針を決めるのが普通でしょう。もっとも市町村長の側から、公有入会林野の高度利用のため積極的に旧慣使用林野整備をよびかけることは差支ないばかりでなく、結構なことです。

(2) 旧慣使用林野整備の手つづき

つぎに、旧慣使用林野整備の手続について述べます。

① まず、市町村長が、旧慣使用林野整備を行なうべき市町村有、財産区有林野ならびに整備の方針（とくに土地所有権移転を伴うか、すなわちいわゆる土地の売払をするかどうか）を決定する。

② この方針にもとづき旧慣使用林野整備を行なってよいかどうか市町村議会（財産区議会又は総会が設けられている財産区所有の林野においてはその財産区議会又は総会）の議決を得なければならない。

③　議会の議決を得たら、市町村長は、旧慣使用権者の名簿を作成するとともに整備計画の概要を公示し、旧慣使用林野整備計画書を作成する。

④　旧慣使用林野整備計画を定めるには、その林野に権利を有するすべての旧慣使用権者の意見を聞くとともに、旧慣使用権者がその林野に旧慣使用権以外のいかなる権利も有しないことの確認を得なければならない。

⑤　旧慣使用林野整備によって新たに所有権又は地上権等の権利を取得すべき旧慣使用権者から新たにそれらの権利を取得することについての同意を得なければならない。

⑥　前記の手続が完了し旧慣使用林野整備計画書が完成したら、それについて今一度市町村議会の議決を得なければならない。

およそ右のような手続をへて、市町村長から旧慣使用林野整備計画書を知事に提出します。旧慣使用林野整備計画に記載すべきことがらは入会林野整備計画書の場合とほぼ同様です（計画書の記載事項のうち(4)(5)は要らない）が、添附書類が多少ちがいます（すなわち、旧慣使用林野整備計画においては関係利者の同意書はいりませんが、それにかえて旧慣使用権者が旧慣使用権以外の権利を有しないことの確認書、旧慣使用権者が新たに権利を取得することの同意書などがいります）。旧慣使用林野整備計画書が知事に提出されると、知事はその計画が法律や命令ならびに次に掲げる制限に違反していないかどうか、その計画が適当であるかどうかを審査し、適当であると決定した場合には、知事はその整備計画を認可します。旧慣使用林野整備の場合は入会林野整備の場合のように認可の申請にたいする適否決定の通知や異議申立などの手続はなく、適当であると決定されればそれによって直ちに認可され、認可されたら知事はできるだけ早くその旨を県公報等に公告します。

知事が右の公告をすればその公告の日かぎり旧慣使用権が消滅し、その翌日からその土地が個人有地、個人の共有地又は地上権設定地等になることも、また知事が旧慣使用林野整備計画書ならびにこれにもとづく登記嘱託書を登記所に送付し、必要な登記が行なわれて登記済の権利証が新権利者に交付されることも入会林野整備の場合と同様です。

旧慣使用林野整備についての制限とは、この法律では次のように旧慣使用林野整備をすることができない場合が定められております。

① その林野が、農林業上の利用のためや都道府県が行なう他の事業、又は国や都道府県が行なう他の事業を増進するものでないときは旧慣使用林野整備をすることができない。具体的には農業構造改善事業、林業構造改善事業、開拓パイロット事業、草地改良事業、山村振興対策事業、離島振興対策事業等国の直営又は補助に係わる事業あるいは県の未利用地開発事業、牧野開発事業など、国や都道府県の農林業の基本的政策にもとづく直営又は補助事業の対象となっている林野でなければ旧慣使用林野整備を行なうことができない。市町村独自の事業や公社、公団等の造林事業はここにいう事業には含まれない（第一九条）。

② その林野につき所有権および旧慣使用権以外の権利（電線路施設に係る権利を除く）が存在する林野は旧慣使用林野整備を行なうことができない。したがって、地上権が設定されている官行造林

地、県行造林地、公団造林地は当然旧慣使用林野整備を行なうことができない。また、県行造林や市町村造林の行なわれている土地は、仮に地上権の設定や登記がなくてもそれらの造林者は立木所有権を有するから旧慣使用権以外の権利が存在する。旧慣使用権者がその林野に立木所有権をもっていてもその立木所有権が旧慣使用権の内容をなしているかぎり整備を行なうことができるけれども、もし旧慣使用権者が市町村又は財産区と地上権設定契約を結んでいるときは同じく旧慣使用権以外の権利が存在することになるから、これらの林野では旧慣使用林野整備を行なうことができない（第二〇条二項）。

旧慣使用権はその市町村に居住する住民だけがもつことができる権利である（地方自治法第一〇条、第二三八条の六）から、その市町村住民以外のものが、実態、名目のいかんをとわず何らかの権利を有している市町村有、財産区有林野は旧慣使用林野整備をすることができない。

この法律では旧慣使用権と入会権とを別個に取扱っているので、入会権は旧慣使用権以外の権利になる。したがって、判決で入会権の存在することが確認されたり、あるいは市町村又は財産区と部落住民の間で入会権が存在することが確認されている公有林野においては旧慣使用林野整備を行なうことができない。また、部落住民中、一人でも自分の有する権利は入会権である、と主張する者がある場合も、旧慣使用林野整備を行なうことができない。

以上が旧慣使用林野整備のあらましですが、このように旧慣使用林野整備をすることができる場合は限られており、入会林野整備のように林野の権利関係を近代化したい、という理由だけでは旧慣使用林野整備をすることはできないのです。だからといって公有の入会林野――住民が共同で使用収益している公有林野――の権利関係を近代化することが非常に困難だとはいえません。公有の入会林野の権利関係を近代化したければ、入会林野整備をすればよいのです。

(3) 旧慣使用林野整備と入会林野整備との関係

この法律は入会林野の権利関係ならびにその近代化について、

公有林野→旧慣使用権→旧慣使用林野整備

その他の林野→入会権→入会林野整備

という考え方をとっています。この旧慣使用権は、第四話での説明とはちがって入会権を含まず、入会権とは別個の権利、すなわち地役的入会権と同じような公権です。なぜかというと、前述のように旧慣使用林野整備は市町村長が市町村議会（又は財産区議会、総会）の議決を得るだけで行なうことができることになっていますから、当然、旧慣使用権は市町村長が議会の議決を得るだけで消滅させることができることになります。もっとも、旧慣使用林野整備をするには旧慣使用権者の意見を聞かなければならないことになっていますが、仮にこの旧慣使用権が財産権（私権）である入会権を意味し、あるいは入会権を含むものであるならば、旧慣使用権を消滅させることにつき、その意見を聞くだけでは不十分で、必ず旧慣使用権者全員の同意を得なければならないはずです。実質的にはどうあろうと、権利者の同意を得なくて消滅することができる権利は財産権ではありませんから、ここにいう旧慣使用権が公権であることは明らかです。

このような考え方は、市町村有、財産区有の林野を住民が共同で利用する権利は民法上の入会権ではなく地方自治法上の公権であり、したがって議会の議決だけで廃止することができる、という、いわゆる入会公権論にもとづいています。この、入会公権論はすでに批判もされ、判決に反するきわめて反憲法的な考え方であり、それをまたこの法律が採用しているのはまことにおかしな、許されないことだといわなければなりません。そうすると、この法律は憲法に違反する無効な規定ではないか、という疑問を生じますが、必ずしもそうはいえないのです。

というのは、この法律は公有林野には公権である旧慣使用権が存在する、あるいは公有林野に存在するのは公権である旧慣使用権である、という立場をとっていますが、しかし、公有林野に存在するのは必ず旧慣使用権であって入会権ではない、とか、公有林野には私権である入会権は存在しない、とはいっていないからです。すなわち、まず前述のようにこの法律では入会林野から公有林野を除外する旨の規定の全くないことが公有林野に入会権が存在することを否定していないことの証拠です。

つぎにこの法律は、旧慣使用林野整備すなわち旧慣使用権を消滅させるにあたり、すべての旧慣使用権者にたいして、その林野に旧慣使用権以外の権利を有しないことの確認を求めなければならないことにしています。この、旧慣使用権以外の権利には、前述のように地上権、借地権なども含まれますが、もっとも重要なのは入会権です。つまり、林野にたいして権利を有する者すなわち入会集団の住民がその林野に入会権を有しない、とか、あるいは、その権利は財産権である入会権ではない、ということを確認した上でなければ旧慣使用林野整備をすることができないのです。したがって、この法律も公有林野に入会権が存在することを否定しているわけではありません。ただ入会権が存在する場合には旧慣使用林野を整備することができない、ことを定めているだけなのです。したがって、この法律が憲法違反の法律でないといえるわけです。

市町村有、財産区有林野でも入会林野整備のしかたは、一般民有、とくに個人有入会林野の整備のしかたと同じです。つまり、入会権者全員の同意により入会林野整備計画をたて、土地所有者である市町村の代表者、又は財産区の管理者である市町村長から、関係権利者としての同意をもらえばよいわけです。対象となる林野の面積がわずかであれば市町村有林野の場合は、市町村長の専決処分でこれに同意を与えることができます。しかし、市町村有、財産区有入会林野の整備は、その土地所有権を入会権者である住民に移転する――すなわち住民の個人有地、個人的共有地又は生産森林組合、農業生産法人の所有地とする――ことが多いと思われますから、市町村、財産区からみれば当然財産処分になるので、市町村長は、入会林野整備の対象となる林野を処分（住民に売却又は譲渡）することにつき、市町村議会、財産区議会又は総会の議決（管理会がおかれている場合はその同意）を得ることが必要でしょう。市町村長は議会の議決書を添付して、入会林野整備計画書に関係権利者として署名捺印すればよいわけです（なお、入会林野整備の場合は、財産処分につき一回だけ議会の議決を得ればよく、旧慣使用林野整備の場合のように二回も議会の議決を得る必要はありません）。

入会林野整備は入会権者である住民が計画をたて、旧慣使用林野整備は市町村長が計画をたてることになっているので形式的にはかなりちがうようにみえますが、実際はほとんどちがいありません。

市町村長が旧慣使用林野整備計画をいくら立ててみても権利者である住民にその気がなくこれに賛成しなければ全く意味がありません。また、入会権者たちが土地所有者である市町村、財産区の意向を無視して入会林野整備計画をたてたところで市町村、財産区の同意が得られなければ計画は進みません。要は、どの林野をそれぞれの権利者についてどのような新しい権利をもたせるか、ということについて、市町村や財産区と、権利者である住民との間である程度の話合いがつかなければ、入会林野整備も旧慣使用林野整備もできないのです。どの林野をどういうかたちで権利関係を近代化するかについて話合いがつけば、あとは形式だけの問題です。ただ、入会林野整備計画は入会権者が作成するもので、計画書の作成手続などが多少繁雑であるため、入会権者に十分その能力がなかったり、面倒がってやりたがらないことがないでもありません。そこで入会権者の側からも市町村長が作成してくれる旧慣使用林野整備の方が面倒でなくてよいという考えや、また市町村の側からも入会権者に計画の作成をまかせておいてもらちがあかないから市町村長が作成する旧慣使用林野整備の方がかんたんでよい、という考えがあるようですが、これは非常に危険な考えです。なぜならば、入会林野権利関係の近代化は入会林野を入会林野でなくすることであって、部落にとっては非常に大きな転換を意味するものです。それだからこそ、林野を整備するについて、入会権者である部落の人々がいろいろ考え相談することが必要なのであって、そのために相当な期間がかかっても、あるいはその結果整備することを取止めても一向差支ないのです。それを、入会権者たちだけでやっていたららちがあかないからという理由で入会権者が十分に趣旨を理解しないまま市町村の側で旧慣使用林野整備をおしすめても、その結果はたかだか市町村有、財産区有林の売払と意識されるだけであって、本当の入会林野の近代化にはなりません。入会権者が入会林野整備計画をたてるにしても、十分その趣旨が理解されずまた書類作成の困難な場合があるでしょう。それには当然市町村の指導が必要であって、入会林野整備計画の作成に市町村が指導してならないということは全くありません。入会林野整備計画にせよ旧慣使用林野整備計画にせよ、市町村又は財産区と入会権者たる住民との十分な話合いによってやるべきであり、その上ではじめて整備＝権利関係の近代化、そして林野の高度利用ができるのです。

(4) 旧慣使用林野整備をすることは危険である

右のように、旧慣使用林野整備は、住民が集団的に共同利用している公有林野（入会林野）の近代化の一つの方法であり、公有林野における権利関係の近代化は、旧慣使用林野整備と入会林野整備との二つの方法があるわけです。したがってどちらの方法で整備をしてもよいのですが、次に述べる理由により、市町村有、財産区有林野においてもやはり入会林野整備によるべきです。

㈠ 前述のように、構造改善事業や牧野改良事業など国や都道府県の事業の対象地域以外（いわゆる一般地域）の林野、および官行、県行、公団造林その他の契約造林地である林野においては旧慣使用林野整備をすることができない。このような林野は入会林野整備によるほかはない（二二条二項）。

㈡ 旧慣使用権を有する者はその市町村の住民にかぎられるから、入会集団で、他市町村に転出した者に対しても林野についての権利（その権利が入会権であっても立木所有権あるいはその他の権利であっても）を認めている場合には、旧慣使用権以外の権利が存在することになるから、その林野においては旧慣使用林野整備をすることができず、入会林野整備によるほかはない。

㈢　旧慣使用林野整備を行なう場合、誰が旧慣使用権者であるかは、市町村長が確定しなければならない。したがって旧慣使用権者＝入会権者の範囲が明確でなく、その範囲について争がある場合に、市町村長が自ら権利者を確定する責任を負わなければならないわけである。入会林野整備ならば、入会権利者の範囲は入会集団自身の責任において決めるべきであるから、入会権者の範囲が確定してから入会林野整備計画が提出されるはずであり、市町村長はただこれに同意を与えればよく、権利者の確定につき法律上の責任を負う必要はない。仮りに、市町村長が旧慣使用林野整備を行なう旨の議会の議決を得ても旧慣使用権者の範囲が確定せず、また整備事業の中途で権利者について争が生じたときは旧慣使用林野整備が宙に浮いてしまい、市町村長の責任問題となるおそれがある。

㈣　旧慣使用林野整備を行なう場合、市町村長は、すべての旧慣使用権者から、整備すべき林野に「旧慣使用権以外の権利」を有しない旨の確認を得なければならない（二〇条）。「旧慣使用権以外の権利」には当然入会権が含まれるから、住民（権利者）がこの確認をすることは、その林野に入会権を有しないことを自ら認めるか、あるいは入会権を放棄することを意味する。したがって、仮に権利者全員が確認書に記名捺印してこれを市町村長に提出したのちに、何らかの事情で旧慣使用林野整備が行きづまり、あるいは旧慣使用林野整備についての第二回目の議会の議決が得られないことなどがあれば、整備事業が宙に浮いてしまうだけでなく、住民はその林野に入会権をもたないことを自ら認めてしまったのであるから入会権を有することを主張することができず、改めて入会林野整備をしようと思ってもすることができない。また、旧慣使用林野整備事業が進行し、部落住民の大部分が右の確認をしたにもかかわらず、ごく一部の者が入会権を有することを主張して右の確認書に記名捺印することを拒否した場合、すでに確認書に記名捺印した者は入会権を有しないこと、あるいは放棄したことを自ら認めたわけであるから入会権者でないことになり、非常に不利な立場に立たされる。このようなことがあれば旧慣使用林野整備は中止せざるをえないから、市町村長の責任問題となることは㈢の場合と同様であり、改めて入会林野整備を行なうにしても、すでに確認書に記名捺印した者は入会権を有しないという理由で入会林野整備に参加できないことになる。

㈤　旧慣使用林野整備には入会林野整備のように異議申立の制度がない。ほんらい権利者でありながら権利者として計画書に名前があげられなかった者や、部落住民ではないがその土地に権利を有する者は、入会林野整備ならば異議申立の期間中に異議を申立てることができ、これにもとづいて整備計画書が訂正され、いっそう完全な林野整備計画となる。認可になった後に、右の者たちが異議を申立てても、またその無効を申立てても特別の事情がないかぎり、入会林野整備が無効になることはない。しかし異議申立制度のない旧慣使用林野整備は、右の者たちが旧慣使用権以外の権利を有することが明らかになれば、認可後であっても旧慣使用林野整備そのものが無効になるおそれがある（そのことは当然市町村長の責任問題となる）。

㈥　旧慣使用林野整備を行なおうとする林野の中に電線路施設などがあるとき、その電線路が敷かれている部分の土地については、その土地にある施設のため存在する権利（地上権、地役権など）を消滅させたり、その部分について土地所有権を移転させたり、または新たな権利（地上権、賃借権など）を設定することはできない（第二〇条二項、三項）。したがって、この部分を除外して旧慣使用林野整備をするか、あるいはこの部分を含めて旧慣使用林野整備をする場合にはこの部分について旧慣使用権は消滅するが、その土地所有権を移転させることはできないから、その部分だけ純然たる市町村、財産区有地として残さなければならないのである。仮に電線路の下が住民によって採草や放牧に利用されていても、その部分を旧慣使用権者である住民の所有地にすることはできない。林野の中央に電線路が敷かれている場合にはその電線の下の細長い部分だけが住民の所有地にならないから、林野をもって農業生産法人又は生産森林組合の所有地にする場合、旧慣使用林野整備によれば、いずれにしても、その法人又は組合所有の土地が細長い線によって二分されることになり、経営上はなはだ不便である。入会林野整備にはこのような制限がなく、ただ電線路施設のために存在する地役権等の権利を残しさえすればよいのであるから、林野の中に電線路等の施設があるときはかならず入会林野整備によるべきである。

以上のとおり、旧慣使用林野整備はこれをやろうと思ってもできない場合が少なくないばかりでなく、仮にこれをやれることができる条件のある場合でも、非常に危険なやり方だといわなければなりません。ただ入会権者である住民にとって危険であるだけでなく市町村長にとっても危険です。そして、旧慣使用林野整備をすることは、裁判上否定されている「入会公権論」を認める（むしかえす）ことであり、法治国家として望ましくないことです。したがって市町村有、財産区有林においても旧慣使用林野整備をやめて入会林野整備で行くべきです。

3 入会林野整備後の権利関係について十分な検討が必要である

入会林野整備後の林野の権利関係は、①個人的共有地にするか分割して個人有地にする。②土地所有者との契約によってその林野を利用する（地役入会地にかぎる）、の二つがありますが、どのような権利関係にするかは、地役入会地の場合はもちろん共有入会地の場合でも十分に検討する必要があります。入会林野整備によって入会地を個人的共有地又は個人有地にした場合に起る問題についてすでに述べたので、ここでは整備後の権利関係につき、(1)地役入会地において②の方法による入会林野整備をする場合にはどんな権利によるべきか、(2)入会林野整備後その林野を法人所有にする場合どんな法人が考えられるか、とくに農業生産法人と生産森林組合とはどんな法人であるか、について説明し、整備後の権利関係を決定する参考資料にしたいと思います。

(1) 契約によって林野を利用する権利

地役入会地の土地所有権をそのままにして入会林野整備をする場合、入会権者が土地所有者との契約によって新しい林野の利用権をもつことになりますが、その契約による新しい権利は林野の利用目的によってちがってきます。利用目的と権利の関係はおよそ次のようになります。

育林……地上権、賃借権

農地としての利用……賃借権

牧野としての利用……賃借権、農用林の利用権

附帯施設としての建物……地上権、賃借権

これらの権利がどのような性格をもつかは次の表のとおりです。

地上権は物権で比較的強い権利ですから育林の場合には賃借権でなく地上権によるべきです。賃借権は債権で物権ほど強い力をもつ権利ではないが、農地および採草放牧地には農地法が全面的に適用され、その賃借権は物権と同じような強い力をもちます。それと同時に農地および採草放牧地の権利の移転や設定すなわち売買や契約を結んだり解除するにはすべて農業委員会又は知事の許可がいり、誰でも農地および採草放牧地について自由に権利をもつというわけにはいきません。そのため土地が

	利用の目的	権利の期間	対抗力	権利のゆずりわたし
地上権	育林 建物所有	制限なし	登記	自由
賃借権	制限なし	二〇年以内	登記すれば対抗力があるが必ずしも登記されない	土地所有者の承諾がいる
農地・採草放牧地の賃借権	耕作 採草放牧	二〇年以内	引渡	農業委員会の許可がいる
農用林の利用権	牧野（採草放牧）	制限なし	引渡	原則としてできない

外部の者によって買い占められることはありません。農用林の利用権は採草放牧のために設定される権利で、1で述べたように（三八八ページ）この権利を設定するには農業委員会の承認がいります。この利用権は農地および採草放牧地の賃借権と同じ取扱をうけます。

これらの権利は文字通り個人を単位とした権利です。したがって個人ごとの造林、個人単位の農耕にはそれぞれ地上権、農地の賃借権の契約によることも結構ですが、共同造林あるいは牧野の共同経営を行なう場合にこれらの契約を結ぶことはできるけれども、かなり面倒です。むしろ共同造林の場合は造林者が地上権を出資して生産森林組合を設立し、牧野の共同経営には農業生産法人を設立して牧野の賃借権を取得する方がよいでしょう。

しかし、地上権には使用目的に、賃借権には権利の存続期間に制限があり、とくに賃借権は債権であって余り強い権利ではありません。賃借権にくらべると物権である地役入会権の方が権利としては強いわけです。したがって、地役入会地を入会林野整備によってこれらの権利に切りかえることは考えものです。地役入会地を整備したのちの権利が地役入会権よりも弱い権利であるというのでは入会林野整備をしない方がよいわけであり、入会林野整備をするからには土地利用者（入会権者）の権利を地役入会権よりも強い権利にするのでなければ安定した経営をすることができず、したがって林野の高度利用は望まれません。入会林野整備の本来の趣旨を考えれば地役入会権をこのような契約によって利用する権利に切りかえることはなるべくしない方がよい、といわざるをえません。

(2) 協業経営するための法人形態

入会林野整備後共同造林や牧野の共同経営を行なうには土地を個人的共有にするのでなく、各共有者が共有持分を出資して法人を組織しその土地を法人の所有として法人名で所有権の登記をすれば、法人の構成員がかわってもその登記は何ら変更する必要がありませんから安定した経営ができます。また法人の名で抵当権や地上権を設定し登記することもたやすくできますから融資をうけることも分収造林契約を結ぶことも容易になります。そして経営の面からも個別経営よりも協業経営が有利であるとすれば当然法人による所有、法人による経営が考えられなければなりません。

農業経営又は林業経営を行なう法人として考えられるのは、農事組合法人（農業）、生産森林組合（林業）、合名会社、合資会社、有限会社、株式会社（林業に限る）、社団法人（同前）、財団法人（同前）などがあります。この法律では、入会権者が入会林野整備によって取得した新しい権利を出資して農業生産法人（農事組合法人および一定の要件をそなえた合名会社、合資会社および有限会社）又は生産森林組合を設立する場合にかぎり、知事がその林野の土地所有権（地上権の場合も含む）を農業生産法人又は生産森林組合の名で嘱託登記をすることになっています。それ以外の法人を設立する場合には知事が嘱託登記をしませんから、入会林野整備により個人有又は個人的共有名義で登記された土地を改めてその法人に出資（贈与）し、自分たちでその法人に所有権の移転登記をしなければなりません。

つぎに、これら各種法人の設立、構成員、その性格などのちがいは次頁の表のとおりです（会社には前述のとおり四種類あってそれぞれ性格がちがいますが、ここでは細かい点は一切省略しました）。

これらの法人の性格や規定などを全部説明することはここではできませんし、またその必要もないと思われるので、この法律に規定されている生産森林組合と農業生産法人についてその性格のあらましを説明し、そのあとで入会林野整備後の法人形態について検討することにします（便宜上、生産森林組合をさきに説明し、農業生産法人をあとに説明します）。

	構成員	事業	権利の売買・譲渡	収益の配当	設立
生産森林組合	一定地区内の居住者	林業および森林で行う農業に限る	組合の承認がいる	従事割による個人分配又は一部出資割配当	知事の認可
農事組合法人	一定地区内に居住する農民	農業林業をあわせ営むことができる	組合の承認がいる	従事割による個人分配又は一部出資割配当	届出
社団法人 財団法人	定款で定める	定款の定めるところによる	できない	すべて公共費個人分配はできない	知事の許可
会社	会社の種類によって異なるがおおむね定款で定める	自由 但し定款の定めるところによる	定款の定めるところによる	出資割による配当	届出

生産森林組合

生産森林組合とは、森林組合法に規定する組合で、森林の経営およびこれに附帯する事業を行なう一個の独立した事業体であり、法人です。いわゆる森林組合は個々の事業体である森林所有者の事業の助成をはかるものであって、生産森林組合はこれとは全く別個の団体です。この組合が経営する森林は、原則として、組合員となる者が現物出資したものです。

設立……一定の地区内に居住する五人以上の者が森林の共同経営を行なう目的で、自分の所有する森林又は森林に関する権利(もちろんその全部である必要はない)を出資して組合の設立をし、定款と事業計画をつくって県知事に設立の認可を申請する。知事の認可があれば生産森林組合が設立される。したがって、たとえば、入会権者二〇名が共有入会地の林野整備をして個人的共有地にすれば各自その林野に二〇分の一の共有持分をもつことになるが、二〇名全員でその林野に共同造林を行なうことを決め、各自二〇分の一の共有持分を出資して生産森林組合を設立することができる。これは二〇名の個人所有地の場合でも同じで各自の所有地を出資すればよい。生産森林組合（以下単に組合という）の設立が認可されれば、組合の法人登記をしなければならない（入会林野整備に伴って生産森林組合を設立するときでもこの組合の法人登記は設立する者すなわち入会権者がしなければならない）。組合の設立により、二〇名が出資した個人的共有地又は個人有地は組合の所有地となり、ほんらい各組合員から法人である組合へ土地所有権の移転登記をしなければならないのであるが、入会林野整備においては、知事が嘱託で組合名義の所有権登記をする。

事業……森林の経営、森林を利用して行う農業、およびこれに附帯する事業にかぎられる。したがって、造林、しいたけ栽培等のほか畜産、果樹栽培、大小豆、わさび栽培等を行うことができる。また、組合は森林経営の事業を行なうのであるから、組合の土地全体を第三者に使用させるような分収造林契約をすることができない（ただし、その一部を分収造林契約によって第三者に使用させることは差支ない）。

組合員……組合員は一定の地区（組合のある地域）に住所を有する個人か、あるいはその地区内にある森林又は森林についての権利を組合に現物出資する個人で定款で定めるものとされている。

組合の加入、脱退は原則として自由であるが、加入については定款によってある程度制限することができる。したがって、組合はその理由が不当でないかぎり外来者の加入を拒むことができる。新たに加入する者は当然一定の出資金を払込まなければならないし、そのほか組合は新たに加入する者に対して一定の加入金を課することができる。組合員が脱退するときは、出資金のほか、その年度末における資産にたいするその組合員の持分に相当する金額の全部又は一部の払戻をしなければならない。

組合員は、後述のようにその組合の行う事業に常時従事するのが原則であるから、従事が可能な地域すなわち従来の入会集落の地域に居住する者とすべきである。また組合は共同で森林経営等の事業を行うものであるから、組合員は誰でもよいというものでなくいわゆる気心の知れた人であることが必要であり、結局従来の入会集団構成員としての資格を有する者が組合員となる、という結果になるが、それでも差支ない。

経営……組合員の二分の一以上がその組合の行なう事業に常時従事する者でなければならず、また、常時従事する者の三分の一以上が組合員でなければならない。また組合の全出資口数の半数以上を常時従事する者が有していなければならない。

このように、やや複雑な規定があるのは、生産森林組合は経営と労働とが一体となるという原則があるためで、これが会社などとちがう点である。すなわち会社では株主又は社員（合名会社、合資会社、有限会社の出資者のことで株式会社の株主にあたる。会社の職員のことではない）がその経営にあたるが、しかし自らは労働に従事せず原則として職員や労働者を雇って労働させ、経営する者と労働する者とが分かれている。しかし、生産森林組合にあっては経営者自らが労働するという原則に立っているから、その組合員の二分の一以上は組合の行なう林業労働（以下「事業」という）に従事しなければならないのである。したがって仮に、組合員数三〇人であるとすれば、その組合の事業に従事しない組合員が一五人をこえてはいけないことになる。また、組合の総出資口数が一〇〇口であるとすれば組合の事業に従事しない者に半数の五〇口以上もたせてはいけないのである。このように、組合の行なう事業に従事しない組合員の数を制限し、またその出資の口数を制限するのは、前述のように生産森林組合はあくまでも自ら組合の行なう事業に従事する者が経営する団体である、という理由によるのである。その趣旨からいって地区外の居住者を組合員として認めることは矛盾しており、したがって地区からの転出者は原則として組合員としての資格を有しないものとすべきである。

生産森林組合は自分たちの所有する森林を自分たちで労働することによって経営するのが趣旨であ

るから、組合の行なう事業に従事してもその労働に対して賃金や日当を支払わないのがたてまえである。しかし、後で述べるように組合に収益があった場合には、組合の事業に従事した日数に応じて配当が行なわれる。組合が行なう事業に組合員以外の労力を雇入れることは差支ないけれども、前述のように常時従事する者の三分の一以上が組合員でなければならないのであるから、二〇名の組合員が組合の事業に常時従事するとすれば、組合員以外の常時従事者は四〇名以下でなければならないわけである。なお、常時従事するという意味は、必ずしも年間を通じて従事するという意味ではなく（組合員数に比べて組合の経営する森林面積が小さいときは、組合員が年間を通じて組合の事業に従事することはできない）、その組合の事業にはつねにその労働に従事するという意味である。

収益の配当……組合は毎年度末決算を行ない収入から支出を差引いたものが剰余金となる。その剰余金の一割以上を法定準備金（出資総額の二分の一以上で定款で定める額）として積立て、さらに損失があればそれを支払い、その残金を組合員に配当する。配当は、払込済出資額の一割以内で出資金の割合に応じてするかまたは組合員が組合の行なう事業に従事した割合に応じてしなければならない。

生産森林組合は、組合員が森林経営を行なうことによって経済的、金銭的な利益をあげる団体であるから、その収益は必ず組合員に配当しなければならない。したがって部落有入会林野のようにまずその収益をいわゆる部落の共益費にあてることはできないけれども、入会林野が地域住民の共益財産的性格をもっていたことを考えると、このことを無視することはできないので、共益費として必要な分は形式上組合員に収益配分したことにして操作するほかはない。

組合員の組合の事業に従事した割合に応じた配当とは、たとえば、組合員甲ほか三人がその年度に一〇日、乙ほか四人がその年度に八日従事し、組合員の益金から法定準備金を差引いた残金が八〇万円あったと仮定すると、甲ほか三人は各一〇万円、乙ほか四人は各八万円の配当をうけることになる(この場合各人の一日の労働の量や質は同じであると仮定する)。そうすると各組合員の一日の労働に対する報酬は一万円という計算になるが、これは労働に対する賃金ではなく、収益にたいする配当である。この配当が組合の行なう事業に組合員が従事した割合に応じて行なわれるところに生産森林組合の特徴があるのであり、このような配当は組合員の労働に対する報酬としての性格をもつけれども、あくまでも配当であるから剰余金全部をこれにあてることができるし、一日当りの報酬が計算上いくらになっても差支ない。この配当は賃金ではないから一般の給料のように所得税はかからず、一般の所得とは別の、山林所得とされ、山林所得は一人年間三〇万円までは課税されない。

機構その他……組合員は五人以上であればよく、何人までという制限はない(したがって組合員の数が四人以下になれば組合は解散する)。組合員の責任は有限責任で、組合がその事業によって第三者に債務(借金)を負っても、組合員は出資金額の範囲で責任をおえばよく、それ以外の個人財産によって支払をする必要はない。

組合には三人以上の理事、一人以上の監事をおかなければならない。この理事、監事は必ず組合員でなければならない。組合の意思決定機関は総会であって、年一回は必ず開かなければならない。総会の議決権ならびに役員などの投票権は組合員一人につき一票で出資口数の多少には関係がない。

また組合が所有しまたは経営する森林の面積には最高最少とも制限がない。

農業生産法人

農業生産法人は、農地法で規定する法人で、農民の協業経営組織として農地や採草放牧地について所有権又は使用収益権をもつことを認められた法人をいいます。農業生産法人には、農事組合法人のほか、合名会社、合資会社、有限会社の合計四種類がありますが、次に掲げるすべての要件を充たしているものでなければなりません。

① その法人が農業（これとあわせ営む林業を含む）およびこれに附帯する事業だけを行なうものであること。

② その法人の組合員又は社員（以下構成員という）が、その法人に農地又は採草放牧地についての所有権又は使用収益権を移転するか、その法人に農地又は採草放牧地を使用収益させているか、あるいはその法人が行なう事業に常時従事する個人であること。

③ その法人の事業に常時従事する構成員が、農事組合法人にあっては理事、有限会社にあっては取締役、合名会社、合資会社にあってはその法人の業務を執行する社員の半数以上を占めるものであること。

このように、農業生産法人にはかなり複雑でかつ厳格な要件が必要とされていますが、要は、生産森林組合と同じように、農民が農地又は採草放牧地を出資して法人を組織し、農業（あわせ営む林業を含む）の経営を行なうとともに、その労働に従事し、しかもその収益を主に従事割によって配当する、という趣旨のものです。したがって、合名会社、合資会社、有限会社といっても一般の会社とはかなり性格のちがったものになります。このような厳格な要件を充たした特殊な会社でなければ農地又は採草放牧地を所有したり使用収益することはできないのです（いうまでもなく、現在の農地法は家族農業経営をたてまえとしており、原則として個人でなければ農地又は採草放牧地を所有したり使用収益することができないことになっているが、この農業生産法人にかぎって農地又は採草放牧地を所有し使用収益することを認めているのです）。

合名会社および合資会社については商法に、有限会社については有限会社法にそれぞれ規定があり、これらの会社はそれぞれの法律ならびに農地法と両方の規制をうけるわけです。ここではこれらの会社一般について説明する余裕もありませんので、農事組合法人についてだけ説明をしておきます。

農事組合法人

農事組合法人は、農業協同組合法に規定する法人で、前述のように主として農民が農地又は採草放牧地（ならびに森林を含む）を現物出資して、農業およびこれと併せ営む林業経営ならびにこれに附帯する事業を行なう事業体であって、経営と労働が結びついています。したがってその事業体としての構想には基本的には生産森林組合と変りはありません。そこで、以下生産森林組合とちがう点だけを述べることにします。

設立……五人以上の農民が、農業（あわせ営む林業を含む）経営（又は農業の共同施設を設け又は農業の共同化に関する事業）を行なう目的で、農地又は採草放牧地の所有権又は使用収益権を出資して組合を設立し、定款を定め役員を選任する。これで成立するのであって、知事その他官庁の許可はいらない。ただし、設立したら二週間以内に法人登記をし、登記簿の謄本と定款とを知事に届出なければならない（入会林野整備に伴なって農事組合法人を設立するときも法人登記は設立者である入会権者がしなければならない）。

事業……必ず農業を営むものでなければならない。農業とは、いわゆる田畑の耕作だけでなく果樹栽培、畜産経営等も含まれ、畜産経営だけでも差支ない。農業又は畜産と林業とをあわせ行なうことができるから、たとえば入会林野整備によって個人的共有にした林野を出資して農事組合法人を設立し、その林野の一部を牧野経営に供し、一部を森林経営に供することもできる（森林経営には一部分収造林を含むこともできる）。

組合員……組合員は農民であって定款に定める者となっており、当然一定の地区に居住する農民にかぎられる。組合の加入、脱退ならびに組合員としての地位などは、すべて生産森林組合の場合と同様であるが、ただ組合員は必ず農民でなければならない。

経営……前述の農業生産法人であることの要件②③④のほか、組合の事業に従事する者の二分の一以上が組合員又はそれと同一世帯の家族でなければならない。

収益の配当……生産森林組合の場合と同じように毎年度剰余金の一割以上を法定準備金として積立て、損失があればそれを支払い、その残金を配当する。この配当は、定款の定めるところにより、組合員が法人の事業を利用した割合（利用割）、又は、組合員が法人の事業に従事した割合（従事割）

で配当するか、又は年八分以内で払込済出資の額に応ずる配当をしたのちに従事割配当をする。この従事割配当は生産森林組合におけると同様に賃金ではない。

機構その他……組合員は五人以上であればよく何人までという制限はない。組合員が四人以下になりひきつづき六ヵ月間五人以上にならなければ組合は解散する。また、組合の経営する採草放牧地の面積については原則として制限はない。

組合の役員に関することがら、組合員の責任、その表決権、投票権などに関することがらは生産森林組合の場合と同じである（但し、理事は三人以上でなければならないという制限はない）。

その他の法人

つぎに、農業又は林業の共同経営を行なう場合の法人形態として農業生産法人および生産森林組合と、他の法人とを比較して検討することにします。

まず、農業経営（牧野経営を含む）の場合には農業生産法人以外の法人形態をとることはできませんからこれに限られます（ただ森林を利用する農業は生産森林組合も行うことができる）。農業生産法人には農事組合法人、合名会社、合資会社、有限会社があり、どの法人でも大差はありません。

林業経営の場合にはどのような法人形態でもとることができます。そこで生産森林組合および農事組合法人以外の法人が、とくにこれらの法人とちがう点をかんたんにあげておきます。

社団法人……設立の目的が公益目的にかぎられるから自由に設立することができず、設立には知事の許可がいる（生産森林組合の場合は認可であるから一定の要件を充たしていれば知事は設立を認可するが社団法人の場合は設立を許可するかどうかは知事の権限に属する)。その収益は公益目的に支出されなければならないから、収益を構成員に個人分配することができない。運営は構成員である社員の総会で決定する。

財団法人……社団法人と同じ。ただし社団ではないから理論上構成員がなく、構成員の総会はない。理事などの役員がおかれるだけで、運営は理事会で行なう。

合名会社……設立は自由である(以下、各会社とも同じ)。社員(構成員)の責任は無限責任であるから会社が欠損をしたとき社員は自分の財産をもって支払をしなければならない。運営は一人一票で、社員としての地位をゆずるには他の社員全員の賛成がいる。

合資会社……無限責任社員と有限責任社員とで構成され、無限責任社員については合名会社と同じ。運営は一人一票で運営は無限責任社員が行なう。社員としての地位をゆずるには無限責任社員全員の賛成がいる。

株式会社……株主はすべて有限責任で、会社の運営は株主のもつ株式の数による多数決で行なわれる。株式のゆずりわたしは原則として自由であるが、定款によって取締役会の承認をうけることが必要である旨を定めることができる。

有限会社……その名のとおりすべて有限責任社員で構成されるが、社員の数は五〇人をこえることができない。あとは大体株式会社と同じであるが、社員の地位を社員以外の者にゆずる場合には社員総会の承認がいる。

各法入形態の比較

以上のように各法人にはそれぞれ長所と短所がありますが、入会林野整備後の林業経営には次の理由により生産森林組合がもっとも適当でしょう。

①　社団法人、財団法人はその事業によって生ずる収益を個人分配することができず、自由に設立することができない。

②　会社の場合、合名会社と合資会社は必ず無限責任社員がいなければならないから、会社の事業で欠損を出したとき、無限責任社員は自分の個人財産でその支払をしなければならない。株式会社の場合は株主の地位が比較的かわりやすく地区外の者も株主となるとともに株が集中しやすい。有限会社は社員（構成員）が五〇名以下に制限される。

したがって設立が比較的たやすく、かつその構成員が有限責任であり、構成員の数に制限がなく、その上構成員の地位をゆずることが制限されて地区内の者にその権利が保障される、という点では生産森林組合がもっとも適当であることになります。同じような理由で農業の場合も農事組合法人がもっとも適当でしょう（しかし農業の場合は農事組合法人と他の会社との差は、林業の場合の生産森林組合と他の会社又は法人との間ほどの大きな差はありません）。また、生産森林組合および農業生産法人は一般の会社よりも法人税の税率がひくく、かつ県や市町村あるいは系統農業団体や林業団体の指導をうけやすいという点も考えにいれてよいでしょう。

右のような事情で、入会林野整備後の法人形態としては、農業経営には農業生産法人にかぎられますが林業経営には生産森林組合がもっとも適当である、ということになります。この法律が入会林野整備に伴ない農業生産法人又は生産森林組合を設立する場合にかぎり、その法人の名義で知事が嘱託で権利登記することにしているのも、法人形態としてこの法人ないし組合がもっとも適当であるという判断に立っているからなのです。

入会林野の法律問題の理解のために

この書物では、入会林野にかんする法律問題を解決するかぎとして、なるべく多くの判決をとりいれました。これは、判決が具体的な法律問題の解決である、ということだけではなく、本文で述べているように、入会林野についての権利すなわち入会権に関する法律の条文はわずか二ヵ条しかないので、条文の解釈をすることは余り意味がなく、むしろ入会権についての法律の解釈が判決をつうじて明らかにされている、という理由によるものです。判決とは、具体的な法律上の事件にたいする裁判所の判断決定ですが、判決とか裁判は一般の人々にややなじみにくい点などがありますので、ここで判決というものについてそのもつ意味やことばなどを説明しておきます。

入会権について判決を重要視することは大切ですが、もちろん入会権についての学説、すなわち学者の理論を軽くみてよいというわけではありません。しかし、この書物では学説などの引用は一切省略しました。学説などについては、巻末の「文献について」で主なものを紹介することにします。

判決について

判決とは裁判上の事件にたいする裁判所の判断、決定のことであり、裁判は次のように大別されます。

刑事裁判（刑事事件）

民事裁判
- 民事事件
- 行政事件
- 家事事件

はじめにこの区別をかんたんに述べておきます。

①刑事裁判……刑事裁判とは、ある犯罪が起ったときに、被疑者——犯人であると思われる者——を検察官が刑事訴訟法の手つづきによって起訴《きそ》し、裁判所が、その者が犯人であるかどうか、すなわち有罪か無罪か、を判断し、有罪ならばどんな刑——たとえば罰金とか懲役とか——を課するかを決定するものです。刑事裁判において訴《うったえ》を起す（起訴する）のは必ず検察官で、訴えられる者（これを「被告」という）は被疑者です。

②民事裁判……民事裁判とは、借金の取立て、土地建物の明渡請求、所有権の確定、土地の境界争い、慰藉料や損害賠償の請求、会社についての事件、労働者の強制退職が有効かどうかなどの労働事件、税金のかけ方が重すぎてその税金は不当であるという理由でその取消を求める事件、親子夫婦の間の事件など、刑事事件以外の個人と個人（又は団体）との間の一切の事件にかんする裁判が民事裁判です。ある林野が入会林野であるかどうか、ある個人が入会林野に権利をもつかどうか、あるいは、ある林野の所有権が部落の住民にあるか、それとも市町村にあるか、についての争いや、第三者が部落の人々の入会権を妨害した場合にその排除を求める争いなど、すべてこの民事裁判です。民事裁判

はすべて民事訴訟法の手つづきによって行なわれますが、ただ、同じ民事裁判でも行政事件と家事事件は多少特殊な取扱をうけますのでこの点をかんたんに述べておきます。

③行政事件……行政事件とは、たとえば課税や未こん地買収など、国、都道府県あるいは市町村などの行政官庁がした行政上の行為にたいして異議がある場合、その行為が無効であることを争ったり、その行為の取消を求めたりする事件です。これらの事件においては、まず行政官庁に異議中立をし、その異議申立てが認められなかったときに国、都道府県、市町村などを相手に裁判を起すことができます。これについては行政事件訴訟法に従うほか民事訴訟法の規定によります。行政事件といっても、行政裁判という特殊な裁判があるわけではなく(戦前にはそれがあった)、争いの内容が行政官庁の行政行為である点に特徴があるだけです。単に訴えられる相手方が行政官庁であるから行政事件になるわけではなく、国や市町村を相手にして入会権を有することを主張したり、土地所有権の帰属を争ったりする裁判は一般の民事事件であって、行政事件には入りません。

④家事事件……離婚、扶養、相続財産の分割についての争いや相続放棄など、家族間にかんする事件はすべて家庭裁判所が取扱います。離婚や相続財産の分割などはまず**調停**に持込まれ、**調停**が成立しないとき一般の民事裁判にもちこまれます。もっとも家庭裁判所が必要と認めたときは**審判**をすることができます。また相続放棄などは**調停**ではなく直ちに**審判**が行なわれます。**審判**とは一種のかんたんな裁判で判決と同じような効力をもちますが、審判に不服があるときには、高等裁判所に**抗告**することができます。家事事件は家事審判法にもとづいて調停や審判が行なわれますが、一般の民事裁

判にもちこまれれば民事訴訟法の手つづきによります。

以下、一般の民事裁判についてそのあらましを述べることにします。

裁判所の組織は次のようになっています。

簡易裁判所
↓
地方裁判所　　家庭裁判所
↓　　　　　　　↓
高等裁判所 ←――┘
↓
最高裁判所

高等裁判所以下の裁判所を下級裁判所といい、簡易裁判所から順次地方裁判所、高等裁判所、最高裁判所を上級裁判所といいます。なお、旧憲法のもとでは、最高裁判所、高等裁判所、簡易裁判所に相当するものを大審院、控訴院、区裁判所とよんでいました。わが国の裁判はすべて三審制をとり、一つの事件について、三段階の裁判所の判断をうけることができます。

入会林野にかんする争など、一般の民事事件は、ふつう地方裁判所に訴(訴訟)を起こすことになります（簡易裁判所は簡単な事件にかぎって取扱います）。この、地方裁判所においてはじめに行う裁判を第一審といい、第一審裁判に訴を起す（提訴する）者を**原告**、訴えられた相手方を**被告**といいます。

地方裁判所の判決に不服であれば高等裁判所に**控訴**することができ、控訴した者を**控訴人**、その相手方を**被控訴人**といいます。高等裁判所は第二審裁判になるわけですが、その判決に不服である場合には最高裁判所に**上告**することができます。上告した者を**上告人**、その相手方を**被上告人**といいますが、ただ、**上告**はどんな場合でもできるわけではなく、高等裁判所のした判決が憲法に反している場合あるいはその他の法令の解釈を誤っている場合に限り上告することができます。

裁判所が判決によって一定の判断や解釈を示すことを**判示する**といい、判決の趣旨を**判旨**といいます。第一審裁判所すなわち地方裁判所において、原告の申立が正当であればこれを**認容**し、正当でないときはこれをしりぞけますが、申立をしりぞけることを**棄却**といいます。高等裁判所や最高裁判所においても控訴人や上告人の申立てが正当でなく、第一審又は第二審裁判における判決——これを**原判決**という——が正しいときは、控訴や上告を**棄却**します。しかし、高等裁判所において、控訴人の主張が正当であり、地方裁判所のした**原判決**が正当でない場合、高等裁判所は**原判決**を**取消**し、原則として自ら裁判をします（例外的にもとの地方裁判所——原裁判所——に**差戻**して裁判をやりなおさせることがあります。これに対して最高裁判所においては、上告人の主張が正当であり高等裁判所のした**原判決**が正当でない場合には、原判決を**破棄**し、原則としてもとの高等裁判所に**差戻**して裁判のやりなおしを命じます）。このように、最高裁判所が原判決を正当でないと判断し**破棄**した場合において自ら裁判をせず、原裁判所に裁判のやりなおしを命ずるのは、最高裁判所は、原判決が憲法その他の法令に反していないかどうかを審査し、事実関係の審査をしない、という理由によるものです。**差戻**によって裁判のやり直しを命ぜられた下級裁判所は、その差戻となった理由に拘束されて、これとちがった判決をすることはできません。このように、同じ事件については、上級の裁判所の判断は下級裁判所の判断を拘束します。したがって、最高裁判所でした判決は、上告を棄却されたものでも破棄差戻されたものでも、すべて下級裁判所を拘束しますから、その事件については確定した効力をもつわけです。

ただ、判決は、その事件についてのみ拘束力をもつものであって他の事件を拘束するものではありません。したがってその事件と似たような事件があったからといって当然その判決にしばられるわけではありませんが、しかし、同じような事件について、裁判所があるときは甲が正しいと判決し、あるときは乙が正しいと判決したのでは、ある法律問題についていったいどちらが正しいのかわからなくなり、法律の解釈上混乱が生ずるだけでなく社会の秩序を保つことができません。したがって裁判所は、同じような事件については同じ趣旨の判決を、同じ法律問題に同じ解釈をしなければなりません。とくに最高裁判所はその任を負っているだけで、ある下級裁判所では甲が正しいと判決し、他の下級裁判所では乙が正しいと判決しているような場合、最高裁判所はどちらが正しいか、を判断し、統一的に決定しなければならないのです。最高裁判所にたいする上告を、原判決が憲法又は法令に反している場合に制限しているのも、最高裁判所が、憲法や法令に対して統一的な解釈を与える役割を担っていることのあらわれです。

最高裁判所がある判決をして法律の解釈を示したのちに、下級裁判所がこれとちがった解釈をすることも不可能ではありませんが、しかし同じような事件であれば最高裁判所で破棄されますから、結局下級裁判所は最高裁判所の判決に従わざるをえないわけです（下級裁判所が最高裁判所の判決とちがった判決をすることがないわけではありません。下級裁判所でもすべて裁判は独立して行ない、上級裁判所から指示や命令はされませんから、下級裁判所が、最高裁判所の従来の判決が正当でないと判断した場合にこれと異った判決をすることができます。その事件が最高裁判所までもちこまれて、明らかに最高裁判所の従来の解釈が正当でない、という場合には、最高裁判所自ら従来の判決を変更してその下級裁判所の判決が正しい、と判示することもあります——たとえば国有地上の入会権)。

このように、最高裁判所の判決は、その後の同じような事件について最高裁判所および下級裁判所の判断を拘束するので、判決にたいする先例となります。判決が先例としての性格をもっているため判決を**判例**とよんでいます。

これにたいして下級裁判所の判決には最高裁判所判決のような拘束性がありませんから最高裁判所の判決と同じような意味で先例性があるとはいえません。しかし下級裁判所の判決もその事件にたいする判断であり一つの法律の解釈であって、そのような事件ないし問題について最高裁判所の判決がなく、下級裁判所の判決しかない場合には、それがその法律問題の解釈の基準となる、といえるでしょう。たとえば、ある事件について一地方裁判所で甲が正しい、という判決をし、最高裁判所まで行かず事件はそれで結着した、と仮定します。ところがその後他の地方裁判所で同じような事件があった場合、前の地方裁判所の判決が正当でないという場合を除いてはこれとちがった判決をすることができないでしょう。したがって下級裁判所の判決も全く先例としての価値をもたない、とはいえないわけであり、下級裁判所の判決も法律問題の解釈の具体的基準であり判例としての価値をもつ、といえるわけです。

したがって、判決を研究することは、ある法律問題をどのように解釈するかを研究することのほかに、ある事件について裁判所がどのような判決をするか、ということを予測する、という意味をもつものです。ですから、ある法律問題についての解釈を求める場合に、法律の条文がない場合や条文があってもそれだけではわからない場合は、それと同じような事件についての判決をみればその解釈すなわち解答を得ることができるわけです。

ただ民事裁判は、**当事者**（原告と被告、控訴人と被控訴人など）が裁判所で主張した事実や裁判所に提出した証拠にもとづき、裁判所は第三者として判断をするだけで、当事者が主張しないことを裁判所が取り上げて裁判することはできませんから、民事裁判の判決は当事者の主張した事実によって左右されます（ですから、自分は絶対正しく、裁判官はそのことを何もかもお見通しのはずだといって、自分が正当であって相手方が正当でないことを裁判所で主張もせず証拠も出さなければ、いかに「何もかもお見通しの裁判官」であっても、その者が正しいという判決をすることはできません）。同じような事件でちがった判決があらわれるのは、その事件で当事者の主張する事実がちがっている、という理由によるのです。ですから、いうまでもないことですが、入会林野についての裁判で、部落有入会林野について、部落の人々が入会権を有することや、あるいはその林野が部落住民の共同所有に属するものであることを裁判上で主張しなければ、裁判所は、部落住民が入会権を有するとも、その林野が部落住民の共同所有であるとも判決することはできないのです。

この書物で引用した判決はすべて民事判決です。そして判決文は、その問題に関係あるところだけを引用し、しかももとの判決文のままではなく、なるべく分り易い文章にかえました。これは、判決文はしばしば一般の人々になじみにくいことばや表現がつかわれていること、とくに戦前の判決はすべて文語体でかつむつかしい文章で述べられていること、のためです。もっとも、そのために、本来の判決文のもつ厳密さが失なわれたところがないでもありません。それぞれの判決について正確な判決文あるいはその事件の内容を知るためには、それぞれの判決文を見るよりほかはありませんが、各判決が何に掲載されているかは、次の表を見て下さい。

引用判決一覧

	裁判所	年月日	出典	引用頁
1	大審院	明治31年5月18日	民録 4輯5巻 35頁	284
2	大審院	33 6 29	民録 6輯6巻 168頁	63 114
3	大審院	35 12 8	民録 8輯11巻 31頁	357
4	大審院	36 6 19	民録 9輯 759頁	55 81 88
5	大審院	37 12 26	民録 10輯 1682頁	89
6	大審院	38 4 26	民録 11輯 589頁	321

7	大審院	明治39年 1月19日	民録 12輯	57頁	56
8	大審院	39 2 5	民録 12輯	165頁	11 250
9	大審院	40 12 18	民録 13輯	1237頁	89
10	大審院	40 12 20	民録 13輯	1217頁	56
11	大審院	41 6 9	新聞 514号	15頁	89
12	安濃津地裁	44 2 10	新聞 777号	22頁	128
13	大審院	大正 4 3 16	民録 21輯	328頁	285
14	大審院	6 11 28	民録 23輯	2018頁	13
15	長野地裁松本支部	7 12 25	解体 3巻	353頁	253
16	大審院	9 6 26	民録 26輯	933頁	58
17	大審院	10 11 28	民録 27輯	2045頁	81 311
18	長崎地裁	12 12 17	解体 3巻	355頁	182
19	大審院	昭和 3 12 24	新聞 2948号	10頁	12 90
20	盛岡地裁	5 7 9	新聞 3157号	9頁	65
21	京都地裁舞鶴支部	8 12 23	評論 23巻 諸法	152頁	237
22	大審院	9 2 3	法学 3巻 6号	88頁	254
23	大審院	11 1 21	新聞 3941号	10頁	255
24	岡山地裁	11 3 6	新聞 3970号	11頁	325
25	大審院	14 1 24	新聞 4380号	5頁	12
26	大審院	15 5 10	新聞 4580号	8頁	257
27	大審院	16 1 18	新聞 4663号	9頁	311
28	大審院	17 9 29	法学12巻 6号	517頁	183
29	大審院	18 2 27	法学 12巻	776頁	13

30	大審院	昭和19年	6月	22日	新聞	4917-4918号	15頁	255
31	盛岡地裁	26	7	31	戦後	2巻	7頁	349
32	新潟地裁	29	12	28	戦後	2巻	23頁	117
33	秋田地裁	30	8	9	下民	6巻 8号	1590頁	70 258
34	大阪高裁	30	10	31	高民	8巻 9号	634頁	178
35	盛岡地裁	31	5	14	下民	7巻 5号	1217頁	14 66 128 334
36	最高裁	32	6	11	最民	26号	881頁	36 159 334
37	仙台高裁（決定）	32	7	19	家月	9巻10号	27頁	67
38	最高裁	32	9	13	民集	11巻 9号	1518頁	38 215 335
39	青森地裁	33	2	25	下民	9巻 2号	302頁	118 293 325
40	東京高裁	33	10	24	下民	9巻10号	2147頁	15 258
41	千葉地裁	35	8	18	下民	11巻 8号	1721頁	184 293
42	秋田地裁大曲支部	36	4	12	下民	12巻 4号	794頁	118 260
43	長崎地裁	36	11	27	タイムス	127号	84頁	185
44	山形地裁	37	9	3	下民	13巻 9号	1743頁	264
45	大阪高裁	37	9	25	タイムス	136号	89頁	187 259
46	鳥取地裁	38	9	27	下民	14巻 9号	1881頁	188
47	長野地裁	39	2	21	下民	15巻 2号	324頁	16 335
48	高知地裁中村支部	39	11	18	下民	15巻11号	2765頁	146
49	最高裁	40	5	20	民集	19巻 4号	822頁	40 148 336
50	仙台高裁秋田支部	40	11	29	戦後	1巻	7頁	198
51	神戸地裁	41	8	16	判時	485号	18頁	67 189
52	最高裁	41	11	25	民集	20巻 9号	1921頁	245 266

53	最高裁	昭和42年	3月	17日	民	集	21巻 2号	388頁	192 352
54	高知地裁	42	7	19	戦	後	1巻	233頁	304
55	松江地裁	43	2	7	判	時	531号	53頁	239 353
56	最高裁	43	11	15	判	時	545号	33頁	83 218 336
57	名古屋高裁	46	11	30	判	時	658号	42頁	229
58	仙台高裁	48	1	25	判	時	732号	58頁	337
59	佐賀地裁	48	2	23	戦	後	2巻	135頁	149
60	最高裁	48	3	13	民	集	27巻 2号	271頁	117 288
61	福岡高裁	48	10	31	タイムス		303号	166頁	111
62	東京高裁	50	9	10	下	民	26巻 9～12号	769頁	21 329 332
63	福島地裁会津若松支部	50	10	29	判	時	812号	96頁	330
64	岡山地裁倉敷支部	51	9	24	判	時	858号	94頁	326
65	広島高裁松江支部	52	1	26	下	民	28巻 1号	15頁	16 142 338
66	大阪高裁	52	9	30	下	民	28巻 9～12号	1044頁	357
67	東京高裁	53	3	23	判	時	882号	14頁	241 268 313
68	仙台高裁	55	5	30	タイムス		421号	104頁	203
69	熊本地裁宮地支部	56	3	30	判	時	1030号	83頁	123 262
70	最高裁	57	7	1	民	集	36巻 6号	891頁	84 228 295
71	福岡高裁	58	3	23	戦	後	2巻	239頁	20 325
72	長野地裁上田支部	58	5	28	戦	後	2巻	274頁	207

（註） 1 高裁は高等裁判所，地裁は地方裁判所の略。

2 出典の略語は次のとおり。

民録＝大審院民事判決録　　新聞＝法律新聞　　民集＝最高裁判所民事判例集

最民＝最高裁判所裁判集（民事）　高民＝高等裁判所民事判例集　下民＝下級裁判所民事裁判例集
家月＝家庭裁判所月報　評論＝法学評論　判時＝判例時報
タイムス＝判例タイムス　法学＝法学（雑誌）　解体＝入会権の解体（川島武宜他編）
戦後＝戦後入会判決集（中尾英俊編，信山社刊）

なお本文中同じ判決番号で（　）のものと〔　〕のものとありますが、これは同一事件で〔　〕は上級審判決、（　）は下級審判決です。（　）判決の掲載ページは、同じ番号の〔　〕判決のところを見て下さい。また各判決とも、とくに明示した場合を除きその判決かぎりか、または最高裁判所判決により、その判旨が確定しております（現在訴訟継続中の〔63〕〔68〕〔69〕〔72〕を除く）。

文献について

入会林野についての調査報告はかなり多く出されており、また入会権の個々の問題についてふれた論文にはすぐれたものがいくつもありますが、それらのうち一般の手に入りにくいものも少なくありませんので、ここでは現在公刊されて比較的手に入りやすいものだけをあげることにします。

入会権ないし入会林野の法律問題を全般的に取扱った解説書は従来余り多くなく、民法の教科書、とくに物権法の教科書にはみな入会権について説明されていますが、その解説がかんたんにすぎたり、あるいは昔の入会権についての説明であったりして、民法の教科書としてはすぐれていても入会権の理解に役立つものは少ないようです。しかし、最近二〇年の間に入会権にかんする数多くの専門研究書や解説書が数多く出され、入会林野についての勉強は非常に容易になってきました。

まず、入会林野の現状を知るためもっともよい資料として、**黒木三郎・熊谷開作・中尾英俊編・昭和四九年全国山林原野入会慣行調査**（青中社）があります。これは、北海道、沖縄県を含む全都道府県中一四四〇の入会集団につき、入会林野の所有名義、利用形態、権利の得喪等について表示した最近の資料でかつ約七〇の入会集団の入会にかんする文書の規約（＝慣習）が収録されており、入会林野の現状を知る必読の資料といえます。また、入会林野が各種の点で戦後著るしい変化を示していることは周知のとおりですが、この変化の過程を実証的かつ理論的に研究したのが、**川島武宜・潮見俊隆・渡辺洋三編・入会権の解体ⅠⅡⅢ**（岩波書店）です。Ⅰ、Ⅱは実態編、Ⅲは理論編で明治以降の入会林野についての政策、制度、判決等をとりあげてそれを理論づけしています(なお本書はⅣまで刊行される予定)。

入会権についての理論的専門書というと、まず、**戒能通孝・入会の研究**(一粒社)があり、これは入会を科学的に研究して入会権研究の糸口をひらいた不朽の名著というべきものです。ただ、書中に引用されている資料は明治前期のものが多く、現代の問題の解決には直接役に立たない面もあります。これにたいして、**川島武宜著作集第八・九巻**(岩波書店)は川島博士の入会権にかんする論文を収録したもので、すぐれて現代的問題も取上げられており、現在の入会理論のもっとも高い水準を示したもので、戒能、川島両博士のこの著書は入会権の研究者にとって必読の文献といえます。このほか、**渡辺洋三・入会と法**(東大出版会)も、入会権の理論的研究に欠かせない文献です。入会権にかんする学説の変遷を知るには、**北条浩編・入会権学説集(上・下)**がその便を提供してくれます。

この書物のはじめに云いましたように、入会権の研究については判決(判例)の研究が重要です。入会権にかんする判決でもっとも簡便なものは、**中尾英俊・民法総合判例研究(9)入会権ⅠⅡ**(一粒社)で、重要な判例はほとんど網羅されております。ただこれは判決の全文を示したものでなくまた争いとなった事実を詳しく述べてはおりません。この点実質的に入会判決集というべき、**川島武宜・北條浩編・大審院、最高裁判所入会判決集・全一二巻**(御茶水書房)があり、これは明治八年大審院判決が出されて以来の大審民事判決録、民事判例集、最高裁判所民事判例集、最高裁判所裁判集(民事)等に掲載された入会にかんするすべての判決(昭和五二年まで)を収録したものです(このうち最高裁判決の分は一二巻一冊だけです）。またさらに、**川島武宜・北条浩編・判決原本版大審院、最高裁判所入会判決集**（御茶水書房）は、右の判例集等に掲載されていないいわゆる未公刊の入会にかんする大審院、最高裁判所判決（昭和五三年まで）を収録したもので、この両者はまさに入会判決の集大成といえるでしょう。ただ後者の最高裁判決についていえば、上告理由とその上告を棄却するという判示があるだけで、事実関係や争点がよく分らないうらみがあります。この点、**中尾英俊編・入会地にかんする最高裁判決**（橘書院）は、その事実関係、裁判の経緯を説明し、判例集等（判例時報、判例タイムスを含む）に掲載されていない未公刊のものはすべて下級審判決から収録してあります（昭和五三年まで）のでそれを併用されると便利です。なお下級審判決については、**中尾英俊編・戦後入会判例集**（宗文館）に収録されております（ただし昭和四一年まで）。

入会林野を理解する前提として林野制度に関する問題を取扱った専門書がいくつかあります。まず、**福島正夫・地租改正の研究**（有斐閣）は、入会林野を含む土地所有権を決定する出発点となった明治初年の地租改正を余すところなく解明した最高水準の研究書です。また、**中尾英俊・林野法の研究**（勁草書房）は、入会を含む林野についての法制度を取扱ったものであり、さらに、**遠藤治一郎・日本林野入会権論**（林野共済会）はわが国の林野政策の展開を知るにはよい文献です。なお法律書ではないけれども、**古島敏雄編・日本林野制度の研究**（御茶水書房）は社会経済史的にすぐれた研究書です。

つぎに、やや限定された分野になりますが、**渡辺洋三編・入会と財産区**（勁草書房）はその性格のあいまいな財産区および公有地上の入会権にかんする理論的決定版です。また、**小林三衛・国有地入**

会権の研究（東大出版会）は著者自らすべて現地でたしかめ国有地上に入会権の存在することを立証したものですが、まだ国有地上入会権の存在を認める最高裁判決が出される前にこの書物が出された点に意味があります。同様に国有地上の入会権については、**北条浩・林野入会の史的研究（上・下）**（御茶水書房）があります。

入会林野の法律問題を理解するには、入会権をめぐる紛争についての調査研究書を読まれるのもよいと思います。これでもっとも手ごろでかつ必読書といってよいのが、**戒能通孝・小繋事件**（岩波書店）で、岩手県一山村に起った入会裁判を中心として、入会権者である農民が自らの権利を守るためにいかに斗ったかが浮き彫りにされており、入会権を守ることの大切さを教えています。同じように、**渡辺洋三・北条浩編・林野入会と村落構造**（東大出版会）も裁判のあった富士山北麓の入会の実態、紛争の経過を克明に分析したものです。**北条浩・近世における林野入会の諸形態**（御茶水書房）は同地方の、**北条浩・明治国家の林野所有と村落構造**（御茶水書房）は長野県木曽谷の国有林内の入会にかんする、主として法制度史的な研究書です。なお、**中尾英俊・入会裁判にかんする実証的研究**（法律文化社）は現代裁判係争中（一部終了）の八事件についてその経緯、問題点を示したものです。

おわりに入会林野整備（＝近代化）にかんする解説書、参考書としては、**高須儼明・松岡勝定編・入会林野近代化法の解説**（日本林業調査会）、実務書として、**入会林野近代化研究会編・入会林野の高度利用**（林野弘済会）が参考になります。

著者紹介
1924年　東京に生まれる
1949年　九州大学法文学部法科卒業
佐賀大学教授，西南学院大学教授を経て
現　在　西南学院大学名誉教授，弁護士
主　著　『林野法の研究』(勁草書房，1965)，『入会林野の法律問題』(勁草書房，1969)，『私営猟区制度創設のための法制に関する研究』(環境庁自然保護局，1971)，『林業法律』(農林出版，1974)，『全国山林原野入会慣行調査昭和49年』(共編，青甲社，1975)，『日本の社会と法』(共著，日本評論社，1975)，『物権法』(青甲社，1978)，『民法概説[改訂版]』(共著，法律文化社，1982)，『入会林野の法律問題[新版]』(勁草書房，1984)，『入会裁判の実証的研究』(法律文化社，1984)，『日本社会と法』(日本評論社，1994)，『戦後入会判決集』1～3巻(信山社，2004)，『入会権の判例総合解説』(信山社，2007)，『入会権』(勁草書房，2009)

入会林野の法律問題　[新装版]

1969年6月5日　第1版第1刷発行
1984年6月25日　新　版第1刷発行
2003年2月10日　新装版第1刷発行
2009年11月10日　新装版第2刷発行

著者　中《なか》尾《お》英《ひで》俊《とし》

発行者　井村寿人

発行所　株式会社　勁《けい》草《そう》書房

112-0005 東京都文京区水道2-1-1　振替 00150-2-175253
(編集) 電話 03-3815-5277／FAX 03-3814-6968
(営業) 電話 03-3814-6861／FAX 03-3814-6854
総印・青木製本

ISBN978-4-326-45017-6　Printed in Japan